"十四五"职业教育国家规划教材　　　　　云计算平台运维与开发1+X证书制度系列教材

云计算平台运维与开发

（初级）

主编　南京第五十五所技术开发有限公司

U0393041

中国教育出版传媒集团

高等教育出版社·北京

内容提要

本书为"十四五"职业教育国家规划教材，同时为云计算平台运维与开发 1+X 证书制度系列教材，按照国家 1+X 证书制度试点云计算平台运维与开发职业技能等级标准编写，主要用于开展云计算平台运维与开发 1+X 证书的初级认证相关培训工作。

本书通过对初级认证资格标准中涉及的互联网服务应用、云服务应用和云平台运维共 3 个工作领域的 9 个工作任务和 38 个职业技能要求进行深入分析和归纳，并考虑到培训过程的可操作性和学习效果，以及参考国际 IT 认证的培训标准和培训开发惯例，从工程项目文档编写、企业私有网络构建运维、Linux 系统与服务构建运维、应用系统分布式构建运维、私有云技术、公有云技术、Kubernetes 容器云平台构建与运维实践 7 个方面，分别编写了 7 个典型的工作场景和案例。全书共分 7 章：第 1 章介绍工程设计方案和文档编写；第 2~7 章从理论知识背景、平台技术构建和运维实践 3 个方面对各项云计算平台相关技术进行初步介绍，帮助学习者了解云计算技术的相关技术基础和技术转变过程。通过对本书的学习和实践，读者可以掌握云计算平台运维的相关基本理论知识和基本技能，同时可以完成云计算平台中相关的基本运维工作。

本书配有微课视频、课程标准、授课计划、电子教案、授课用 PPT、习题及解析、程序源代码等丰富的数字化学习资源。与本书配套的数字课程"云计算平台运维与开发（初级）"在"智慧职教"平台（www.icve.com.cn）上线，学习者可登录平台进行在线学习，授课教师可调用本课程构建符合自身教学特色的 SPOC 课程，详见"智慧职教"服务指南。教师也可发邮件至编辑邮箱 1548103297@qq.com 获取相关资源。

本书可作为高等职业院校云计算技术与应用专业以及计算机类相关专业的教材，也可作为云端运维人员的参考用书。

图书在版编目（CIP）数据

云计算平台运维与开发：初级／南京第五十五所技
术开发有限公司主编．--北京：高等教育出版社，
2020.4(2024.5 重印)

ISBN 978-7-04-053865-6

Ⅰ.①云…　Ⅱ.①南…　Ⅲ.①云计算-高等职业教育
-教材　Ⅳ.①TP393.027

中国版本图书馆 CIP 数据核字(2020)第 041862 号

Yunjisuan Pingtai Yunwei yu Kaifa（Chuji）

策划编辑	吴鸣飞	责任编辑	刘子峰	封面设计	王 洋	版式设计	杨 树
插图绘制	邓 超	责任校对	张 薇	责任印制	刘思涵		

出版发行	高等教育出版社	网　　址	http://www.hep.edu.cn	
社　　址	北京市西城区德外大街 4 号		http://www.hep.com.cn	
邮政编码	100120	网上订购	http://www.hepmall.com.cn	
印　　刷	高教社(天津)印务有限公司		http://www.hepmall.com	
开　　本	787 mm×1092 mm　1/16		http://www.hepmall.cn	
印　　张	22.75			
字　　数	500 千字	版　　次	2020 年 4 月第 1 版	
购书热线	010-58581118	印　　次	2024 年 5 月第 11 次印刷	
咨询电话	400-810-0598	定　　价	58.80 元	

"智慧职教"服务指南

"智慧职教"(www.icve.com.cn)是由高等教育出版社建设和运营的职业教育数字教学资源共建共享平台和在线课程教学服务平台,与教材配套课程相关的部分包括资源库平台、职教云平台和 App 等。用户通过平台注册,登录即可使用该平台。

● 资源库平台:为学习者提供本教材配套课程及资源的浏览服务。

登录"智慧职教"平台,在首页搜索框中搜索"云计算平台运维与开发(初级)",找到对应作者主持的课程,加入课程参加学习,即可浏览课程资源。

● 职教云平台:帮助任课教师对本教材配套课程进行引用、修改,再发布为个性化课程(SPOC)。

1. 登录职教云平台,在首页单击"新增课程"按钮,根据提示设置要构建的个性化课程的基本信息。

2. 进入课程编辑页面设置教学班级后,在"教学管理"的"教学设计"中"导入"教材配套课程,可根据教学需要进行修改,再发布为个性化课程。

● App:帮助任课教师和学生基于新构建的个性化课程开展线上线下混合式、智能化教与学。

1. 在应用市场搜索"智慧职教 icve"App,下载安装。

2. 登录 App,任课教师指导学生加入个性化课程,并利用 App 提供的各类功能,开展课前、课中、课后的教学互动,构建智慧课堂。

"智慧职教"使用帮助及常见问题解答请访问 help.icve.com.cn。

前　言

本书根据国务院《国家职业教育改革实施方案》（国发〔2019〕4 号）的要求，把职业教育摆在教育改革创新和经济社会发展中更加突出的位置，并按照教育部等四部门印发的《关于在院校实施"学历证书＋若干职业技能等级证书"制度试点方案》要求，南京第五十五所技术开发有限公司牵头组织了中国电子学会、计算机学会、工信行指委、国家开放大学学分银行、教育研究机构等行业组织，亚马逊、阿里云、腾讯云、九州云等云计算领域知名企业和深圳职业技术学院、山东商业职业技术学院等院校的专家 50 余人，共同开发了云计算平台运维与开发职业技能等级证书。

南京第五十五所技术开发有限公司依据教育部《职业技能等级标准开发指南》中的相关要求，以云计算行业技术发展水平对从业人员的能力要求为目标，以培养职业技能为核心，组织企业工程师、高职和本科院校的学术带头人共同开发了本套 1+X 职业技能等级证书配套系列教材。本书主要面向云计算平台运维与开发岗位，以高职高专院校云计算技术与应用专业的学生为主体，用于指导其云计算平台运维与开发的学习，也可供云端运维人员参考。全书基于"以能力为本位、职业活动为导向、专业技能为核心、思政教育为主线的课程体系"的总体设计以及 1+X 云计算平台运维与开发的能力要求，确定学习项目的目标、内容和工作任务，做到理论与实践并重，职业技能与专业教育融合、与所学专业课程互补和融合发展，强化职业素养养成和专业技术积累，将专业精神、职业精神和工匠精神融入人才培养全过程。编者通过深入企业调研，仔细分析云计算平台运维与开发岗位的典型工作任务，以企业真实项目为载体，项目内容循序渐进，力求讲抽象问题具体化、图形化，化繁为简，既从理论上进行阐述，又通过案例进行具有可操作性的分析和指导，使读者对云计算平台运维与开发技术体系有更系统、更清晰的认识。

本套教材共 7 章 35 个实战案例，内容包括工程项目文档编写、企业私有网络构建运维、Linux 系统与服务构建运维、应用系统分布式构建运维、私有云技术、公有云技术、Kubernetes 容器云平台构建与运维实践。本书主持单位联合亚马逊、华为、腾讯云的多位技术专家，成立了教材专家委员会，对本书的内容进行了审定。江苏一道云科技发展有限公司、重庆百菲特科技有限公司、天津云智科技发展有限公司参与了实战案例的提供、验证和文字校对工作，在此一并表示感谢。

本书于 2020 年 4 月出版后，基于广大院校师生的教学应用反馈并结合最新的课程教学改革成果，不断优化、更新教材内容，根据云计算技术近几年的发展对部分教学内容进行了更新，在拓展阅读栏目中进行呈现，使学生体会工匠精神，以进一步推进习近平新时代中国特色社会主义思想进教材，将新技术、新工艺、新规范、典型生产案例及时纳入教学内容，进一步推动现代信息技术与教育教学深度融合。本次修订加印，结合党的二十大精神进教材、进课堂、进头脑的要求，将"坚持教育优先发展、科技自立自强、人才引领驱动"作为指导思想，探索将职业素养和专业知识有机融合，首先结合每章的学习目标提炼出相应的素质目标，重点培养或提升如规范操作、精益求精的工匠精神、安全意识和创新思维等核心职业能力，通过加强行为规范与思想意识的引领作用，落实"培养德才兼备的高素质人才"要求；其次在每章中针对目前云计算的最新技术发展成果及国产云计算平台的操作方法，新增以拓展微课形式呈现的素质提升小课堂环节和拓展阅读内容，如我国云计算产业发展成果展示、华为云数据中心及"东数西算"工程、阿里云仁和数据中心及阿里云盘古存储系统、华为云服务器的申请及对象存储服务、AI 和边缘计算等，同时对配套的案例素材、实训指导书等数字化资源进行了相应更新，着力于培养新一代云计算基础设施建设所需的复合型高技能人才，贯彻科教兴国战略和创新驱动发展战略，将"实施科教兴国战略，强化现代化建设人才支撑"的指引落实到课程中，为进一步推进网络强国、数字中国的建设助力。

本书配有微课视频、课程标准、授课计划、电子教案、授课用 PPT、习题及解析、程序源代码等丰富的数字化学习资源。与本书配套的数字课程"云计算平台运维与开发（初级）"在"智慧职教"平台（www.icve.com.cn）上线，学习者可以登录平台进行在线学习及资源下载，授课教师可以调用本课程构建符合自身教学特色的 SPOC 课程，详见"智慧职教"服务指南。教师也可发邮件至编辑邮箱 1548103297@ qq. com 索取相关资源。

由于编者水平有限，疏漏和错误之处在所难免，希望广大读者能够提出宝贵意见。

编　者

2023 年 6 月

目　录

第1章 工程项目文档编写

1.1 引言

现在很多企业的业务开展都离不开项目管理。项目文档管理，是指在一个项目运行过程中将提交的各类文档进行收集管理控制的过程。工程项目保存的文档要涵盖项目可研、总体设计、基础设计、详细设计等整个项目周期，其中包括项目系统管理、文档版本控制、文档质量管理等管理内容。项目经理可以从项目文档角度去把握项目进展情况。因此，工程项目文档对于一个项目的顺利进行有着至关重要的作用，其关键性不容忽视。

本章主要介绍工程项目的整个开发过程，以及工程项目的各种规范文档，使学生能够了解工程项目的背景，掌握工程项目的整个开发过程，能读懂各种工程项目文档，会填写工程项目文档。图 1-1-1 所示为本章的学习路线图。

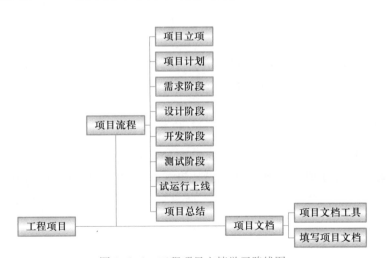

图 1-1-1　工程项目文档学习路线图

1.2   项目流程概述

微课 1.2
工程项目文档编写 2

每个项目大致要经过调研项目、项目立项启动、项目计划、需求分析、需求变更、系统设计、构建开发、测试验收、部署试运行上线和项目总结的不同阶段。图 1-2-1 展示了整个项目开发的流程。

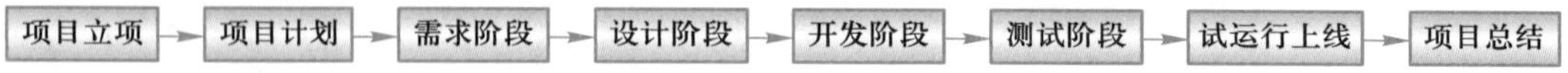

项目立项 → 项目计划 → 需求阶段 → 设计阶段 → 开发阶段 → 测试阶段 → 试运行上线 → 项目总结

图 1-2-1   项目开发流程

1.3   项目角色介绍

微课 1.3
工程项目文档编写 3

项目成员角色可以分为项目经理、产品经理、开发经理、测试经理。

① 项目经理。项目经理为整个项目的核心，推动项目的整个进行，保证项目的交付。

② 产品经理。产品经理主要负责设计项目需求，需求必须符合客户的需要。

③ 开发经理。开发经理主要进行软件设计以及代码实现，确保顺利实现项目要求。

④ 测试经理。测试经理主要负责对项目的质量进行审查，确保项目质量达到预期目标。

1.4   项目流程介绍

微课 1.4
工程项目文档编写 4

1. 项目立项

项目立项主要由项目经理组织项目人员进行项目启动会议，明确项目背景、需要实现哪些功能、项目交付时间等，其主要目的是要项目组成员明确项目的情况。

2. 项目计划

项目计划由项目经理牵头，各角色成员配合，制订项目的开发计划、项目的里程碑、风险计划、上线计划、验收计划等，其主要目的是让项目能够准时交付，各过程可控。

3. 需求阶段

需求阶段由产品经理根据项目的情况进行需求分析，整理出详细的需求内容，包括需求规格说明书、产品设计图、产品原型图、产品高清设计图等。项目需求在整个项目开发过程中十分重要。

4. 设计阶段

在需求阶段之后，即详细的需求已经确认，由开发经理组织相关的开发团队进行研发设计。该阶段分为概要设计和详细设计阶段。先对项目的实现进行概要设计，即设计系统的总体框架以及使用到的技术评估。概要设计完成后，由开发经理组织相关的项目成员进行技术评审会议，技术评审通过后方可进行详细设计，即详细的代码逻辑设计。

5. 开发阶段

在项目需求以及项目设计完成的情况下，由开发经理向各开发成员分配任务，由每个开发人员进行代码开发实现。在开发实现过程中，各开发成员要进行代码版本控制，确保代码和系统版本可控。

6. 测试阶段

当项目功能实现后，且开发团队已经自己测试无大问题后，就可以提交测试团队进行最终的项目质量验证。验证的过程是一个迭代的过程，测试人员针对开发团队发布的内部测试版本，针对项目需求逐一认证，发现有问题的，则通过项目管理系统进行发布，开发人员进行问题解决，测试人员进行回归测试验证。

7. 试运行上线

当项目功能已实现，且测试团队无发现重大问题，达到可以上线的标准后，则由开发经理负责部署正式的上线系统，并且试运行一段时间。如果在试运行期间发现严重问题，则还需要进行问题修改，修改后再次进行试运行上线。

当项目试运行过程中发现无重大问题、满足上线标准时，则项目正式上线运行，进行客户交付。

8. 项目总结

当项目进行试运行上线交付后，项目经理必须召集所有项目团队成员进行项目总结会议，总结项目的得与失，吸取项目经验。项目文档及代码在项目的每个阶段都需要进行编写，下面会有详细的模板以及编写要求，项目总结会议完成后，项目所有的资料，包括项目代码、项目文档、软件及硬件资料都要及时归档到公司项目库中。

下面以某银行系统容器云平台建议的项目实战案例进行介绍。

1.5　实战案例——某银行系统上容器云平台项目

1.5.1　案例目标

① 掌握项目开发流程。

② 掌握项目立项、项目计划、项目需求、系统设计、开发编码、测试、项目上线结项过程。

1.5.2　案例分析

通过某银行系统上容器云平台项目，了解从项目立项到项目计划、项目需求、系统设计、开发编码实现、系统测试、项目上线结项的整个开发过程。

1.5.3　案例实施

1. 项目立项

（1）项目背景

随着互联网金融的兴起，企业依托互联网，特别是移动互联网为公众提供越来越多方便快捷、稳定高效的金融类服务，对传统的银行业务带来了很大冲击。作为应对，传统银行也在业务上不断创新，带来对 IT 基础设施和应用架构方面进行转型升级的要求。例如，为了支撑电商促销活动对银行带来的高峰期海量支付请求，某银行很早就对支付渠道相关业务应用进行了微服务架构改造，由此带来了容器技术的研究和运用。此银行的多年实践证明，采用容器技术平台很好地支撑了新的业务模式和业务容量。

基于业务发展的需要和快速进步的金融科技技术，越来越多的传统银行在思考自身的互联网金融战略、金融云规划等。其中重要内容之一，是希望从技术层面更有效地支持业务创新，如微服务架构，更好的灵活性、扩展性、高可用性，更高效的业务上线效率，等等，因此跟上云计算技术发展的趋势，建设并推广适合自身的基于容器技术的云平台是关键任务。

由此某公司承担了某银行系统上容器云平台。

（2）项目立项

项目由项目经理 A 总负责，组成一个项目团队，并且在半年内实现银行系统上容器云平台，并进行两年系统维护，确保银行系统正常运行。银行系统和公司签定项目合同，约定项目周期以及项目金额等条款。

（3）项目团队成立

项目团队由项目经理 A 负责，召集相关的人员组成该项目团队。项目成员有项目经理 A、产品经理 A、产品人员 A、开发经理 A、开发人员 A、开发人员 B、测试经理 A、测试人员 A、测试人员 B。

项目成员由以上人员组成，各成员备份各自承接的任务能力以及要达到的技术要求。项目成员各自承担的项目任务，可以参照上面的项目流程。

（4）项目立项工具（Microsoft Office Word）

项目立项工具 Microsoft Office Word 是微软公司的一个文字处理应用程序，帮助用户节省时间，并得到优雅美观的结果。作为 Office 套件的核心程序，Word 提供了许多易于使用的文档创建工具，同时也提供了丰富的功能集供创建复杂的文档使用。该软件可以在网上自行下载安装，具体操作详见官网指导。

（5）项目立项文档

项目启动阶段，将项目的目标、规划与任务进行完整的定义和阐述，形成一份完整的项目工作任务书，作为项目立项的关键产出。任务书等可以通过 Word 来进行编辑，参照上面的用法。

①《用户需求说明书》是在与客户交流、查阅业务资料等一系列需求获取和分析工作后，及时整理并建立的需求文档。

《用户需求说明书》主要是项目经理和客户沟通后按照模板编写用户需求。此项目中主要描写银行现有系统已经不满足快速发展的业务需求，迫切需要一个处理能力更强的系统，且要保证数据安全、系统稳定，可以结合项目背景内容综合描述。

②《项目立项建议书》说明该项目现状概述、必要性、项目实施方案、完成项目所需要的条件、项目整体计划安排、市场的前景及效益分析。

《项目立项建议书》结合模板进行编写，主要描述银行系统的现状，上云的必要性，以及如何上云，完成项目所需要的条件，项目整体计划安排，市场前景及效益分析等内容。此文档是对项目做一个总体的规划，具体细节可以到项目开展起来后具体再描述。

③《可行性分析报告》说明该软件开发项目的实现在技术上、经济上和社会因素上的可行性，评述为了合理地达到开发目标可供选择的各种可能实施方案，说明并论证所选定实施方案的理由。

④《可行性分析报告》描述某银行系统上云的可操作性，包括技术能力、经济及社会的可行性因素，以及实施方案及可行性分析，从而做一个总体上的规划。

某银行系统上云平台定位：是云服务管理平台中的重要组成部分；是平台化、组件化信息系统中的一个组件。战略意义：自动化调度工具和容器化应用交付平台，是转型的先导，持续集成与自动化运维平台打通，实践 Devops。

2. 项目计划

（1）分析项目内容

项目团队成员确认后，由项目经理 A 负责召集所有的项目成员对项目合同进行分析，明确各自的分工，并向项目成员讲述项目背景、项目客户的特点以及项目验收的要点等。

如果项目成员完成项目任务有困难，需要及早提出来，以便项目经理 A 重新规划项目团队成员。

（2）项目计划

项目启动后，就需要制订合理的项目计划，包括项目里程碑和项目时间设定、人员安排和风险预测。

《项目计划书》可以用 Microsoft Office Excel 编写。项目计划主要写明项目的各时间节点、各里程碑的内容以及各节点负责人、成员名称。

（3）项目计划制订工具介绍（Microsoft Office Excel）

项目计划制订工具 Microsoft Office Excel 是微软公司的一款电子表格软件，直观的界面、出色的计算功能和图表工具，再加上成功的市场营销，使其成为最流行的个人计算机数据处理软件之一。

该软件可以自行网上下载，具体操作详见官网指导。

（4）项目计划文档

项目计划阶段需要编写《项目计划书》。《项目计划书》为软件项目实施方案制订出具体计划，应该包括各部分工作的负责人员、开发的进度、开发经费的预算、所需的硬件及软件资源等。

可以按照图 1-5-1 所示的项目计划模板进行编制。

序号	项目阶段	完成内容	责任人	成员	时间点	备注
		项目名称	某银行上云项目			
		项目时间	2019年1月1日至6月30日			
1	需求阶段	制定需求	产品经理A	产品人员A	1.1—1.10	
2		评审需求	产品经理A	产品人员A	1.11—1.15	
3		…				
4	设计阶段	概要设计	开发经理A	开发人员A、B	1.16—1.22	
5		详细设计	开发经理A	开发人员A、B	1.23—1.30	
6		…				
7	实现阶段	开发实现	开发经理A	开发人员A、B	2.1—3.31	
8		发布测试版本	开发经理A	开发人员A、B	4.1—6.1	
9		修改BUG	开发经理A	开发人员A、B	4.1—6.1	
10		…				
11	测试阶段	发现问题	测试经理A	测试人员A、B	4.1—6.1	
12		回测BUG	测试经理A	测试人员A、B	4.1—6.1	
13		…				
14	上线阶段	部署系统	开发经理A	项目经理、开发人员A、开发人员B、测试经理A、测试人员B	6.2—6.10	
15		试运行	开发经理A	项目经理、开发人员A、开发人员B、测试经理A、测试人员B	6.11—6.20	
16		上线	开发经理A	项目经理、开发人员A、开发人员B、测试经理A、测试人员B	6.21—6.30	
17		…				
18	项目总结	项目总结会议	项目经理A	所有项目人员	6.30	
19		项目资料归档	项目经理A	所有项目人员	6.30	

图 1-5-1　Excel 格式的项目计划

项目计划中的需求和设计根据银行系统的业务特点进行细化，如图 1-5-2 所示。

图 1-5-2　项目时间节点

图 1-5-2 所示是项目时间节点。把这些节点所要完成的任务编写到 Excel 中。项目时间和项目成员根据项目团队进行修改，项目任务内容可以根据图 1-5-3 得出。

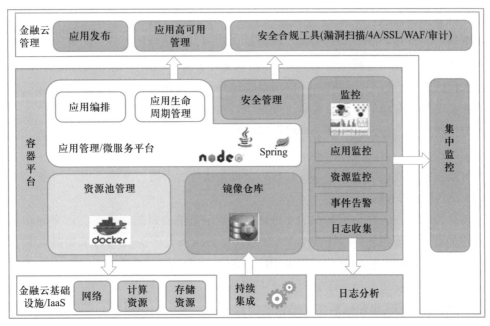

图 1-5-3　业务架构图

3. 项目需求

当项目立项、项目团队确认好之后，就开始由开发经理 A 组织相关的开发人员一起针对客户需求制定详细的项目需求。需求可以借助 Word 进行编写。

（1）分析客户需求

开发经理 A 来组织开发人员 A 对客户的需求进行分析，最终形成项目需求。

某银行上云系统所涉及的需求点如下：

① 银行建设容器平台，不仅需要为基于微服务架构的新业务提供容器化运行和管控平台之外，还必须格外重视满足金融行业严苛的监管和安全要求。这样的定位决定了在银行建设容器平台除了要具备市场上大多数容器平台产品的能力，还应该为银行的特殊监管需求进行定制。

② 因此制定银行容器平台的需求时，建议考虑如下方面：

- 管理大规模容器集群能力，包括提供容器所需的高可用集群、资源池管理、网络通信方案、存储方案、编排调度引擎、微服务运行框架、镜像管理、事件告警、集群监控和日志收集等。
- 为满足金融业务的监管和安全要求，平台需要考虑应用的高可用性和业务连续性、多租户安全隔离、不同等级业务隔离、防火墙策略、安全漏洞扫描、镜像安全、后台运维的 4A 纳管、审计日志；如果容器平台还对公网提供访问，那么还需要考虑访问链路加密、安全证书等。

③ 还有一个重要方面是，银行的金融云是一个范围更大的复杂云环境，容器平台通常是这个复杂系统中的一部分，因此容器平台还要遵从银行已有 IT 技术规范和运维要求。例如，可能还需要考虑：

- 支持银行自身的应用发布体系、持续集成系统、应用建模规范、高可用管理策略。
- 对接金融云底层资源池（如 IaaS），遵从云计算资源的统一管理和分配。
- 对接或改造容器平台的网络，以满足容器平台中应用与传统虚拟机、物理机中旧业务系统的相互通信，避免或尽可能减少对银行现有网络管理模式的冲击。
- 对接统一身份验证、和整个金融云其他系统采用统一的租户定义、角色定义、资源配额定义等。
- 对接漏洞扫描、集中监控系统、日志分析系统等已有周边系统。

（2）制定项目需求

在软件需求阶段，要分析客户的业务活动，确定系统的目的、范围、定义和功能，明确在用户的业务环境中软件系统需要"做什么"。需求人员要提交《需求规格说明书》用于评审、估算成本和总结，需求说明书中应包含业务流程图，以帮助项目组人员理解业务需求。测试人员也需要参与需求分析、评审和总结。

需求分析阶段的产出是《需求规格说明书》和用户界面原型设计。《需求规格说明书》对所开发软件的功能、性能、用户界面及运行环境等作出详细的说明。它是在用户与开发人员双方对软件需求取得共同理解并达成协议的条件下编写的，也是实施开发工作的基础。该说明书应给出数据逻辑和数据采集的各项要求，为生成和维护系统数据文件做好准备。

（3）制定需求工具（Microsoft Office Word）

关于制定需求工具 Microsoft Office Word 的介绍参照 1.5.3 节第 1 点中的介绍。

4. 系统设计

当项目需求确认好之后，则进入系统设计阶段。该阶段由开发经理 A 发起，开发人员参与。根据项目需求进行系统设计和详细设计，可以借助 Visio 画图软件绘制系统架构图等。

（1）系统概要设计

开发经理 A 召集开发人员 A 和开发人员 B 根据系统需求进行系统概要设计。

基于对容器平台的需求分析，可以按图 1-5-3 所描述的容器平台应用提供的业务能力以及容器平台在银行可能和周边系统的对接关系。

图 1-5-4 所示为系统构架图。

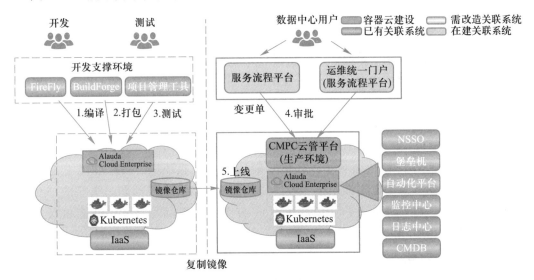

图 1-5-4　系统构架图

（2）系统详细设计

开发经理 A 召集开发人员 A 和开发人员 B 根据系统需求以及系统概要设计进行系统详细设计。

1）资源池管理

容器平台资源池管理负责容器运行所需的计算、存储资源申请、分配、容量管理，以及适合的容器网络通信方案。

对于计算和存储资源的申请、分配、容量管理，可能的两种做法如下：

① 按照容量预估。预先为容器平台分配预测的计算节点、存储容量的资源，在容器平台中将这些资源注册到容器集群中使用。当需要扩容或删除某些资源时，重复相应的动作。

② 对接外部的资源管理和供给系统。通常是 IaaS 系统或者具备资源供给能力的自动化系统，通过调用外部系统的接口，容器平台按需获取所需的计算和存储资源。

2）网络设计

在资源管理中，网络的管理是比较复杂的。对于容器平台可能的网络方案，基本上分为以下几类：

① 原生 NAT（网络地址转换）方案。

② 隧道方案（Overlay），代表性的方案有 Flannel、Docker Overlay、OVS 等。

③ 路由方案，代表性的方案有 Calico、MACVLAN。

④ 自定义网络方案。

原生 NAT 方案中，容器借助宿主机端口映射，以及在宿主机上配置的 iptables 规则，对容器的网络数据包进行 NAT，再通过宿主机的路由转发实现不同容器间跨主机的网络通信。这种方式的优势是原生支持、简单、容器实例不需要额外消耗骨干网络 IP 地址，也不会增加在宿主机间传递数据包的长度，但是也有以下几个明显缺陷：

① 同一宿主机上不同容器在宿主机上的映射端口必须区分开以避免端口冲突。

② 容器迁移到不同宿主机时，很可能需要改变所映射的宿主机端口，控制比较麻烦。

③ 通过 NAT 通信使得容器网络数据包在骨干网上使用的不是自身的 IP，给防火墙策略带来不便。

④ 端口映射带来的网络性能损失。在编者自己的环境下测试结果显示，使用 NAT 方式的容器在进行跨宿主机通信时，吞吐率只能达到宿主机间吞吐率的 1/3。

因此，原生的 NAT 比较适合小规模的功能验证和试验环境，网络性能不是重要的考虑因素，测试的场景中也不涉及很多容器迁移、防火墙安全等问题。很显然，在银行正式的测试环境、生产环境下，采用原生 NAT 方案不足以满足功能、性能和安全监管要求。

3）网络拓扑规划

除了技术方案，网络拓扑规划是网络设计的另一个重要方面，不仅涉及网络管理复杂度，还直接关系到安全合规。传统上银行科技部门会为不同安全等级的应用划分不同的网络区，分别提供不同的安全等级保护；也可能会根据运行业务的特点，分为可直接对外提供服务的网络隔离区，和只在内部运行业务处理和数据处理的业务区、数据库区等。在规划容器平台的网络拓扑时，建议保留这些已经成熟并实践多年的网络区域划分方法，保持遵守对安全合规的监管要求。

同时，根据对容器平台的定位和管理策略，容器平台可能需要在传统的网络拓扑上做相应的扩充。例如：

① 如果容器平台是金融云的一部分，网络拓扑必须支持多租户的隔离。

② 容器平台中的容器和宿主机都运行在网络中，容器运行应用属于业务，而宿主机运行容器属于资源，建议把容器所在的业务域和宿主机所在的资源域划分到不同的网络区，分别使用不同的管理和访问策略，保留足够的灵活性以满足不同的用户需求。

③ 容器平台自身运行所需的管理节点、镜像仓库、计算节点可以考虑放到不同的网络区，以满足它们各自不同的运行要求。例如，镜像仓库可能需要提供对公网的服务，以

便用户从公网浏览和管理镜像、管理节点可能需要运行在支持带外管理的网络区等。

图 1-5-5 总结了以上探讨的银行如何规划容器平台网络拓扑的内容。

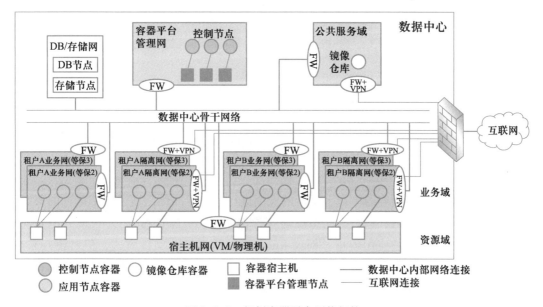

图 1-5-5 规划容器平台网络拓扑

4）镜像仓库

镜像仓库负责存储和发布应用的镜像部署版本，在功能上并不复杂，但由于监管要求和业务的特殊性，银行高度关切生产环境的安全性，都要求用于生产发布的镜像版本必须通过严格的测试阶段，以及严密的安全检查步骤，因此建议对生产环境运行专用的生产镜像仓库；同时，在持续集成越来越普遍的情况下，为了保证开发和测试的方便，需要测试镜像仓库。建议生产镜像库和测试镜像库在物理上分开、网络上的连通通过防火墙策略做限制（只开放必须的端口用于镜像同步）。

在使用规则上，测试镜像仓库允许随时的镜像上传和更新，通常都会对接持续集成系统，而对于生产镜像仓库，为了保证镜像来源的安全、可控，建议限制为只能从测试镜像同步，规定只有在测试镜像仓库中标记为完成测试、经过安全检查的镜像，由有相应权限的账号，在经过必要的审批或者满足一定规则的情况下，从测试镜像仓库中把镜像同步到生产镜像仓库。一旦镜像进入生产镜像仓库，就被当作正式的生产发布版本，接下来就按照银行现有的生产发布和变更流程，在指定的变更窗口，从生产镜像库中拉取镜像进行部署，这样做也很好地满足了银行的安全监管要求。

图 1-5-6 所示为总结建议的镜像仓库体系和相关工作流程。

5）应用管理

应用管理负责运行基于容器镜像的轻量级应用或微服务，提供应用的微服务编排能力、应用全生命周期管理。

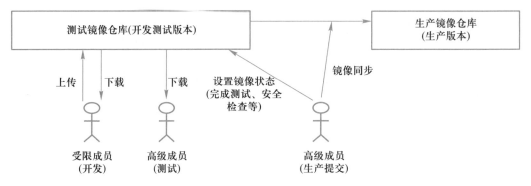

图 1-5-6　镜像仓库体系和相关工作流程

6）应用编排

应用编排的目的是给容器平台上运行的应用进行建模标准化，描述应用运行的资源需求、部署模式、部署参数、运行时动态规则（弹性伸缩、故障迁移等）。目前开源和商用容器平台都已支持自己的应用编排，例如 Kubernetes 的 YAML 文件方式，但对银行来说，可能还存在以下不足：

① 对银行的特定需求支持不足，如银行应用的安全等级、部署的网路区等这些特殊信息的描述。

② 不同的容器编排系统甚至同一编排系统的不同版本，可能存在编排语法不同、不兼容的问题。银行的应用建模是重要的资产，不能允许由于版本升级、技术改造而导致众多应用的建模不兼容。

因此，建议容器平台自定义应用编排规范，如果容器平台定位为银行整体金融云的一部分，那么容器平台的应用编排应兼容整体金融云的应用建模规范，确保金融云上所有应用建模的一致性。

在用自定义的编排规范对应用进行标准化描述后，需要对底层的容器平台进行能力扩充定制，对应用编排信息进行翻译，变成容器平台可以理解的信息，再根据这些信息对应用进行部署、升级和运行管理。

图 1-5-7 描述了应用建模以及使用应用建模进行部署、升级和运行管理的过程。

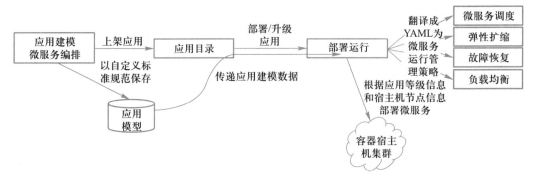

图 1-5-7　应用建模部署、升级和运行管理的过程

7）生命周期管理

应用全生命周期管理负责应用的上架、部署、升级、下架、支持运行时动态管理策略，还可支持双活部署、同城灾备切换等金融云高级能力。这部分功能可能需要对接金融云的应用发布、高可用部署和切换模块，提供整个金融云所有应用统一的部署、高可用体验。在前面介绍应用编排时，讨论了有关上架、部署、升级、运行管理等方面，下面来看应用的高可用部署和切换。

容器平台可以从实例、服务、应用 3 个层级，分别实现应用的高可用，分别是：

① 实例级，即容器故障自动恢复。

② 服务级，即服务/微服务的多个实例的跨不同可用区部署。

③ 应用级，即应用跨数据中心切换。

8）安全管理

安全管理是满足行业监管要求必须考虑的问题，是银行建设容器平台的特殊要求。

安全管理的难点在于涉及面广，包括系统漏洞、病毒威胁、链路加密、攻击防范、系统访问权限上收、操作审计等，此外安全管理面对的安全威胁不断地发展变化，也增加了防范的技术难度和持续的工作量。同时，由于金融云和容器自身的特点，在传统银行安全管理的基础上，还增加了多租户隔离、角色管理、镜像安全检测等新问题。

9）对接安全合规体系

鉴于安全管理的复杂性，如果在容器平台中单独进行安全管理，代价很高；而且安全管理也十分依赖长时间的积累，容器平台单独进行安全管理，也难免在一段时间内出现各种安全问题纰漏。因此，建议容器平台在安全管理上直接对接银行现有的安全管理防范体系，充分利用现有的各类安全工具、手段，在现有安全管理手段的基础上，按需增加功能，以应对容器平台所带来的新需求、新问题，这应该是见效快、成本低、风险也比较低的方式。

10）多租户隔离

如果容器平台作为金融云的一部分，并计划为不同的租户提供服务，那么根据租户对安全的要求，支持不同租户的隔离也是要考虑的内容。

在之前讨论网络拓扑规划时，建议把不同租户的容器运行在各自不同的虚拟网络 VLAN 中，并为不同的 VLAN 设置必需的防火墙规则、关闭相关的路由来保证不同租户的业务在网络上隔离。

由于容器共享宿主机内核的特点，如果把不同租户的容器运行在同一台宿主机上，租户可能面临来自其他租户容器运行所带来的不利影响。例如：

① 资源竞争导致的性能下降。

② 其他租户容器应用的 bug 导致的宿主机内核运行异常，进而导致自己租户容器的运行故障。

③ 潜在的来自其他租户的恶意容器应用，利用共享内核进行攻击和窃密。

因此，建议容器平台为不同的租户分配各自专属的、不同的资源池，租户只能在属于自己的宿主机上运行自己的容器应用。这虽然导致了资源利用率的降低，但在根本上回避了容器运行依赖共享宿主机内核、隔离性天生不如虚拟机的局限，这和主要基于虚拟机的 IaaS 平台对多租户隔离的做法不同。

11）应用等级隔离

除了不同租户间的隔离，即使在同一租户下，运行不同安全等级的应用，因为容器共享系统内核的特点，应用也面临其他等级应用的资源争抢、故障影响等问题。另外，不同等级的应用，往往要求不同级别的运行环境高可用性、安全性，因此在同一租户下，也应该把不同等级的应用隔离开，分别部署到各自专属的资源池内。

图 1-5-8 所示为以两个租户、分别有不同的安全等级的应用部署为例，描绘应用的部署状态。

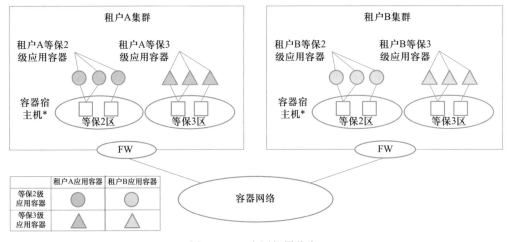

图 1-5-8　应用部署状态

12）监控日志

① 监控。和安全管理类似，监控体系也在银行系统中发展多年，特别是针对生产系统的监控、告警体系，根据自身运维的需要，不断积累、优化了多年，大多已经比较完备；围绕目前的监控体系，也形成了成熟的应急方案、流程，人员技能和经验也多围绕既有生产监控系统进行培训、学习。

因此，如果容器平台没有特别的需求，在银行的生产环境下，建议将容器平台的监控体系对接目前的集中监控系统，方便运维人员对生产环境的统一监控管理，既有的应急方案、流程、人员技能和经验都可以得到沿用。

在设计具体的监控时，应把监控进行分类，分别处理。具体可分为：

- 应用和服务监控。应用和服务监控关心业务服务的正确工作状态，这可能需要通过调用平台 API、或通过应用日志分析、特定端口响应等方法来判断，需要开发一定的逻辑处理，再把结果对接到集中监控。
- 资源监控。资源监控主要关注每个宿主机和计算节点集群的整体资源的使用情况，以及是否需要增加节点扩容等，这一点基本上传统的监控体系都已经能够做到，方式上以在宿主机上运行 agent，进行资源数据收集然后上报为多。

- 平台监控。平台的监控关注容器平台的控制节点、数据库、提供的服务等是否工作正常，这一点通常开源和商业的容器平台自身就已提供相应的管理控制台。如果不介意界面风格的差异，集中监控系统可以直接嵌入或跳转到容器平台的管理控制台；如果为了一致的监控体验，或者需要进一步的监控和告警定制，就需要开发集成逻辑，通过调用容器平台的 API，对获得的数据进行处理、封装，再对接到集中监控系统。

② 日志。在容器平台中，日志大致分为以下两类：

- 环境日志，包括容器运行日志、宿主机容器引擎日志、容器平台管理日志。
- 应用日志，指运行在容器中的业务应用在进行业务处理中，对处理过程中的关键结果、状态所进行的记录。

环境日志有各自固定的输出位置，主要用于出现故障时进行运维排查，和容器平台运行的业务并无直接关系；对于容器平台，更需要关注、处理的是应用日志。因为以容器为载体，以分布式方式运行，无论是运行位置、数量等都会随时发生变化，所以如果不对应用日志做特别处理，应用日志会散布在容器集群的任意节点上。传统的方式，即登录到某一个特定的节点上去查看日志，已经不能适用于容器平台中的应用了。

用户必须对应用的日志进行集中收集，相关的开源方案选择也比较丰富，如 ELK、Fluentd 等，或者直接通过在容器中挂载 NFS（网络文件共享系统），把业务运行的日志实时写到共享系统中进行集中收集。

13）PaaS 数据框架

PaaS 数据框架如图 1-5-9 所示。

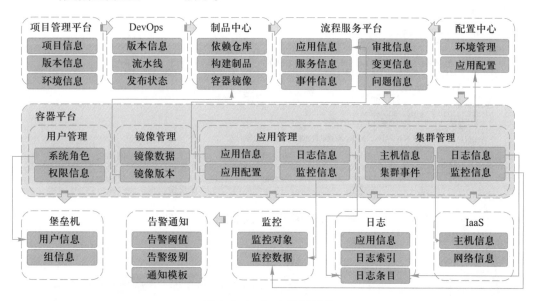

图 1-5-9　PaaS 数据框架

14）打通 IaaS 和 CaaS 层，实现集群自动扩容

实现集群自动扩容，如图 1-5-10 所示。

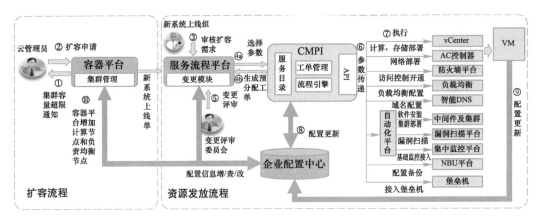

图 1-5-10   实现集群自动扩容

① 容器平台自动发送扩容工作单到服务流程平台,审批通过后,调用 IaaS 平台自动按照容器平台标准模板创建虚拟机。

② IaaS 平台负责交付容器虚拟机、基础配置和安全检查,并开通该虚拟机到容器平台的网络访问控制,完成后更新配置库并通知容器平台。

③ 容器平台收到虚拟机配置信息后,自动完成负责均衡节点或计算节点的集群加入工作。

目标:容器集群采用预制原则,保持使用率在 70% 以下,当容量不足时自动触发扩容流程,完成集群资源扩容工作。

15)集群扩容

集群扩容如图 1-5-11 所示。

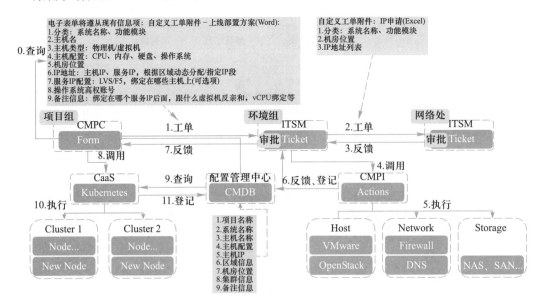

图 1-5-11   集群扩容

16）监控、告警

监控、告警如图 1-5-12 所示。

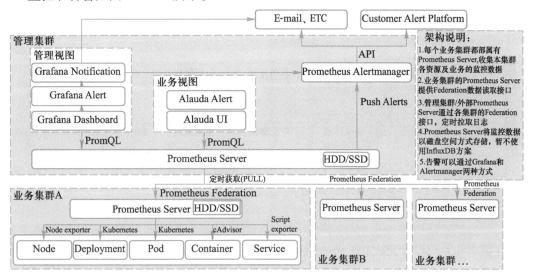

图 1-5-12 监控、告警

（3）系统设计工具介绍（Microsoft Office Visio）

Microsoft Office Visio 主要用于绘制流程图和示意图的软件，是一款便于 IT 和商务人员就复杂信息、系统和流程进行可视化处理、分析和交流的软件。

Visio 可以在官网进行下载，具体用法参照官网指导。

（4）系统设计文档

软件设计的主要任务是把由需求分析得到的结果转换为软件结构和数据结构，建立目标系统的逻辑模型，从而形成系统架构。系统架构师和开发人员需要制作《概要设计说明书》和《详细设计说明书》。

测试人员根据需求文档细化系统测试、集成测试和单元测试的计划和用例设计，参与评审和总结。

系统设计文档主要包括《概要设计说明书》和《详细设计说明书》。

《概要设计说明书》是概要实际阶段的工作成果。它应说明功能分配、模块划分、程序的总体结构、输入输出以及接口设计、运行设计、数据结构设计和出错处理设计等，为详细设计提供基础。

《详细设计说明书》着重描述每一模块是怎样实现的，包括实现算法、逻辑流程等。

5. 开发编码实现

开发经理 A 召集开发人员 A 和开发人员 B 根据系统需求以及系统概要和详细设计的详细内容，进行开发编码，实现系统功能。在开发编码过程中借助于文档代码管理工具 SVN，使开发代码可控，也可追溯。

（1）开发流程

在需求分析完成后就进入开发流程，进行系统设计，而测试进行与测试计划编写同时展开。图 1-5-13 为开发流程图。

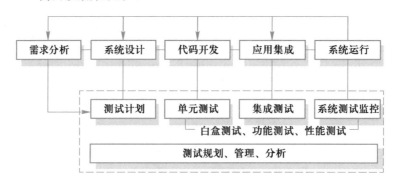

图 1-5-13　开发流程图

在需求和系统设计完成后，进入代码开发阶段，由开发经理 A 组织开发人员 A 和开发人员 B 进行代码实现。实现完成后，需要及时提交代码到代码版本库中，并进行单元测试，测试通过后整合测试版本，并提交测试部进行系统验证。

（2）编码实现

开发人员将详细设计的处理过程转换成计算机源代码，单元测试后提交给测试人员执行必要的测试。测试人员要协助开发人员对单元测试的计划和用例进行评审和指导。在构建阶段结束后，测试人员需提供开发阶段的测试报告给项目经理参考。

在软件编码阶段，开发者根据对数据结构、算法分析和模块实现等方面的设计要求，开始具体的编写程序工作，分别实现各模块的功能，从而实现对目标系统的功能、性能、接口、界面等方面的要求。

在规范化的研发流程中，编码工作在整个项目流程里最多不会超过 1/2，通常在 1/3 的时间。设计过程完成得好，编码效率就会极大提高。编码时不同模块之间的进度协调和协作是最需要小心的，也许一个小模块的问题就可能影响整体项目的进度。

（3）文档代码管理工具（SVN 工具使用介绍）

1）SVN 介绍

SVN 的全称是 Subversion，即版本控制系统，是目前最流行的开放源代码的版本控制系统之一。作为一个开源的版本控制系统，Subversion 管理着随时间改变的数据，而这些数据放置在一个中央资料档案库（Repository）中。这个档案库很像一个普通的文件服务器，不过它会记住每一次文件的变动，这样就可以把档案恢复到旧的版本，或是浏览文件的变动历史。Subversion 是一个通用的系统，可用来管理任何类型的文件，其中包括程序源代码。

SVN 采用客户端/服务器体系，项目的各种版本都存储在服务器上，程序开发人员首先将从服务器上获得一份项目的最新版本，并将其复制到本机，然后在此基础上，每个开发人员可以在自己的客户端进行独立的开发工作，并且可以随时将新代码提交给服务器。当然，也可以通过更新操作获取服务器上的最新代码，从而保持与其他开发者所使用版本的一致性。

2）客户端 SVN 安装。

① 下载 SVN 并进行安装。本例下载的软件版本如图 1-5-14 所示。

TortoiseSVN-1.8.7.25475-x64-svn-1.8.9.msi

图 1-5-14　SVN 安装文件

安装完成后，用户项目在 qianduan1 中，右击就可以显示如图 1-5-15 所示的快捷菜单，说明 SVN 已经安装成功。

② checkout 项目文件。进入目录下（如 qianduan1），右击选择"Svn Checkout"命令，打开如图 1-5-16 所示的对话框。

其中 URL 可以在 SVN 服务器获取到，右击 myRepositories 图标，在快捷菜单中选择"新建"→"Folder"命令，如图 1-5-17 所示。

此时 qianduan 文件被建立，然后右击 qianduan 图标，在快捷菜单中选择"Copy URL to Clipboard"命令，如图 1-5-18 所示。

将复制的版本库 URL 粘贴入 URL of repository 文本框，如图 1-5-19 所示。

图 1-5-15　快捷菜单

素质提升
万吨线智能控制系统

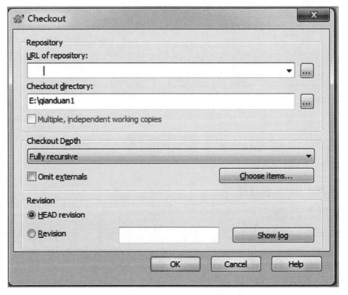

图 1-5-16　Checkout 对话框

图 1-5-17   新建文件夹

图 1-5-18   选择"Copy URL to Clipboard"命令

图 1-5-19   将 URL 粘贴入 URL of repository 文本框

单击"OK"按钮后,就可以检索出来,如图 1-5-20 所示。

检索结果如图 1-5-21 所示。

(4) TortoiseSVN Client 基础操作

1)增加(Add)

在 test 项目文件下,新建一个 b.txt 文件,提交到版本库的方法如下两种:

① 先提到变更列表中,再 commit 到配置库中。选择新增文件,右击 SVN 菜单,执行"Add'操作提交到'变更列表中"命令;然后右击 SVN 菜单,执行"SVN Commit"命令,提交到版本库中。

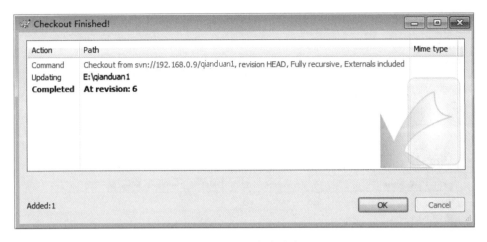

图 1-5-20   完成检索

图 1-5-21   检索结果

② 不提交到变更列表中，而是直接 commit 到配置库中。选择该文件，右击 SVN 菜单，执行"SVN Commit"命令。

2）删除（Delete）

如果被删除的文件还未入版本库，则可以直接使用操作系统的删除操作删除该文件。如果被删除的文件已入版本库，则删除的方法如下：

① 选择被删除文件，右击 SVN 菜单，执行"Delete"命令，然后选择被删除文件的父目录；右击 SVN 菜单，执行"SVN Commit"命令。

② 使用操作系统的删除操作删除该文件，然后选择被删除文件的父目录，右击 SVN 菜单，执行"SVN Commit"命令，在变更列表中选择被删除的文件，如图 1-5-22 所示。

3）改名（Rename）

修改文件名，选中需要重命名的文件或文件夹，然后右击"TortoiseSVN Rename"命令，在弹出的对话框中输入新名称，单击"OK"按钮，并将修改文件名后的文件或文件夹通过"SVN Commit"命令提交到 SVN 服务器上。

4）SVN 还原（SVN Revert）

右击想要回退的文件或者文件夹，在 TortoiseSVN 弹出菜单中选择"Update to reversion…"命令，然后会弹出一个对话框，如图 1-5-23 所示。

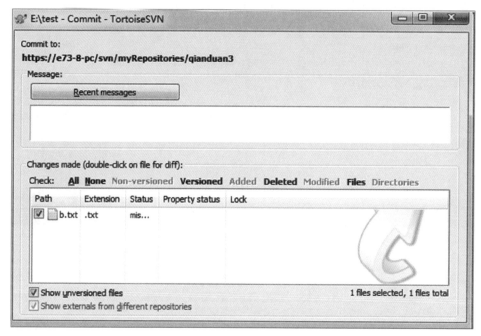

图 1-5-22　删除文件

素质提升
用科技守护自然

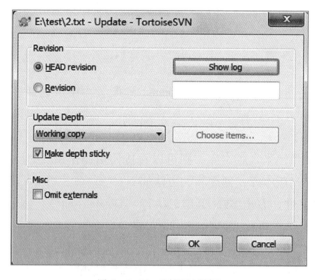

图 1-5-23　更新对话框

　　比如，要回退到第 10 个版本只需要在 Revision 中填写相应的版本号，然后单击"OK"按钮即可。

　　5）检查更新（Check for Modifications）

　　此功能可以显示用户所做的修改有哪些还没有提交。此功能不仅能看到对文件的修改变化，而且所有的变化都能看到，包括增加文件或者目录、删除文件或者目录、移动文件或者目录等。如果用户单击了检查版本库，那么用户还可以看到版本库里的改动，即别人提交了哪些文件的改动，但是还没更新到本地，如图 1-5-24 所示。

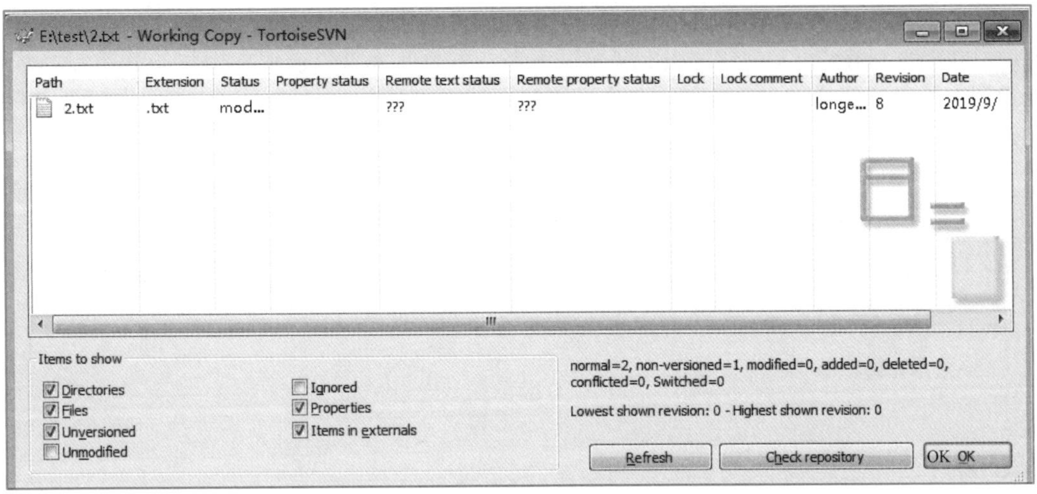

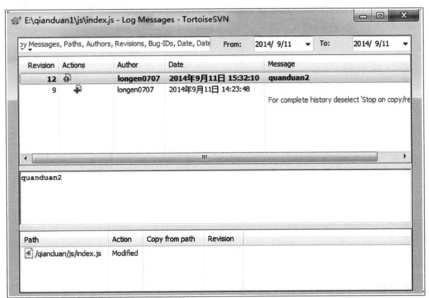

图 1-5-24   更新检查

6）SVN 更新（SVN Update）

更新本地代码与 SVN 服务器上最新的版本一致，只要在需要更新的文件夹上右击或者在文件下空白处右击，选择 "SVN Update" 命令（获取指定版本中的内容，右击执行 SVN 菜单中的 "Update to reversion" 命令）。

7）显示日志（Show log）

通过此功能可以查到谁，什么时候，对哪个目录下的哪些文件进行了哪些操作，如图 1-5-25 所示。

图 1-5-25   显示日志

8）版本库浏览（Repo-browser）

此功能是用来浏览需要查看的资料库，在本地文件夹下右击，选择"TortoiseSVN Repo-browser"菜单命令，在弹出的对话框中输入资料库地址，再输入用户名和密码，就能查看到需要查看到的版本库内容，在这里用户还能看到哪些文件被谁锁定了，如图 1-5-26 所示。

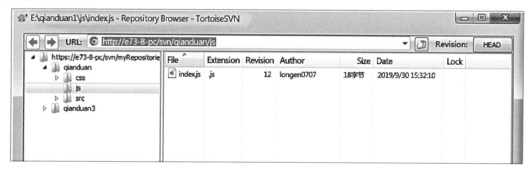

图 1-5-26　版本库浏览

6. 测试阶段

测试经理 A 召集测试人员 A 和测试人员 B 根据系统需求进行测试计划编写、测试用例编写以及测试执行，最终对系统进行验证通过。测试可以借助开源禅道项目管理系统进行。该项目管理系统可以集成项目管理整套流程，借助于系统进行软件开发、各过程控制，对数据进度实时查看。

（1）测试计划

软件项目的测试计划是描述测试目的、范围、方法和软件测试的重点等的文档。对于验证软件产品的可接受程度编写测试计划文档是一种有用的方式。

一个好的测试计划可以起到如下作用：

① 使测试工作和整个开发工作融合起来。

② 资源和变更事先作为一个可控制的风险。

（2）测试用例

测试用例是为某个特殊目标而编制的一组测试输入、执行条件以及预期结果，以便测试某个程序路径或核实是否满足某个特定需求。因此，需要根据测试计划、任务分配、功能点划分，设计合理的测试用例。

测试用例设计方法有白盒和黑盒两种技术：

① 白盒技术主要有逻辑覆盖、语句覆盖、判定覆盖、条件覆盖、判定条件覆盖、条件组合覆盖、路径覆盖等。

② 黑盒技术主要有等价类划分、边界值分析、错误推测、因果图等。

测试用例是软件测试的核心，是测试工作的指导，是软件测试必须遵守的准则，更是软件测试质量稳定的根本保障。

（3）测试执行

测试执行，即根据测试用例的详细步骤执行用例，并将执行结果和问题进行记录。

软件测试阶段的工作就是根据需求设计的测试方案和测试用例，利用人工或测试工具对产品进行功能和非功能测试，需要跟踪故障缺陷，以确保开发的产品适合需求。测试人员在这个阶段需要准备测试报告，最终总结出系统测试评审报告。

测试阶段需要测试人员来主导，开发人员配合修改缺陷，以确保产品质量。这里的测试主要包括代码扫描、功能测试、性能测试、安全测试和回归测试。

测试人员在设计和执行测试用例时，需要秉承如下几个重要原则：

① 测试用例需清晰定义对预期的输入和输出。

② 应当彻底检查每个测试的执行结果。

③ 测试用例的编写不仅应当根据有效和预料到的输入情况，而且也应当考虑无效和未预料到的输入情况。

《测试报告》，即测试工作完成以后，应提交测试计划执行情况的说明，其应对测试结果加以分析，并提出测试的结论意见。

7. 项目上线结项

（1）系统部署与试运行

项目通过测试后，则进入系统部署实施与试运行阶段。项目经理 A 需配合开发经理 A 以及开发人员、部署人员做项目部署，了解系统部署环境，跟踪项目运行期间产生的缺陷，安排相关人员对相应缺陷进行修改。

系统试运行一周，看在试运行过程中是否存在重大问题，如存在重大问题，则还需要将问题进行解决后再次部署更新，试运行。

试运行结束后，系统运行正常，无重大问题，则系统可以正式上线。

（2）项目上线

系统试运行结束后，系统能正常运行且无重大问题，则标志着系统上线。上线过程中要注意数据的备份、数据的稳定。

（3）项目总结

当系统正式上线后，项目经理 A 召集相关的项目团队成员进行项目总结会议，项目经理编写项目汇报资料，召集全体项目成员进行项目总结会议，总结项目的得与失，学习项目经验。最后，把项目所有的资料，包括代码和文档进行全部归档。

在项目总结阶段，可得到《验收测试报告》《项目总结报告》《项目结项审计报告》《项目归档检查单》共 4 个总结报告。

软件项目开发完成以后，应与项目实施计划对照，总结实际执行的情况，如进度、成果、资源利用、成本和投入的人力，此外，还需对开发工作做出评价，总结出经验和教训。

（4）项目总结工具（Microsoft Office PowerPoint）

Microsoft Office PowerPoint 是微软公司推出的一款演示文稿软件。用户可以自行上网下载安装包，下载完成后进行安装。具体用法可以参照 PowerPoint 系统帮助。

1.6 本章习题

1. 下面不是项目角色的是 （　　）。
   A. 项目经理　　　　　B. 实施经理　　　　　C. 开发经理　　　　　D. 测试经理
2. 以下说法中，正确的是 （　　）。
   A. 项目需求需要在项目立项后进行
   B. 项目计划是在项目立项前进行
   C. 项目开发是在项目计划之前进行
   D. 项目测试是在项目需求之前进行
3. 制作产品设计图可以使用哪些工具？
4. 白盒测试技术有哪些？请简述。

第2章　企业私有网络构建运维

2.1　引言

　　以太网经过三十多年的发展已经成为局域网的标准，传输速率已高达 10 Gbit/s。以太网技术作为局域网链路层标准，要求各个网络节点设备在网络总线上发送信息。它是一种世界上应用最广泛、最为常见的网络技术，广泛应用于世界各地的局域网和企业骨干网。

　　在企业私有网络设置中，首先通过划分虚拟局域网（Virtual Local Network，VLAN）的方式做了二层隔离，但划分 VLAN 的目的是隔离广播域，防止广播泛滥现象。实际上构建内部局域网的目的是让内部的各台 PC（个人计算机）能够利用网络来协同办公，从而提高办公效率。这就要求使用 VLAN 间路由技术将 VLAN 与 VLAN 之间打通，使它们能够在三层间通信，从而实现总部与分支之间的路由，这就需要掌握路由与路由器相关知识。而在目前企业级网络应用中，无线局域网（Wireless Local Area Network，WLAN）的使用也越来越广泛。它可以保持和有线网络同等级的接入速度，减少对布线的需求与开支，为用户提供灵活性更高、移动性更强的信息获取方式，是对有线网络的补充和扩展。所以，我们还要学习 WLAN 的相关知识。

　　本章对局域网交换和路由的原理与相关技术进行展开介绍，意在令读者通过实战案例掌握在企业中如何构建局域网络的方法。图 2-1-1 所示为本章的学习路线图。

素质目标
第 2 章

素质提升
云计算发展概述

图 2-1-1   企业私有网络构建运维学习路线图

2.2　局域网络技术

微课 2.1
局域网络技术

2.2.1　TCP/IP 参考模型

在计算机网络中，协议就是为了使网络中的不同设备能够进行数据通信，而预先制定的一整套通信各方相互了解和共同遵守的格式和约定，是一系列规则和约定的规范性描述。只有遵守相同的协议，网络设备之间才能够相互通信。协议分为两类：一类是私有协议，即由各个网络设备厂商自己来定义的协议；另一类是开放式协议，即由专门的标准机构定义的协议。为了解决网络设备之间的兼容性问题，帮助各个厂商生产出可以兼容的网络设备，国际标准化组织（ISO）提出了开放系统互连（OSI）参考模型。OSI 参考模型由下至上分为 7 层：物理层、数据链路层、网络层、传输层、会话层、表示层和应用层。

OSI 的 7 层协议体系结构清楚地定义了网络结构，但相对比较复杂。随着互联网的发展，TCP/IP 的 5 层体系结构得到了广泛应用，成为事实标准。TCP/IP 是目前最完整、使用最广泛的通信协议。它可以使不同硬件结构、不同操作系统的计算机互相通信。TCP/IP 既可以用于广域网，也可以用于局域网，它是 Internet/Intranet 的基础。TCP/IP 由一组独立的协议组成，其主要协议有传输控制协议（TCP）和网际协议（IP）。按照功能分为 5 层协议，由下至上分别是：物理层、数据链路层、网络层、传输层和应用层。

1. 物理层

物理层的作用是透明传递比特流。它规定了介质类型、接口类型和信令类型。物理层介质主要为同轴电缆、双绞线、光纤和无线电波等。物理层标准包括：支持局域网的以太网标准 802.3、令牌总线标准 802.4、令牌环网标准 802.5、光缆标准 FDDI 等，支持广域网的公共物理层接口标准 RS-232、串行线路接口标准 V.24 和 V.35、数字接口标准 G.703 等。

2. 数据链路层

数据链路层的作用是负责从上而下将源自于网络层的数据封装成帧，从下而上将源自物理层的比特流划分成帧，并且控制帧在物理信道上的传输。不同网络设备之间通过不同的数据链路层协议传输数据。主要协议有以太网协议（Ethernet）、高级数据链路控制协议（HDLC）、点对点协议（PPP）、帧中继协议（FR）等。数据链路层的常见设备为以太网交换机。

3. 网络层

网络层的作用是负责在网络之间将数据包从源转发到目的地。在发送数据时，网络层把传输层产生的报文段加上网络层的头部信息封装成包的形式进行传送；在接收数据时，网络层根据对端添加的头部信息对包进行相应的处理。主要协议有 IP、网际控制报文协议（ICMP）、地址解析协议（ARP）、反向地址解析协议（RARP）。网络层常见设备为路由器。

网络层在整个分层结构中的功能如下：

① 提供逻辑地址。网络层定义了一个地址，用于在网络层唯一标识一台网络设备。网络层地址在 TCP/IP 模型中即为 IP 地址。

② 路由。路由将数据报文从某一链路转发到另一个链路。路由决定了分组包从源转发到目的地的路径。

4. 传输层

传输层的作用是为上层应用屏蔽网络的复杂性，并实现主机应用程序间端到端的连通性。它将应用层发往网络层的数据分段或者将网络层发往应用层的数据段进行合并，建立了端到端的连接以传送数据流。它实现了主机间的数据段传输，在传送过程中可以通过计算校验以及流控制的方式保证数据的正确性，避免发生缓冲区溢出现象。部分传输层协议能够保证数据传送的正确性。在数据传送过程中确保了同一数据既不多次传送，也不丢失，同时保证数据报的接收顺序和发送顺序一致。主要协议有 TCP 和用户数据报协议（UDP）。TCP 提供面向连接的、可靠的字节流服务，UDP 提供无连接的、面向数据报的服务。

5. 应用层

应用层协议定义了互联网常见的应用（服务器和客户端通信）通信规范，它直接为用户应用进程提供服务，包括为用户提供接口，处理特定的应用，数据加密、解密、压缩、解压缩，定义数据表示的标准等。应用层的协议可以帮助用户使用和管理 TCP/IP 网络，主要有基于 TCP 工作的文件传输协议（FTP）、基于 UDP 工作的简单文件传输协议（TFTP）、远程登录（TELNET）协议、超文本传输协议（HTTP）、简单网络管理协议（SNMP）、简单邮件传输协议（SMTP）等。其中，部分协议如域名系统（DNS），既可以封装在 TCP 头部，也可以封装在 UDP 头部。

6. 各层的数据封装和解封装

数据的发送过程和物品的邮寄比较类似，在邮寄物品的时候，会将物品封装成包裹，填上收发人的信息，数据的转发也是如此。需要给待发送的数据封装上头部报文，在报头中包含了 IP 地址、MAC 地址等信息。在 TCP/IP 分层结构中，对等层之间互相交互的数据被称为 PDU（协议数据单元）。PDU 在不同层有约定俗成的名称。如在传输层中，在上层数据中加入 TCP 报头后得到的 PDU 被称为数据段（Segment）；数据段被传递给网络层，网络层添加 IP 报头得到的 PDU 被称为数据包（Packet）；数据包被传递到数据链路层，封装数据链路层报头得到的 PDU 被称为数据包（Frame）；最后，帧被转换为比特，通过网络介质传输。这种协议栈向下传递数据，并添加报头和报尾的过程就称为封装。数据链路层被表示为 LLC 和 MAC 两个逻辑子层。在实际应用中，根据协议的不同，有时候只需要封装 MAC 子层的头部信息即可。添加的帧检验序列 FCS 是一种错误检验机制，主要用于校验数据在传输过程中有无发生错误。当数据通过网络传输后，到达接收设备，接收方将删除添加的信息，并根据报头中的信息决定如何将数据沿协议栈上传给合适的应用程序，这个过程称为解封装。数据的封装和解封装都是逐层处理的过程，各层都会处理上层或者下层的数据，并加上或者剥离到本层的封装报头。不同设备的对等层之间依靠封装和解封装来实现相互间的通信。

2.2.2　IP 地址

1. IP 地址概述

在计算机网络中，IP 地址用于唯一标识一台网络设备，由 32 个二进制数字被分为 4 个 8 位数组组成，又称为 4 字节。IP 地址点分十进制形式表示形如 192.168.10.100。它通过分层设计可以分为网络地址和主机地址这两部分。网络地址部分用于唯一地标识一个网段，或者若干网段的聚合。同一网段中的网络设备有同样的网络地址。主机地址部分用于唯一地标识同一网段内的网络设备，在网络设备拥有多个接口的情况下，则拥有标识某个特定的三层接口。

2. 子网掩码作用

子网掩码是一种用来指明 IP 地址的哪些位标识的是主机所在的子网，以及哪些位标识的是主机的位掩码，其作用是将某个 IP 地址划分成网络地址和主机地址两部分。计算机在进行网络通信时，首先断定目标地址和自己的地址是否在同一个网段，先对自己的子网掩码和 IP 地址进行与运算，得到自己所在的网段，再对自己的子网掩码和目标地址进行与运算，比较网络部分与自己所在的网段是否相同。如果不相同，则不在同一个网段，封装帧时目标 MAC 地址使用网关的 MAC 地址，交换机将帧转发给路由器接口；如果相同，则直接使用目标 IP 地址的 MAC 地址封装帧，直接把帧发给目标 IP 地址。

3. IP 地址分类

① A 类 IP 地址。网络地址为第一个 8 位数组，第一个字节以"0"开始。主机地址位数为后面的 3 字节 24 位。A 类地址的范围为 1.0.0.0~126.255.255.255，每一个 A 类网络共有 2^{24} 个 A 类 IP 地址。

② B 类 IP 地址。网络地址为前两个 8 位数组，第一个字节以"10"开始。主机地址位数为后面的 2 字节 16 位。B 类地址的范围为 128.0.0.0~191.255.255.255，每一个 B 类网络共有 2^{16} 个 B 类 IP 地址。

③ C 类 IP 地址。网络地址为前 3 个 8 位数组，第一个字节以"110"开始。主机地址

位数为后面的 1 字节 8 位。C 类地址的范围为 192.0.0.0~223.255.255.255，每一个 C 类网络共有 2^8 个 C 类 IP 地址。

④ D 类 IP 地址。第一个 8 位数组以"1110"开始，通常作为多播地址。

⑤ E 类 IP 地址。第一个字节在 240~255 之间，保留，用于科学研究。

目前，网络中经常使用的是 A、B、C 类 IP 地址，随着互联网的飞速发展，目前 IP 地址段已经分配完毕。因此，IETF 组织推出了 IPv6，IP 地址由现在的 32 位扩充到 128 位，能够用于替代现行短缺的 IPv4 地址。

IP 地址还定义了私网地址和公网地址。私网地址是由 InterNIC 预留的由各个企业内部网自由支配的 IP 地址。使用私网地址不能直接访问 Internet，因为公网上没有针对私有地址的路由。当访问 Internet 时，需要利用 NAT 或代理技术把私网地址转换为非私网地址来对公网进行访问。私网 IP 地址包括：A 类地址 10.0.0.0~10.255.255.255；B 类地址 172.16.0.0~172.31.255.255；C 类地址 192.168.0.0~192.168.255.255。使用私网地址不仅减少用于购买公有 IP 地址的投入，而且节省 IP 地址资源。

2.2.3 交换机组网

交换以太网可大大减少冲突域的范围，显著提升网络的性能，并且加强网络的安全性。目前交换以太网使用的网络设备是交换机和网桥，网桥用于连接物理介质类型相同的局域网，而交换机是具有多个端口的转发设备，在各个终端主机之间进行数据转发。交换机通过隔离冲突域，使得终端主机可以独占端口的带宽，并实现全双工通信。

1. 交换机的主要功能

交换机有 3 个主要功能：地址学习、转发/过滤和环路避免。这 3 个主要功能同时被使用，共同在网络中起作用。交换机内有一张 MAC（介质访问控制）地址表，表中维护了交换机端口与该端口下设备 MAC 地址的对应关系，交换机根据 MAC 地址表进行数据帧的交换转发。而对于收到的数据帧，交换机一般采用 3 种方式进行处理：直接转发、丢弃和泛洪。直接转发是当收到数据帧的目的 MAC 地址能够在转发表中查询到，并且对应的出端口与收到报文的端口不是同一个端口时，该数据帧从表项对应的出端口转发出去；丢弃是如果收到数据帧的目的 MAC 地址能够在转发表中查询到，而对应的出端口与收到报文的端口是同一个端口时，该数据帧被丢弃；泛洪是当收到数据帧的目的 MAC 地址是单播 MAC 地址，但在转发表中查询不到，或者收到数据帧的目的 MAC 地址是组播或者广播MAC 地址时，数据帧向除了输入端口外的其他端口复制并且发送。

2. 交换机的交换模式

交换机有快速转发、存储转发和分段过滤 3 种交换模式。在快速转发模式下，交换机接收到目的地址即开始转发过程，交换机不检测错误，直接转发数据帧，延迟小。在存储转发模式下，交换机接收完整的数据帧后才开始转发过程，交换机检测错误，一旦发现错误数据包将会丢弃，数据交换延迟大，并且延迟的大小取决于数据帧的长度。在分段过滤模式下，交换机接收数据包的前 64B 后，根据帧头信息查表转发。

3. ARP 及 Proxy ARP

地址解析协议（ARP）是用来将 IP 地址映射为正确的 MAC 地址。ARP 表项可以分为动态和静态两种类型。动态 ARP 是利用 ARP 广播报文，动态执行并自动进行 IP 地址到以太网 MAC 地址的解析，无须手动添加。静态 ARP 是建立 IP 地址和 MAC 地址之间固定的映射关系，在主机和路由器上不能动态调整此映射关系，需要手动添加。设备上有一个 ARP 高速缓存，用来存放 IP 地址到 MAC 地址的映射表，利用 ARP 请求和应答报文刷新映射表，以便能正确地把三层数据包封装成二层数据帧，达到快速封装数据帧、正确转发数据的目的。

在进行地址转换时，有时还要用到逆向地址解析协议（RARP）。它常用于无盘工作站，这些设备知道自己的 MAC 地址，需要获得 IP 地址。为了使 RARP 能够正常工作，在局域网中至少有一台主机需要充当 RARP 服务器。无盘工作站获得自己的 IP 地址的过程如下：先向网络中广播 RARP 请求→RARP 服务器接收广播请求→发送应答报文→无盘工作站获得 IP 地址。

Proxy ARP 为代理 ARP，当 ARP 请求是从一台主机发出，用以解析处于同一逻辑三层网络却不在同一物理网段上的另一台主机的硬件地址时，连接它们的具有代理 ARP 功能的设备就可以应答该请求，使得处于不同物理网段的主机可以正常进行通信。

2.2.4　虚拟局域网

虚拟局域网（VLAN）是一种通过将局域网内的设备逻辑而非物理地划分成一个个网段，从而实现虚拟工作组的技术。VLAN 将一个物理的 LAN 在逻辑上划分成多个广播域，VLAN 内的主机间可以直接进行通信，而 VLAN 间不能互通。如果需要不同 VLAN 间的主机互通，就必须由路由设备进行转发。VLAN 技术在以太网帧的基础上增加了 VLAN 头，用 VLAN ID（0~4095）把用户划分为更小的工作组，每一个 VLAN 都包含一组有着相同需求的计算机工作站，与物理上形成的 LAN 有着相同的属性，且无须被放置在同一个物理空间里。一个 VLAN 内部的广播和单播流量都不会转发到其他 VLAN 中，有助于控制流量，减少设备投资，简化网络管理，提高网络的安全性。

1. VLAN 划分方式

VLAN 的划分方式也可以理解为 VLAN 的类型，包括以下几种方式。

（1）基于端口方式

交换机的每个端口配置默认为 VLAN，如果收到的是 Untagged 帧，则 VLAN ID 的取值为 PVID。

（2）基于 MAC 地址方式

配置好 MAC 地址和 VLAN ID 的映射关系表，如果收到的是 Untagged 帧，则依据该表添加 VLAN ID。

（3）基于协议方式

配置好以太网帧中的协议域和 VLAN ID 的映射关系表，如果收到的是 Untagged 帧，则依据该表添加 VLAN ID。

（4）基于子网方式

根据报文中的 IP 地址信息，确定添加的 VLAN ID。

（5）基于策略方式

安全性很高，可以基于 MAC 地址+IP 地址、MAC 地址+IP 地址+接口。成功划分 VLAN 后，可以达到禁止用户改变 IP 地址或者 MAC 地址的目的。

2. VLAN 端口类型

VLAN 技术的出现，使得交换网络中存在了带 VLAN 的以太帧和不带 VLAN 的以太帧。因此相应地对链路做了区分，分为接入链路和干道链路。

① 接入链路（Access Link）。连接用户主机和交换机的链路为接入链路。接入链路上通过的帧为不带 Tag 的以太网帧。

② 干道链路（Trunk Link）。连接交换机和交换机的链路为干道链路。干道链路上通过的帧一般为带 Tag 的 VLAN 帧，也允许通过不带 Tag 的以太网帧。

基于对 VLAN 标签不同的处理方式，对以太网交换机的端口也做了区分，可以分为以下 3 类：

① 接入端口（Access Port）。Access 端口是交换机用来连接用户主机的端口，它只能接入链路。在同一时刻，Access 端口只能归属于一个 VLAN，只允许一个 VLAN 帧通过。Access 端口接收到的都是 Untagged 帧，接收帧时，给帧加上 Tag 标记。当接收到带 Tag 报文时，如果 VLAN ID 跟默认 VLAN ID 相同，则接收该报文。如果跟默认 VLAN ID 不同，则丢弃该报文。发送帧时，将帧中的 Tag 标记剥离后再发送。

② 干道端口（Trunk Port）。Trunk 端口是交换机用来和其他交换机连接的端口。干道端口允许多个 VLAN 帧（带 Tag 标记）通过。在接收帧时，如果没有 Tag，则标记上该端口的默认 VLAN ID；如果有 Tag，则判断该干道端口是否允许该 VLAN 帧进入，如果不允许进入，则丢弃该帧。在发送帧时，如果 VLAN ID 跟默认 VLAN ID 相同，则剥离 VLAN；如果跟默认 VLAN ID 不同，则直接发送帧。

③ 混合端口（Hybrid Port）。混合端口时交换机上既可以连接用户主机，也可以连接其他交换机的端口。它允许多个 VLAN 帧通过。在接收帧时，如果没有 Tag，则标记上混合端口默认为 VLAN ID；如果有 Tag，则判断该混合端口是否允许该 VLAN 帧进入，允许则进行下一步处理，如果不允许进入，则丢弃该帧。在发送帧时，交换机判断 VLAN 在本

端口的属性是 Untag 还是 Tag。如果是 Untag，则先剥离帧的 VLAN Tag 后再发送；如果是 Tag，则直接发送帧。

2.3 实战案例——交换网络的构建与配置

微课 2.2
实战案例——交换
网络的构建与配置

2.3.1 案例目标

① 通过组网设计，掌握小型交换网络的组建，对小型网络系统进行分析，提出建网解决方案。

② 掌握 Trunk 接口和 VLAN 相关技术概念。

③ 综合运用 VLAN 创建、Access 和 Trunk 接口配置、VLAN 划分，实现网络的互连互通。

2.3.2 案例分析

1. 架构分析

（1）需求分析

本实验的目的在于建立小型局域网。由于公司由不同部门组成，因此需要划分不同网络实现互联互通。设计以下网络：两个部门各使用一台交换机连接，然后连接到总交换机。为了控制网络上的广播风暴，增加网络的安全性，在交换机上需要设置 VLAN。

（2）环境要求

已安装华为 eNSP 模拟软件计算机。

2. 规划拓扑

（1）拓扑描述

部门 1 网络为子网 1：192.168.1.0/24，对应 VLAN10。

部门 2 网络为子网 2：192.168.2.0/24，对应 VLAN20。

部门 1、部门 2 的计算机分别通过交换机 SW2、SW3 接入，然后通过总交换机 SW1 互连。

（2）拓扑图

该小型局域网拓扑图如图 2-3-1 所示。

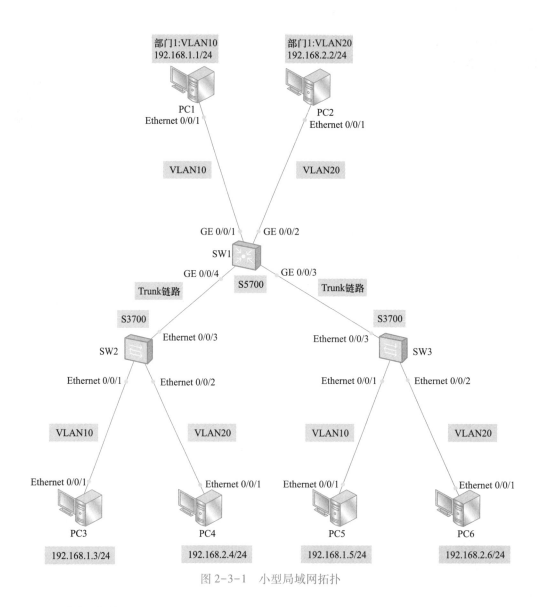

图 2-3-1 小型局域网拓扑

2.3.3 案例实施

1. 配置过程说明

SW1：需要创建 VLAN、配置 Access 和 Trunk 接口，并将相应接口加入对应的 VLAN10、VLAN20 中。

SW2：需要创建 VLAN、配置 Access 和 Trunk 接口，并将相应接口加入对应的 VLAN10、VLAN20 中。

SW3：需要创建 VLAN、配置 Access 和 Trunk 接口，并将相应接口加入对应的 VLAN10、VLAN20 中。

2. 配置各个设备

(1) S1 配置步骤

```
<Huawei>system-view
[Huawei]sysname SW1
[SW1]vlan batch 10 20
[SW1]interface GigabitEthernet 0/0/1
[SW1-GigabitEthernet0/0/1]port link-type access
[SW1-GigabitEthernet0/0/1]port default vlan 10
[SW1-GigabitEthernet0/0/1]quit
[SW1]interface GigabitEthernet 0/0/2
[SW1-GigabitEthernet0/0/2]port link-type access
[SW1-GigabitEthernet0/0/2]port default vlan 20
[SW1-GigabitEthernet0/0/2]quit
[SW1]interface GigabitEthernet 0/0/3
[SW1-GigabitEthernet0/0/3]port link-type trunk
[SW1-GigabitEthernet0/0/3]port trunk allow-pass vlan 10 20
[SW1-GigabitEthernet0/0/3]quit
[SW1]interface GigabitEthernet 0/0/4
[SW1-GigabitEthernet0/0/4]port link-type trunk
[SW1-GigabitEthernet0/0/4]port trunk allow-pass vlan 10 20
[SW1-GigabitEthernet0/0/4]quit
```

(2) S2 配置步骤

```
<Huawei>system-view
[Huawei]sysname SW2
[SW2]vlan batch 10 20
[SW2]interface Ethernet 0/0/1
[SW2-Ethernet0/0/1]port link-type access
[SW2-Ethernet0/0/1]port default vlan 10
[SW2-Ethernet0/0/1]quit
[SW2]interface Ethernet0/0/2
[SW2-Ethernet0/0/2]port link-type access
[SW2-Ethernet0/0/2]port default vlan 20
[SW2-Ethernet0/0/2]quit
[SW2]interface Ethernet0/0/3
[SW2-Ethernet0/0/3]port link-type trunk
[SW2-Ethernet0/0/3]port trunk allow-pass vlan 10 20
[SW2-Ethernet0/0/3]quit
```

（3）S3 配置步骤

```
<Huawei>system-view
[Huawei]sysname SW3
[SW3]vlan batch 10 20
[SW3]interface Ethernet0/0/1
[SW3-Ethernet0/0/1]port link-type access
[SW3-Ethernet0/0/1]port default vlan 10
[SW3-Ethernet0/0/1]quit
[SW3]interface Ethernet0/0/2
[SW3-Ethernet0/0/2]port link-type access
[SW3-Ethernet0/0/2]port default vlan 20
[SW3-Ethernet0/0/2]quit
[SW3]interface Ethernet0/0/3
[SW3-Ethernet0/0/3]port link-type trunk
[SW3-Ethernet0/0/3]port trunk allow-pass vlan 10 20
[SW3-Ethernet0/0/3]quit
```

3. 配置 PC 地址

（1）配置 PC1 地址

配置 PC1 地址为 192.168.1.1/24，如图 2-3-2 所示。

图 2-3-2　配置 PC1 地址

（2）配置 PC2 地址

配置 PC2 地址为 192.168.2.2/24，如图 2-3-3 所示。

图 2-3-3 配置 PC2 地址

（3）配置 PC3 地址

配置 PC3 地址为 192.168.1.3/24，如图 2-3-4 所示。

图 2-3-4 配置 PC3 地址

（4）配置 PC4 地址

配置 PC4 地址为 192.168.2.4/24，如图 2-3-5 所示。

图 2-3-5　配置 PC4 地址

（5）配置 PC5 地址

配置 PC5 地址为 192.168.1.5/24，如图 2-3-6 所示。

图 2-3-6　配置 PC5 地址

（6）配置 PC6 地址

配置 PC6 地址为 192.168.2.6/24，如图 2-3-7 所示。

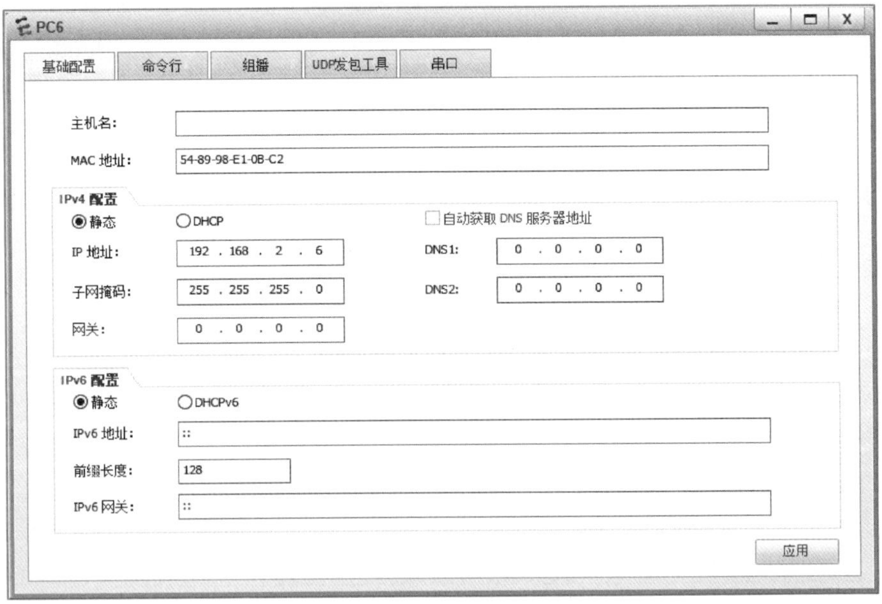

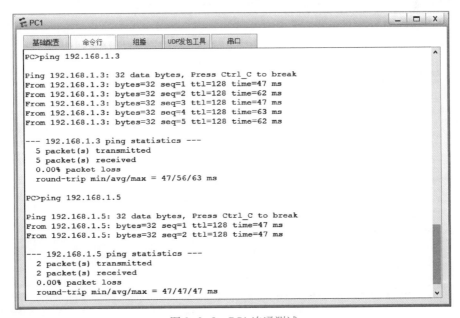

图 2-3-7　配置 PC6 地址

4. 网络连通性测试

（1）PC1 连通测试

打开 PC1 命令行模式，通过 ping 命令对 PC3 和 PC5 进行连通测试，如图 2-3-8 所示。

图 2-3-8　PC1 连通测试

通过 ping 命令对 PC2、PC4 和 PC6 进行连通测试，如图 2-3-9 所示。

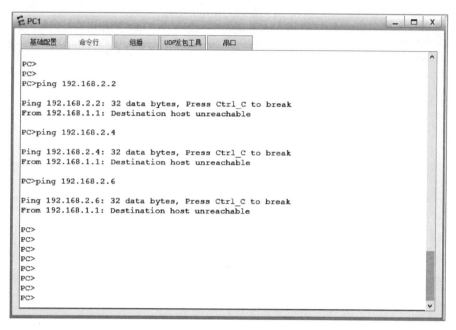

图 2-3-9 PC1 对 VLAN20 连通测试

（2）PC2 连通测试

打开 PC2 命令行模式，通过 ping 命令对 PC4 和 PC6 进行连通测试，如图 2-3-10 所示。

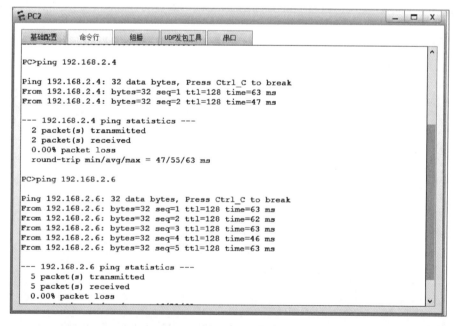

图 2-3-10 PC2 连通测试

通过 ping 命令对 PC1、PC3 和 PC5 进行连通测试，如图 2-3-11 所示。

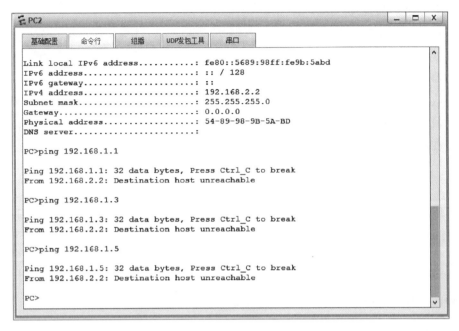

图 2-3-11　PC2 对 VLAN10 连通测试

2.4　路由的实现

微课 2.3
路由的实现

2.4.1　路由与路由器

路由是指导 IP 报文从源发送到目标的路径信息，也可以理解为通过相互连接的网络把数据包从源地点移动到目标地点的过程。路由和交换虽然相似，但却是不同的概念。交换发生在 OSI 参考模型的数据链路层，而路由发生在网络层。两者虽然都是对数据进行转发，但是所利用的信息和处理方式、方法都是不同的。

在互联网中进行路由选择或者实现路由的设备称为路由器。路由器用于连接不同网络，在不同网络间转发数据单元，是互联网的枢纽。路由器系统构成了基于 TCP/IP 的 Internet 的骨架，路由器技术是网络技术中的核心部分。路由器具有如下功能。

1. 路由功能

路由器从端口收到报文后，去除链路层封装，交给网络层处理。网络层先检查报文是否是送给本机的，如果是，则去掉网络层封装，送给上层协议处理；如果不是，则根据报文的目的地址查找路由表。若找到路由，则将报文交给相应端口的数据链路层，封装端口对应的链路层协议后发送报文；若找不到路由，则将报文丢弃。因此，路由的功能包括路由表的建立、维护和查找。

2. 交换转发功能

路由器的交换转发功能指数据在路由器内部传送与处理的过程，即数据从路由器的一个端口接收，再选择合适的端口转发，其间路由器做帧的解封装，并对数据包做相应处理；根据目的网络查找路由表，决定转发端口，做新的数据链路层封装等过程。简单来说，就是在网络之间转发分组数据的过程。

3. 隔离广播功能

隔离广播功能用于指定访问规则路由器以阻止广播的通过，并且可以设置访问控制列表 ACL 对流量进行控制。

4. 连接异种网络功能

异种网络互连支持不同的数据链路层协议。

5. 子网间的速率匹配功能

路由器具有多个端口，不同的端口具有不同的速率，路由器需要利用缓存和流量控制协议进行速率适配。

2.4.2　路由表信息查看

路由器工作时依赖于路由表进行数据转发，路由表包含到达各个目标的路径信息。在路由器中，可以通过命令 display ip routing-table 查看路由表。路由表信息见表 2-4-1。

表 2-4-1　路由表信息

信　息	解　释
目的地址（Destination）	用来标志 IP 包的目的地址或者目的网络
网络掩码（Mask）	与目的地址一起来标志目的主机或者路由器所在的网段地址。掩码由若干连续的 1 构成，既可以用点分十进制表示，也可以用掩码中连续 1 的个数来表示
协议（Protocol）	用来生成、维护路由的协议或者方式、方法，如 static、RIP、OSPF、IS-IS、BGP 等
优先级（Preference）	本条路由加入 IP 路由表的优先级。针对同一目的地址，可能存在不同下一跳、出端口的若干条路由，这些不同的路由可能是由不同的路由协议发现的，也可以是手工配置的静态路由。优先级高者将成为当前的最优路由

续表

信　　息	解　　释
路由开销（Cost）	当到达同一目的地址的多条路由具有相同优先级时，路由开销最小的将成为当前的最优路由。Preference 用于不同路由协议间路由优先级的比较，Cost 用于同一种路由协议内部不同路由优先级的比较
下一跳 IP 地址（NextHop）	说明 IP 包所经由的下一个设备
输出端口（Interface）	说明 IP 包将从该路由器哪个端口转发

2.4.3　路由的来源

根据路由信息产生的方式和特点，路由分为以下 4 种。

1. 直连路由

直连路由指与路由器直连网段的路由条目。直连路由不需要特别配置，只需要在路由器端口上设置 IP 地址，然后由数据链路层发现。链路层发现的路由不需要维护，减少了维护的工作，但缺点是链路层只能发现端口所在的直连网段的路由，无法发现跨网段的路由，跨网段的路由需要用其他的方法获得。在路由表中，直连路由的 Protocol 字段显示为 Direct。当给端口配置 IP 地址后，在路由表中出现相应的路由条目。

2. 静态路由

系统管理员手工设置的路由称为静态路由，一般是在系统安装时就根据网络的配置情况预先设定的，它不会随未来网络拓扑的改变自动改变。其优点是不占用网络和系统资源，安全；缺点是当一个网络故障发生后，静态路由不会自动修正，必须由网络管理员手工逐条配置，不能自动对网络状态变化做出相应的调整。在路由表中，静态路由的 Protocol 字段显示为 Static。

3. 动态路由

动态路由是由动态路由协议发现的路由。当网络拓扑十分复杂时，手工配置静态路由工作量大而且容易出现错误，这时候就可以用动态路由协议，让其自动发现和修改路由，无须人工维护，但动态路由协议开销大，配置复杂。网络中存在多种路由协议，如 RIP、OSPF、IS-IS、BGP 等，各种路由协议都有其特点和应用环境。在路由表中，动态路由的 Protocol 字段显示为具体的某种动态路由协议。

4. 特殊路由

特殊路由也称为默认路由，是一种特殊的路由。默认路由的网络地址和子网掩码全部为 0。管理员可以通过静态方式配置默认路由，也可以在边界路由器上使用动态路由协议生成默认路由，再下发给其他路由。当路由器收到一个目的地址在路由表中查找不到的数据包时，会将数据包转发给默认路由指向的下一跳。如果路由表中不存在默认路由，则该报文将被丢弃，并向源端返回一个 ICMP 报文，报告该目的地址或网络不可达。

2.4.4　VLAN 间通信

通过划分 VLAN 隔离了广播域，增强了安全性。但是划分 VLAN 后，不同 VLAN 的计算机之间的通信也相应地被阻止。因此，为了实现 VLAN 间的通信，必须借助于三层设备。VLAN 间通信的实质就是 VLAN 间的路由问题。实现 VLAN 间路由可以采用普通路由、单臂路由和三层交换这 3 种方式。

1. 普通路由

为每个 VLAN 单独分配一个路由器端口。每个物理端口就是对应 VLAN 的网关，VLAN 间数据通信通过路由器进行三层路由，这样就可以实现 VLAN 间相互通信。随着每个交换机上 VLAN 数量的增加，就必然需要大量的路由器端口。出于成本的考虑，不可能采用这种方案解决 VLAN 间路由选路问题。

2. 单臂路由

为了解决物理端口需求过大的问题，在 VLAN 技术的发展中，出现了单臂路由技术来实现 VLAN 间的通信。它只需要一个以太网端口，通过创建子端口可以承担所有 VLAN 的网关，从而在不同的 VLAN 间转发数据。但是当 VLAN 间的数据流量过大的时候，路由器与交换机间的链路将成为网络的瓶颈。

3. 三层交换

在实际网络搭建中，三层交换技术成为解决 VLAN 间通信的首选方式。三层交换机在功能上实现了 VLAN 的划分、VLAN 内部的二层交换和 VLAN 间路由的功能。三层交换机通过路由表传输第一个数据流后，会产生一个 MAC 地址与 IP 地址的映射表。当同样的数据流再次通过时，将根据此表直接从二层通过而不是通过三层，从而消除了路由器进行路由选择而造成的网络延迟，提高了数据包的转发效率。此外，为了保证第一次数据流通过路由表正常转发，路由表中必须有正确的路由表项。因此必须在三层交换机上部署三层端口及路由协议，实现三层路由可达，逻辑端口 VLANIF 由此而产生。

2.4.5　网络地址转换

网络地址转换（NAT）是将 IP 数据包报头中的 IP 地址转换为另一个 IP 地址的过程。在实际应用中，主要用于实现私有网络访问外部网络的功能。IP 地址定义了私有地址和公有地址。私有地址是由 InterNIC 预留的由各个企业内部网自由支配的 IP 地址。使用私有地址不能直接访问 Internet，因为公网上没有针对私有地址的路由。当访问 Internet 时，需要利用 NAT 或代理技术把私有地址转换为非私有地址来对公网进行访问。使用私有地址不仅减少用于购买公有 IP 地址的投入，而且节省 IP 地址资源。同时，NAT 还可以有效地将内部网络地址对外隐藏，在 NAT 出口路由器上实施安全措施的机制将减小网络安全配置的工作难度。

NAT 分为两种方式：NO_PAT 方式和 PAT 方式。在 NO_PAT 方式下，私网地址和公网地址一一对应，不转换端口，但这并不能解决公网地址短缺的问题。PAT 方式允许多个私有地址映射到同一个公有地址上。PAT 映射 IP 地址和端口号的方式，是将来自不同内部地址的数据包映射到同一个外部地址，但它们被转换为该地址的不同端口号，因而可以共享同一个地址。

NAT 隐藏了内部网络的结构，具有屏蔽内部主机的作用。但在实际应用中，可能需要提供给外部一个访问内部主机的途径。使用 NAT 可以灵活地添加内部服务器。外部网络的用户访问内部服务器时，NAT 将请求报文内的目的地址转换成内部服务器的私有地址。对内部服务器回应报文时，NAT 将回应报文的源地址（私有地址）转换成公有地址。

2.5　实战案例——路由网络的构建与配置

微课 2.4
实战案例——路由
网络的构建与配置

2.5.1　案例目标

① 通过组网设计掌握小型网络的组建、路由的设计。
② 了解在网络中如何通过静态路由实现网络通信。

2.5.2　案例分析

1. 架构分析

（1）需求分析
在构建的局域网中，通过路由器间配置静态路由，实现 PC1 和 PC2 主机直接连通，主机网段不能与路由器直接互联网段通信。
（2）环境要求
配置虚拟网卡的计算机，安装华为 eNSP 模拟软件。

2. 规划拓扑

（1）拓扑描述

路由器之间通过静态路由设置路由策略。通过配置 Cloud 设备，R1 和 R2 路由器之间建立通信。

R1 路由器：配置指向 192.168.2.0/24 网络的静态路由，下一跳为 R2 接口地址。配置指向 192.168.1.0/24 网络的静态路由，下一跳为 R3 接口地址。

R2 路由器：配置指向 192.168.1.0/24 网络的静态路由，下一跳为 R1 接口地址。配置指向 192.168.2.0/24 网络的静态路由，下一跳为 R4 接口地址。

R3 路由器：配置指向 192.168.2.0/24 网络的静态路由，下一跳为 R1 接口地址。

R4 路由器：配置指向 192.168.1.0/24 网络的静态路由，下一跳为 R2 接口地址。

（2）拓扑图

该接入互联网拓扑图如图 2-5-1 所示。注意：路由器使用 AR2220。

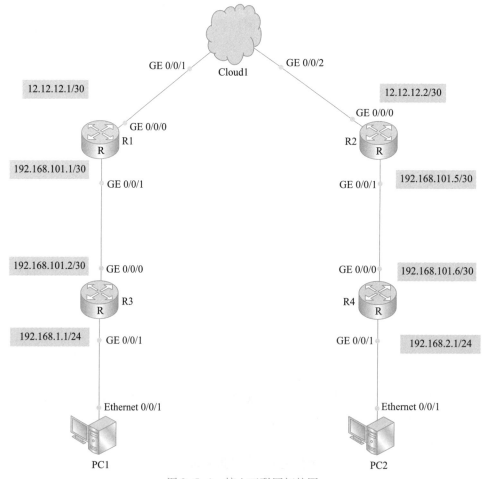

图 2-5-1　接入互联网拓扑图

2.5.3 案例实施

1. 配置 Cloud

（1）添加 Cloud 设备

将 Cloud 设备拖入拓扑中，双击 Cloud 设备进行配置，具体配置如图 2-5-2 所示。

图 2-5-2　添加 Cloud 设备

（2）增加 UDP 端口

UDP 端口为 Cloud 设备与虚拟设备的连接端口，如图 2-5-3 所示。

（3）添加第二个 UDP 端口

选择 UDP 网卡，单击"增加"按钮，可以在下方端口列表中查看添加成功的虚拟网卡，如图 2-5-4 所示。

（4）添加端口映射

添加端口映射，入端口编号为 UDP1 端口编号，出端口编号为 UDP2 编号，勾选"双向通道"复选框，单击下方"增加"按钮，可以在端口映射表中查看添加的端口映射关系，如图 2-5-5 所示。

（5）连接 Cloud 和路由器

如图 2-5-6 所示，这时 Cloud 将有两个端口 GE 0/0/1 和 GE 0/0/2，分别连接 R1 和 R2 路由器的 GE 0/0/0 端口。

图 2-5-3 增加 UDP 端口

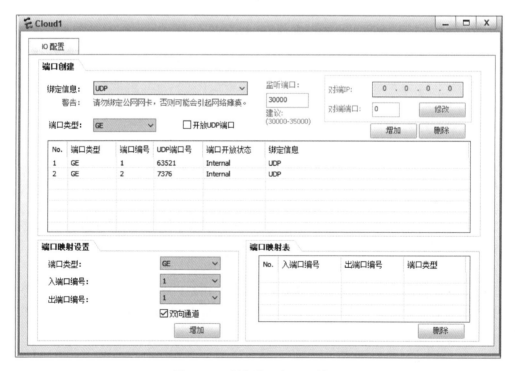

图 2-5-4 添加第二个 UDP 端口

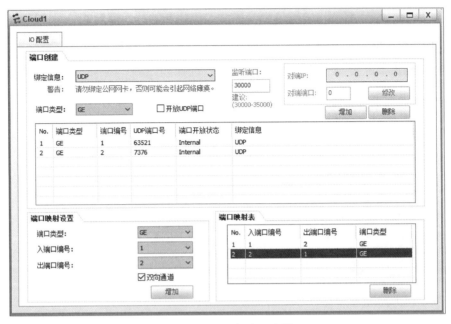

图 2-5-5　添加端口映射

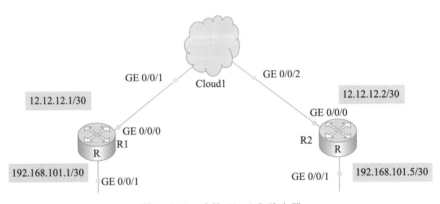

图 2-5-6　连接 Cloud 和路由器

2. 配置路由器

(1) R1 路由器配置

```
<Huawei>system-view
[Huawei]sysname R1
[R1]interface GigabitEthernet 0/0/0
[R1-GigabitEthernet0/0/0]ip address 12. 12. 12. 1 30
[R1-GigabitEthernet0/0/0]quit
[R1]interface GigabitEthernet 0/0/1
[R1-GigabitEthernet0/0/1]ip address 192. 168. 101. 1 30
[R1-GigabitEthernet0/0/1]quit
```

```
[R1]ip route-static 192.168.2.0 24 12.12.12.2
[R1]ip route-static 192.168.1.0 24 192.168.101.2
```

（2）R2 路由器配置

```
<Huawei>system-view
[Huawei]sysname R2
[R2]interface GigabitEthernet 0/0/0
[R2-GigabitEthernet0/0/0]ip address 12.12.12.2 30
[R2-GigabitEthernet0/0/0]quit
[R2]interface GigabitEthernet 0/0/1
[R2-GigabitEthernet0/0/1]ip address 192.168.101.5 30
[R2-GigabitEthernet0/0/1]quit
[R2]ip route-static 192.168.1.0 24 12.12.12.1
[R2]ip route-static 192.168.2.0 24 192.168.101.6
```

（3）R3 路由器配置

```
<Huawei>system-view
[Huawei]sysname R3
[R3]interface GigabitEthernet 0/0/0
[R3-GigabitEthernet0/0/0]ip address 192.168.101.2 30
[R3-GigabitEthernet0/0/0]quit
[R3]interface GigabitEthernet 0/0/1
[R3-GigabitEthernet0/0/1]ip address 192.168.1.1 24
[R3-GigabitEthernet0/0/1]quit
[R3]ip route-static 192.168.2.0 24 192.168.101.1
```

（4）R4 路由器配置

```
<Huawei>system-view
[Huawei]sysname R4
[R4]interface GigabitEthernet 0/0/0
[R4-GigabitEthernet0/0/0]ip address 192.168.101.6 30
[R4-GigabitEthernet0/0/0]quit
[R4]interface GigabitEthernet 0/0/1
[R4-GigabitEthernet0/0/1]ip address 192.168.2.1 24
[R4-GigabitEthernet0/0/1]quit
[R4]ip route-static 192.168.1.0 24 192.168.101.5
```

3. PC 配置 IP 地址

（1）PC1 配置 IP 地址

配置 PC1 地址为 192.168.1.2/24，网关地址为 192.168.1.1，如图 2-5-7 所示。

图 2-5-7　PC1 地址

（2）PC2 配置 IP 地址

配置 PC2 地址为 192.168.2.2/24，网关地址为 192.168.2.1，如图 2-5-8 所示。

图 2-5-8　PC2 配置地址

4. PC 连通测试

（1）PC1 连通测试

在 PC1 上进入命令行模式，通过 ping 命令对 PC2 IP 地址和 R4 路由器上行端口 IP 地址进行测试，在 R3 中添加的静态只有 PC2 所在的网段路由，并没有网络中其他网段的路由，无法对网络中的其他网段进行通信，如图 2-5-9 所示。

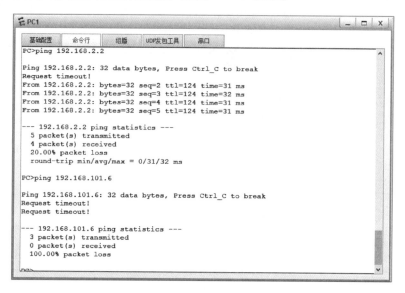

图 2-5-9 PC1 连通测试

（2）PC2 连通测试

在 PC2 上进入命令行模式，通过 ping 命令对 PC1 IP 地址和 R3 路由器上行端口 IP 地址进行测试，在 R4 中添加的静态只有 PC1 所在的网段路由，并没有网络中其他网段的路由，无法对网络中的其他网段进行通信，如图 2-5-10 所示。

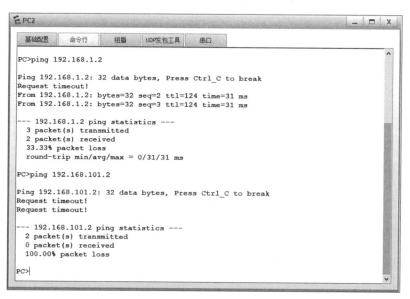

图 2-5-10 PC2 连通测试

2.6 无线网络技术

微课 2.5
无线网络技术

2.6.1 无线网络协议标准

无线局域网（WLAN）主要采用 IEEE 802.11 系列技术标准，为保持和有线网络同等级的接入速率，目前比较常用的 802.11g 能够提供 54 Mbit/s 的数据传输速率，802.11n 能够提供 300 Mbit/s 的数据传输速率，802.11ac 理论上能够提供高达 1 Gbit/s 的数据传输速率。

1. 802.11a 标准

802.11a 标准应用多载波调制技术，是 802.11b 无线联网标准的后续标准。它工作在 5 GHz 频带，物理层速率可达 54 Mbit/s，传输层可达 25 Mbit/s，可提供 10 Mbit/s 的以太网无线帧结构接口，支持语音、数据、图像业务。一个扇区可以接入多个用户，每个用户可以带多个用户终端。工作频率范围是 5.725~5.850 GHz，在此频率范围内又划分出 5 个信道，每个信道的中心频率相隔 20 MHz。

2. 802.11b 标准

802.11b 运作模式基本分为点对点模式和基本模式。点对点模式是指站点和站点之间的通信方式。它提供 1/2/5.5/11 Mbit/s 的数据传输速率，扩展了直接序列扩频（DSSS）技术，用标准的补码键控调制（CCK），工作在 2.4 GHz，支持 14 个信道，每个信道的中心频率相隔 5 MHz，每个信道可供占用的带宽为 22 MHz，3 个不重叠信道（1、6、11）。

3. 802.11g 标准

IEEE 802.11g 有以下两个特点：在 2.4 GHz 频段使用正交频分复用（OFDM）调制技术，使数据传输速率提高到 20 Mbit/s 以上；能够与 IEEE 802.11b 的 Wi-Fi 系统互联互通，可共存于同一 AP 的网络里，从而保障了后向兼容性。这样，原有的 WLAN 系统可以平滑地向高速 WLAN 过渡，延长了 IEEE 802.11b 产品的使用寿命，降低了用户的投资。

4. 802.11n 标准

802.11n 是在 802.11g 和 802.11a 之上发展起来的一项技术，其最大特点是速率提升，理论速率最高可达 600 Mbit/s。802.11n 可工作在 2.4 GHz 和 5 GHz 两个频段，可向后兼容 IEEE 802.11a/b/g。

5. 802.11ac 标准

802.11ac 是 802.11n 的继承者。它采用并扩展了源自 802.11n 的空中接口概念，包括更宽的 RF 带宽（提升至 160 MHz）、更多的 MIMO 空间流（增加到 8）、多用户的 MIMO，以及更高阶的调制。

2.6.2   无线网络产品

1. 无线控制器 AC

无线控制器 AC 用于集中控制管理无线 AP，它是无线网络的核心设备。它对 AP 的管理包括下发配置、修改相关配置参数、射频智能管理、接入安全控制等。无线控制器可以管理多个 AP，通常根据管理 AP 的数量、包转发率、吞吐量等指标的差异，厂商提供多种型号来给用户进行选择。

2. 无线 AP

无线 AP（接入点）是 WLAN 网络中的重要组成部分。无线终端可以通过 AP 进行终端间的数据传输，也可以通过 AP 的 WAN 端口与有线网络互通。

（1）放装型 AP

放装型 AP 是 WLAN 市场上通用性最强的产品。其主要特点是接入带宽高、接入用户数量大，是典型的高密度场景部署产品，适用于建筑结构简单、无特殊阻挡物品、用户相对集中的室内场合，以及对容量需求较大的区域。它可以根据不同环境灵活实施分布。

（2）墙面型 AP

墙面型 AP 是胖瘦一体化迷你型无线接入点，提供给少量用户在较小区域接入的产品。它利用原有的有线网络进行无线扩容，既满足增加无线覆盖的需求，同时确保有线网络的正常使用。

（3）智分型 AP

智分型 AP 一般应用在小开间、高密度、多隔断的场景中，能够充分满足超高性能和超高并发的需求。它将信号收发通过天线完成后，由于天线分布在各个房间内，走廊无线信号较弱，传输距离有限，因此即使有多个 AP 也不会相互干扰。

（4）室外 AP

室外 AP 一般采用全密闭防水、防尘、阻燃外壳设计，适合在极端的室外环境中使用。它采用抱杆式安装，设备包括 AP 主机、馈线、天线、防雷器等，部署在楼顶或者楼宇中部。

3. AP 供电产品

IEEE 定义的两种 PoE 供电标准分别是 IEEE 802.3at 和 IEEE 802.3af。IEEE 802.3af 可以为终端提供的最大功率为 13 W，适用于网络电话、室内无线 AP 等设备；IEEE 802.3at 可以为终端提供的最大功率为 26 W，适用于室外无线 AP、视频监控系统等设备。

AP 的供电方式分为 PoE 供电、本地供电、PoE 模块供电 3 种。

（1）PoE 供电

PoE 供电是通过以太网网络对终端进行集中供电，AP 不需要再考虑其室内电源系统布线的问题，在接入网络的同时就可以实现对设备的供电，而一般由 PoE 交换机负责 AP 的数据传输和供电。PoE 交换机是一种内置 PoE 供电模块的以太网交换机，它的优点在于节省电源布线成本，方便统一管理。PoE 供电距离在 100 m 内。

（2）本地供电

本地供电是通过 AP 适配的电源适配器为 AP 独立供电。这种供电方式不方便取电，需要充分考虑强电系统的布线和供电。

（3）PoE 模块供电

PoE 模块供电是通过 PoE 适配器负责 AP 的数据传输和供电。这种供电方式不需要取电，其稳定性不如 PoE 交换机，适用于部署少量 AP 施工情况。

4. AP 天线类型

（1）全向天线

全向天线在水平方向图上表现为 360° 都均匀辐射，也就是无方向性，在垂直方向图上表现为有一定宽度的波束，一般情况下波瓣宽度越小，增益越大。

（2）定向天线

定向天线在水平方向图上表现为一定角度范围辐射，也就是有方向性。它同全向天线一样，波瓣宽度越小，增益越大。定向天线在通信系统中一般应用于通信距离远、覆盖范围小、目标密度大、频率利用率高的环境。定向天线的主要辐射范围像一个倒立的不太完整的圆锥。

（3）室内吸顶天线

室内吸顶天线尺寸很小，属于低增益天线。由于其是在天线宽带理论的基础上，借助计算机的辅助设计，以及使用网络分析仪进行调试，因此能够很好地满足在非常宽的工作频带内的驻波比要求。但在室内，由于建筑物材料固有的屏蔽作用，增加了无线信号的穿透损耗，影响了网络的信号接收和通话质量。

（4）室外全向天线

室外全向天线一般应用于郊县大区制的站型，覆盖范围大。

2.6.3 无线网络 AP 的组网方式

1. FAT AP

面对小型公司、办公室、家庭等无线覆盖场景，仅需要少量的 AP 即可实现无线网络覆盖，通常采用无线路由器组网。FAT AP 的特点是将 WLAN 的物理层、用户数据加密、用户认证、QoS、网络管理、漫游以及其他应用层的功能集成在一起，为用户提供极简的无线接入体验。用户只需要在浏览器上按照向导进行配置，即可实现各个场景下的无线部署，但在大规模的网络应用中存在劣势，组网管理较繁杂，不支持用户的无缝漫游，所以在中大规模组网中不采用此方式。

2. FIT AP

中大规模组网中采用 FIT AP 组网模式，它具有方便集中管理、三层漫游、基于用户下发权限等优势。这种 "无线控制器+FIT AP 控制架构" 的功能要求如下：

① 无线控制器负责无线网络的接入控制、转发和统计、AP 的配置控制、漫游管理、网管代理和安全控制。

② FIT AP 负责 802.11 报文的加解密、802.11 的物理层功能、接受无线控制器的管理、RF 空口统计等。

根据 AP 与 AC 之间的组网方式，其组网架构可以分为二层组网和三层组网两种方式。而在三层组网模式中，使用了 CAPWAP（无线接入点的控制和配置协议），它定义了 AP 和 AC 之间的通信方式，用以实现 AC 对其关联的 AP 的集中管理和控制。协议内容包括：AP 对 AC 的自动发现及 AC & AP 的状态机运行维护，AC 对 AP 业务配置下发与管理，STA 数据封装 CAPWAP 隧道进行转发。

2.6.4　无线网络相关术语

1. 服务集标识

服务集标识（SSID）就是无线网络的名称，单个 AP 可以有多个 SSID。SSID 技术可以将一个无线局域网分为几个需要不同身份验证的子网络，每一个子网络都需要独立的身份验证，只有通过身份验证的用户才可以进入相应的子网络，防止未被授权的用户进入本网络。无线 AP 一般都会把 SSID 广播出去，如果不想让自己的无线网络被别人搜索到，可以设置禁止 SSID 广播，此时无线网络仍然可以使用，只是不会出现在其他人所搜索到的可用网络列表中。要想连接该无线网络，就只能手工设置 SSID。多个 SSID 功能就是通过设置多个 SSID，实现一台无线 AP 布置多个无线接入点，用户可以连入不同的无线局域网，避免相互之间的干扰。实际上，所有的用户连入了同一个无线 AP，只不过每组 SSID 之间是相互隔离的。选择多 SSID 功能，除了可以获得多个无线局域网外，更重要的是可以保证无线网络的安全。尤其是对于小型企业用户来说，每个部门都有自己的数据隐私需求，如果共用同一个无线局域网，很容易出现数据被盗的情况，而选择了多 SSID 功能，每个部门都能独享专属的无线局域网，让各自的数据信息更加安全，更有保障。

2. AP 密度

AP 密度是指在固定面积的建筑物环境下部署无线 AP 的数量。每一台无线 AP 可接入的用户数量是相对固定的，因此，无线 AP 的部署数量不仅需要考虑无线信号在建筑物的覆盖质量，还要根据无线用户的接入数量来确定 AP 的部署数量。

在不考虑无线覆盖的情况下，考虑无线 AP 的无线用户接入数量上限，对于无线用户数量较多的场合就需要部署更多的 AP。因此，在无线网络工程项目部署中，通常要针对 AP 的覆盖范围、无线用户接入数量进行综合考虑。例如，会展中心无线网络部署属于典型的高密度无线 AP 部署场景；仓储中心无线网络部署通常属于低密度高覆盖无线 AP 部署场景。

3. AP 功率

在 AP 选型中，AP 功率是个重要的指标，因为它与 AP 的信号强度有关。AP 通过天线发射无线信号。通常，AP 的发射功率越大，信号就越强，其覆盖范围就越广。典型的两款产品为室内型 AP 和室外型 AP。室内型 AP 的功率普遍比室外型 AP 的功率要小，室外型 AP 的功率基本都在 500 mW 以上，而室内型 AP 的发射功率一般为 100~500 mW。

注意：功率越大，辐射也就越强，所以在满足信号覆盖的情况下，不建议全部选择大功率的 AP，而且 AP 信号的强弱不仅和功率有关，还和频段干扰、摆放位置、天线增益等有关。

4. AP 信道

为避免同频干扰，AP 部署时可以对多个 AP 进行信道规划。信道规划的作用是减少信号冲突与干扰，通常会选择水平或者垂直部署。例如，在同一空间的二维平面上使用 3 个信道的多个 AP 来实现任意区域无相同信道干扰的无线部署，当某个 AP 功率调大时，会出现部分区域有同频干扰，影响用户上网体验，这时可以通过调整无线设备的发射功率来避免这种情况的发生。但是，在三维平面上，要想在实际应用场景中实现任意区域无同频干扰是比较困难的，尤其在高密度 AP 部署时，还需要对所有布放 AP 进行功率规划，通过调整 AP 的发射功率来尽可能降低 AP 信道冲突。

2.6.5　WLAN 安全技术

WLAN 常见的安全威胁有：非经授权的用户使用网络服务、非法 AP、数据安全和拒绝服务攻击。为更好地解决以上问题，通常采用认证技术和加密技术来构建一个安全的无线网络。

1. WLAN 认证技术

为确保只有授权用户可以通过无线接入点访问网络资源，采用认证技术来验证用户身份与资格，用户必须表明自己的身份，并提供可以证实其身份的凭证。通常，安全性高的认证系统采用多要素认证，用户必须提供以下至少两种不同的身份凭证。

（1）开放系统认证

不对用户身份做任何验证，整个认证过程中，通信双方仅仅需要交换两个认证帧即可建立 AP 与客户端的连接，进而获得访问网络资源的权限。它是唯一的 802.11 要求必备的认证方法，也是最简单的认证方式。对于需要允许设备快速进入网络的场景，可以使用开放系统认证。

（2）共享密钥认证

要求用户设备必须支持有线等效加密，用户设备与 AP 必须配置匹配的静态 WEP 密钥。如果双方的静态 WEP 密钥不匹配，用户设备无法通过认证。

（3）服务集标识隐藏

SSID 技术可以将一个无线局域网分为多个需要不同身份验证的子网络，每一个子网络都需要独立的身份验证，只有通过身份验证的用户才可以进入相应的子网络，防止未经授权的用户进入本网络，而 SSID 隐藏则可以将无线网络的逻辑名隐藏起来。AP 启用 SSID 隐藏后，信标帧中的 SSID 字段被置为空，无线客户端通过被动扫描侦听信标帧的用户设备将无法获得 SSID 信息。无线终端必须手动设置与 AP 相同的 SSID 才能与 AP 进行关联，若用户设备的 SSID 与 AP 的 SSID 不同，那么 AP 将拒绝它的接入。

（4）黑白名单认证

黑白名单认证是一种基于端口和 MAC 地址对用户的网络访问权限进行控制的认证方法，不需要用户安装客户端软件。802.11 设备均具有唯一的 MAC 地址，过滤不合法的 MAC 地址，允许特定的用户设备发送的数据分组通过。

（5）PSK 认证

PSK 认证要求用户使用一个简单的 ASCII 字符串作为密钥，客户端和服务端通过能否成功解密协商的消息，来确定本端配置的预共享密钥是否和对端配置的预共享密钥相同，从而完成服务端和客户端的相互认证。

2. WLAN 加密技术

在 WLAN 用户通过认证并被赋予访问权限后，网络必须保护用户所传送的数据不被泄露，其主要方法是对数据报文进行加密。WLAN 采用的加密技术主要有 WEP 加密、临时密钥完整性协议（TKIP）加密、加密和计数器模式密码块链信息认证码协议（CCMP）加密等。

2.6.6 DHCP 技术

随着网络规模的扩大和网络复杂度的提高，计算机的数量经常超出可供分配的 IP 地址数量，计算机的位置也经常变化，相应的 IP 地址必须经常更新，因此需要应用动态主机配置协议（DHCP）。它的作用是为局域网中每台计算机自动分配 TCP/IP 的信息，包括 IP 地址、子网掩码、网关及 DNS 服务器等。使用 DHCP 时，终端主机无需配置，网络维护方便。

DHCP 采用客户/服务器体系结构，客户端靠发送广播的方式发现信息来寻找 DHCP 服务器，即向地址 255.255.255.255 发送特定的广播信息，服务器收到请求后进行响应。而路由器默认情况下是隔离广播域的，对此类报文不予处理，因此，DHCP 的组网方式分为同网段和不同网段两种方式。当 DHCP 服务器和客户机不在同一个子网时，充当客户主机默认网关的路由器必须将广播包发送到 DHCP 所在的子网，即 DHCP 中继。标准的 DHCP 中继功能比较简单，只是重新封装、续传 DHCP 报文。

DHCP 服务器支持的地址分配方式包括以上 3 种。

1. 手工分配

手工分配，即由管理员为少数特定 DHCP 客户端静态绑定固定的 IP 地址。通过 DHCP 服务器将所绑定的固定 IP 地址分配给 DHCP 客户端。此地址永久被该客户端使用，其他主机无法使用。

2. 自动分配

自动分配，即 DHCP 服务器为 DHCP 客户端动态分配租期为无限长的 IP 地址。只有客户端释放该地址后，该地址才能被分配给其他客户端使用。

3. 动态分配

动态分配，即 DHCP 服务器为 DHCP 客户端分配具有一定有效期的 IP 地址。如果客户端没有及时续约，到达使用期限后，此地址可能会被其他客户端使用。绝大多数客户端得到的都是这种动态分配的地址。

DHCP 服务器为 DHCP 客户端分配 IP 地址时，采用的基本原则是尽可能地为客户端分配原来使用的 IP 地址。它采用以下顺序工作：DHCP 服务器数据库中与 DHCP 客户端的 MAC 地址静态绑定的 IP 地址→DHCP 客户端曾经使用过的地址→最先找到可用的 IP 地址。如果以上均未找到可用的 IP 地址，则依次查询超过租期、发生冲突的 IP 地址。如果找到，则进行分配，否则报告错误。

2.7　实战案例——使用模拟器配置无线网络

微课 2.6
实战案例——使用
模拟器配置无线网络

2.7.1　案例目标

① 通过组网设计，掌握小型网络的组建、无线 AC 控制器的配置，对网络使用无线设备范围、无线认证和信道进行分析。

② 综合运用路由、NAT 和无线 AC 控制器。

③ 通过使用无线 AC 控制器对网络中的无线 AP 进行管理，设置无线规则和认证策略，配置 DHCP 地址池，对无线 AP 和通过 AP 连接的设备进行动态地址分配。

2.7.2 案例分析

1. 架构分析

（1）需求分析

对于小型局域网中，鉴于接入设备的需求，需要在局域网中部署无线网络，通过无线控制器 AC 管理网络中所有的无线 AP 设备，下发无线配置信息。无线网络发布 2.4G 和 5G 信号，满足不同设备的连接使用。

（2）环境要求

配置虚拟网卡的计算机，安装华为 eNSP 模拟软件。

2. 规划拓扑

（1）拓扑描述

交换机配置 vlan100 为连接无线设备，网关地址为 10.10.100.1/22。

AC 控制器管理地址为 172.16.101.1/24，设置 vlan101 为 AC 和 AP 之间管理 VLAN，配置 DHCP 地址池，使 AP 可以自动获取管理地址。

（2）拓扑图

该无线网络拓扑图如图 2-7-1 所示。注意：交换机使用 S5700，AC 使用 AC6005，AP 使用 AP2050。

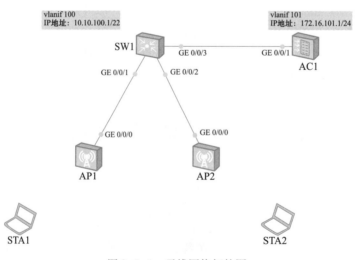

图 2-7-1 无线网络拓扑图

2.7.3 案例实施

1. 配置设备

(1) SW1 交换机配置

```
<Huawei>system-view
[Huawei]sysname SW1
[SW1]vlan batch 100 101
[SW1]interface GigabitEthernet 0/0/1
[SW1-GigabitEthernet0/0/1]port link-type trunk
[SW1-GigabitEthernet0/0/1]port trunk pvid vlan 101
[SW1-GigabitEthernet0/0/1]port trunk allow-pass vlan 100 101
[SW1-GigabitEthernet0/0/1]quit
[SW1]interface GigabitEthernet 0/0/2
[SW1-GigabitEthernet0/0/2]port link-type trunk
[SW1-GigabitEthernet0/0/2]port trunk pvid vlan 101
[SW1-GigabitEthernet0/0/2]port trunk allow-pass vlan 100 101
[SW1-GigabitEthernet0/0/2]quit
[SW1]interface GigabitEthernet 0/0/3
[SW1-GigabitEthernet0/0/3]port link-type trunk
[SW1-GigabitEthernet0/0/3]port trunk allow-pass vlan 100 101
[SW1-GigabitEthernet0/0/3]quit
[SW1]dhcp enable
[SW1]interface Vlanif 100
[SW1-Vlanif100]ip address 10.10.100.1 22
[SW1-Vlanif100]dhcp select interface
[SW1-Vlanif100]dhcp server dns-list 114.114.114.114 223.5.5.5
[SW1-Vlanif100]quit
```

(2) AC1 交换机配置

注意：中间有两处需要加入 MAC 地址（在 AP1 和 AP2 中通过 dis arp 查询）。

```
[AC1]vlan batch 100 101
[AC1]dhcp enable
[AC1]interface GigabitEthernet 0/0/1
[AC1-GigabitEthernet0/0/1]port link-type trunk
[AC1-GigabitEthernet0/0/1]port trunk allow-pass vlan 100 101
[AC1-GigabitEthernet0/0/1]quit
```

```
[AC1]interface Vlanif 101
[AC1-Vlanif101]ip address 172.16.101.1 24
[AC1-Vlanif101]dhcp select interface
[AC1-Vlanif101]quit
[AC1]wlan
[AC1-wlan-view]ap-group name ap-group1
[AC1-wlan-ap-group-ap-group1]regulatory-domain-profile default
Warning：Modifying the country code will clear channel, power and antenna gain c
onfigurations of the radio and reset the AP. Continue？[Y/N]:y
[AC1-wlan-ap-group-ap-group1]quit
[AC1-wlan-view]quit
[AC1]capwap source interface Vlanif 101
[AC1]wlan
[AC1-wlan-view]ap auth-mode mac-auth
[AC1-wlan-view]ap-id 0 ap-mac 00e0-fc26-7b80
[AC1-wlan-ap-0]ap-name area_1
[AC1-wlan-ap-0]ap-group ap-group1
Warning：This operation may cause AP reset. If the country code changes, it will
clear channel, power and antenna gain configurations of the radio, Whether to c
ontinue？[Y/N]:y. done.
[AC1-wlan-ap-0]quit
[AC1-wlan-view]ap-id 1 ap-mac 00e0-fc7e-52e0
[AC1-wlan-ap-1]ap-name area_2
[AC1-wlan-ap-1]ap-group ap-group1
Warning：This operation may cause AP reset. If the country code changes, it will
clear channel, power and antenna gain configurations of the radio, Whether to c
ontinue？[Y/N]:y
Info：This operation may take a few seconds. Please wait for a moment.. done.
[AC1-wlan-ap-1]quit
[AC1-wlan-view]display ap all
Info：This operation may take a few seconds. Please wait for a moment. done.
Total AP information：
nor  : normal            [2]
----------------------------------------------------------------------------
ID   MAC           Name    Group    IP            Type         State STA Up time
----------------------------------------------------------------------------
0    00e0-fc26-7b80 area_1 ap-group1 172.16.101.117 AP2050DN     nor   0   3M:7S
```

| 1 | 00e0-fc7e-52e0 area_2 ap-group1 172.16.101.179 AP2050DN | nor | 0 | 2M:16S |

Total：2

[AC1-wlan-view]security-profile name Internet

[AC1-wlan-sec-prof-Internet]security wpa-wpa2 psk pass-phrase a1234567 aes

[AC1-wlan-sec-prof-Internet]quit

[AC1-wlan-view]ssid-profile name Internet

[AC1-wlan-ssid-prof-Internet]ssid Internet

[AC1-wlan-ssid-prof-Internet]quit

[AC1-wlan-view]vap-profile name Internet

[AC1-wlan-vap-prof-Internet]forward-mode direct-forward

[AC1-wlan-vap-prof-Internet]service-vlan vlan-id 100

[AC1-wlan-vap-prof-Internet]security-profile Internet

[AC1-wlan-vap-prof-Internet]ssid-profile Internet

[AC1-wlan-vap-prof-Internet]quit

[AC1-wlan-view]ap-group name ap-group1

[AC1-wlan-ap-group-ap-group1]vap-profile Internet wlan 1 radio 0

[AC1-wlan-ap-group-ap-group1]vap-profile Internet wlan 1 radio 1

[AC1-wlan-ap-group-ap-group1]quit

（3）查看无线网络信号

该无线网络信号示意图如图 2-7-2 所示。

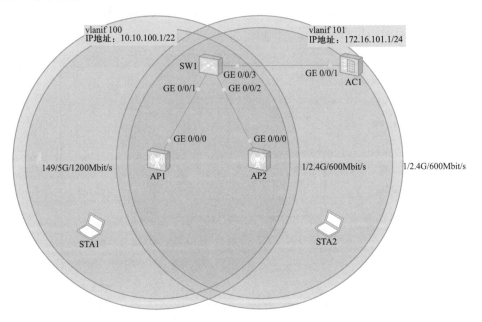

图 2-7-2　无线网络信号

2. 设备连接无线

（1）便携式计算机连接 2.4G 信号

打开便携式计算机 STA1 的配置窗口，可以在 Vap 列表中查看 AP 释放的信号，如图 2-7-3 所示。

图 2-7-3　查看到 AP 释放的 1 信道

在图 2-7-3 中，选择信道"1"的信号，这个为 2.4G 信号，单击右边的"连接"按钮。在弹出的对话框中，输入密码"a1234567"，密码为之前在 AC 控制中设置的密码，如图 2-7-4 所示。最后单击"确定"按钮。

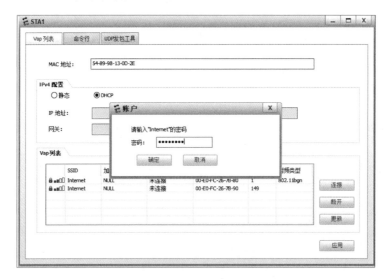

图 2-7-4　连接 2.4G 信号

连接完成后，Vap 列表中 SSID 显示的状态将变为“已连接”，如图 2-7-5 所示，可以从命令行模式下查询便携式计算机的 IP 地址。

STA1
Vap 列表
命令行
UDP发包工具
MAC 地址：
54-89-98-13-0D-2E
IPv4 配置
静态
DHCP
IP 地址：
子网掩码：
网关：
Vap列表
SSID 加密方式 状态 VAP MAC 信道 射频类型
internet NULL 已连接 00-E0-FC-26-7B-80 1 802.11bgn
internet NULL 未连接 00-E0-FC-26-7B-90 149
连接
断开
更新
应用

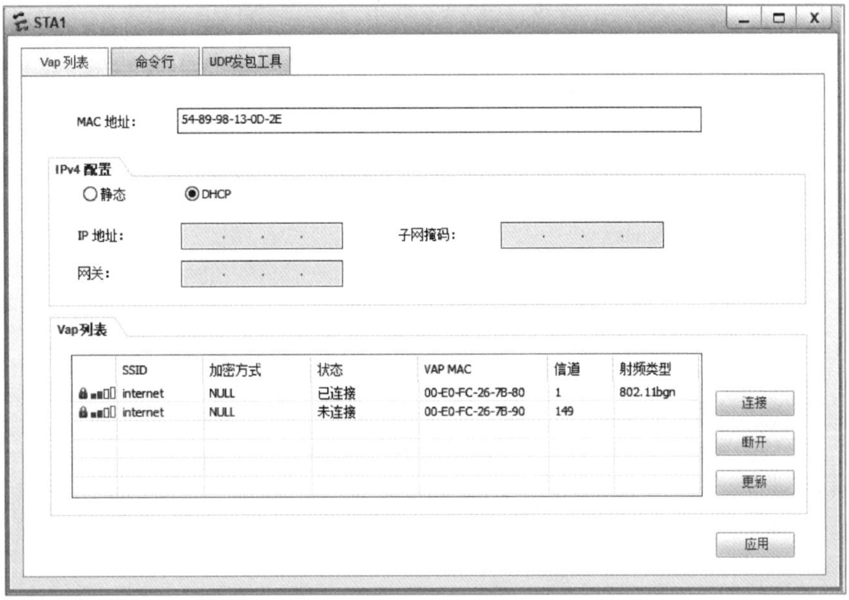

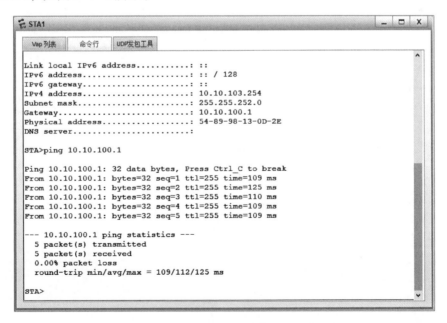

图 2-7-5 SSID 显示的状态

通过命令行查看便携式计算机的无线 IP 地址，通过 ping 命令访问网关地址 10.10.100.1，如图 2-7-6 所示。

STA1
Vap 列表
命令行
UDP发包工具
Link local IPv6 address...........: ::
IPv6 address......................: :: / 128
IPv6 gateway......................: ::
IPv4 address......................: 10.10.103.254
Subnet mask.......................: 255.255.252.0
Gateway...........................: 10.10.100.1
Physical address..................: 54-89-98-13-0D-2E
DNS server........................:
STA>ping 10.10.100.1
Ping 10.10.100.1: 32 data bytes, Press Ctrl_C to break
From 10.10.100.1: bytes=32 seq=1 ttl=255 time=109 ms
From 10.10.100.1: bytes=32 seq=2 ttl=255 time=125 ms
From 10.10.100.1: bytes=32 seq=3 ttl=255 time=110 ms
From 10.10.100.1: bytes=32 seq=4 ttl=255 time=109 ms
From 10.10.100.1: bytes=32 seq=5 ttl=255 time=109 ms
--- 10.10.100.1 ping statistics ---
5 packet(s) transmitted
5 packet(s) received
0.00% packet loss
round-trip min/avg/max = 109/112/125 ms
STA>

图 2-7-6 命令行查看便携式计算机的无线 IP 地址

（2）便携式计算机连接 5G 信号

打开便携式计算机 STA2 的配置窗口，可以在 Vap 列表查看到 AP 释放的信号。选择信道为"149"的信号，单击"连接"按钮，此信号为 5G 信号，如图 2-7-7 所示。

图 2-7-7　查看到 AP 释放的 149 信道

在弹出的对话框中输入密码"a1234567"，连接此 Wi-Fi 信号，如图 2-7-8 所示。

图 2-7-8　连接 Wi-Fi 信号

连接成功后，可以在 Vap 列表中显示状态为"已连接"，如图 2-7-9 所示。

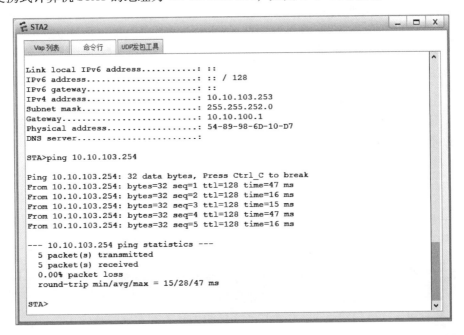

图 2-7-9　149 信号已连接

通过便携式计算机 STA2 的命令行模式查看当前 Wi-Fi 获取的 IP 地址，通过 ping 命令访问便携式计算机 STA1 的地址为 10.10.103.254，如图 2-7-10 所示。

图 2-7-10　命令行模式查看当前 Wi-Fi 获取 IP 地址

2.8　实战案例——外网连通故障排除

微课 2.7
实 战 案 例——外 网
连通故障排除

2.8.1　案例目标

① 通过对组网的架构分析，对网络中的连通故障进行排除，了解网络中的链路状态以及链路上所经过的设备配置情况。

② 综合了解交换机、路由器、无线 AC 等设备配置。

③ 灵活使用 ping 和 tracert 命令进行故障点排除。

2.8.2　案例分析

1. 架构分析

在局域网中可能会因为链路异常导致无法正常使用上行链路访问外网，设备配置变更导致网络设备之间配置冲突而引起的网络异常。在了解一个局域网架构时，最直观、最方便的方法是立即勾画出当前网络的拓扑图。只有足够了解一个局域网的架构，才能在网络中出现异常时更快地找到故障点。

2. 故障分析

对于网络中经常出现的故障点，应以由近至远的思路进行排除，在计算机无法访问外网时，应首先考虑直连的交换机端口是否正常使用，网关是否还可以正确访问。

可以使用 tracert 命令，查看在上行链路中哪个设备产生断点，并故障排除，即根据网络中出现问题的范围来缩小故障点范围。

2.8.3　案例实施

1. 无法访问网关

网关是网络中重要的一个地址，当前网络想要和外部网络通信，就需要通过网关来进行转发，如果无法与网关进行通信，则不能访问外网。

如果计算机无法访问网关，先检查核心交换机中是否存在网关地址，再检查网关地址是否和 PC 在同一个 VLAN 中。如果没有异常，可以检查核心交换机、汇聚交换机和接入交换机互联端口是否允许该网络 VLAN 通过，在设置端口放行 VLAN 正确的情况下，检查汇聚交换机中是否创建该网络的 VLAN。

2. 无法访问路由器

在无法与外部进行通信时，可以使用 ping 命令进行网络连通测试。通过 ping 命令访问网关，查看是否可以与网关进行通信，再检查是否可以访问上行路由器。如果不能访问，可能是核心交换机与路由器之间缺少通信地址。

3. 无法访问出口防火墙内部地址

如果通过 ping 命令发现可以连通网关和上行路由器，但是无法连通出口防火墙内部地址，在检查路由器与防火墙中，可以发现路由器有防火墙通信地址并且可以进行正常连通。

所以，需要在核心交换机中检查网关是否可以与防火墙内部地址进行通信，如果通过 ping 命令检查与防火墙内部地址无法连通，可以查看核心交换机中的路由表，如果发现没有通往防火墙内部地址的路由，可以在核心交换机中添加默认路由。

2.9　本章习题

1. MAC 地址通常存储在计算机的（　　）。
   A. 网卡的 ROM 中　　　B. 内存中　　　　C. 硬盘中　　　　D. 高速缓冲区中
2. 在 Windows 上查看网卡的 MAC 地址的命令是（　　）
   A. ipconfig /all　　　B. netstat　　　C. arp −a　　　D. ping
3. 由 IPv4 升级到 IPv6，对于 TCP/IP 来说做了更改的是（　　）。
   A. 数据链路层　　　　B. 网络层　　　　C. 应用层　　　　D. 物理层
4. 在 Windows 中，ping 命令使用的协议是（　　）。
   A. HTTP　　　　　　B. IGMP　　　　C. TCP　　　　　D. ICMP
5. 在 IPv4 中，组播地址是（　　）地址。
   A. A 类　　　　　　B. B 类　　　　　C. C 类　　　　　D. D 类
6. 华为 VRP 支持对路由器进行配置的方式有（　　）。
   A. 通过 console 口对路由器进行配置
   B. 通过 Telnet 对路由器进行配置
   C. 通过 mini USB 口对路由器进行配置
   D. 通过 FTP 对路由器进行配置
7. 在交换机上 VLAN 可以使用 undo 命令来删除（　　）。
   A. VLAN 1　　　　　B. VLAN 2　　　C. VLAN 1024　　D. VLAN 4096
8. 下面关于 NAT 的描述中，正确的是（　　）。

A. NAT 的全称是网络地址转换，又称为地址翻译

B. NAT 通常用来实现私有网络地址与公有网络地址之间的转换

C. 当使用私有地址的内部网络的主机访问外部公用网络的时候，一定不需要 NAT

D. NAT 技术为解决 IP 地址紧张的问题提供了很大的帮助

9. 关于交换机组网，下面说法中正确的是（　　　）。

A. 交换机端口带宽独享，比集线器安全

B. 接口工作在全双工模式下，不再使用 CSMA/CD 协议

C. 能够隔绝广播

D. 接口可以工作在不同的速率下

10. 以下不属于私网地址的是（　　　）。

A. 192.178.32.0/24

B. 128.168.32.0/24

C. 172.15.32.0/24

D. 192.168.32.0/24

第3章 Linux系统与服务构建运维

3.1 引言

目前，越来越多的企业需要依赖 IT 技术发布产品与服务，尤其是电子商务最为明显，这凸显了 IT 技术在现代企业中的重要性。当企业需要部署 IT 业务时，机房与服务器是整个 IT 技术生态链中非常重要的环节。对于服务器操作系统的选择，Linux 以其开源、稳定、安全的特性，目前在服务器领域已经成为无可争议的霸主。Linux 平台为客户提供高性能、高可用的业务服务，以满足企业的各种业务需求。

Red Hat Enterprise Linux 作为横跨各个行业的技术基础，其上运行的软件和应用预计 2019 年将贡献超过 10 万亿美元的全球业务收入，约占全球经济的 5%。Red Hat 的成功预示着采用开源模式的 Linux 操作系统可以为企业提供安全、可靠和高性能的平台系统。在设计 1+X 云计算认证平台考试系统时，综合筛选各个操作系统发行版本，结合各自的特点，最终选择了 CentOS 作为基础系统平台。CentOS 是众多 Linux 发行版本之一，但因为其源自于 Red Hat 框架，同时该版本完全开源，包括开放的软件 YUM 源，可以为用户带来更加方便的升级方法。另外，国内很多企业对于 CentOS 发行版也非常热衷，这也增加了认证考试操作的实用性。

本章主要学习 Linux 操作系统与服务的构建运维，意在令读者通过实战案例掌握在企业中如何配置操作 Linux 系统。图 3-1-1 所示为本章的学习路线图。

PPT Linux 系统
与服务构建运维
PPT

素质目标
第 3 章

图 3-1-1 Linux 系统与服务构建运维学习路线图

3.2　Linux 概述

3.2.1　Linux 系统简介

Linux 系统是一个类似 UNIX 的操作系统，是 UNIX 在计算机上的完整实现。UNIX 操作系统是 1969 年由 K Thomposn 和 D M Richie 在美国贝尔实验室开发的一个操作系统。由于良好而稳定的性能，其迅速在计算机中得到广泛的应用，在随后的几十年又做了不断的改进。

1990 年，芬兰人 Linux Torvalds 接触了为教学而设计的 Minix 系统后，开始着手研究编写一个开放的与 Minux 系统兼顾的操作系统。1991 年 10 月 5 日，Linux Torvalds 在赫尔辛基技术大学的一台 FTP 服务器上发布了第一个 Linux 的内核版本 0.02 版。随着编程小组的扩大和完整的操作系统基础软件的出现，Linux 开发人员认识到，Linux 已经逐渐变成一个成熟的操作系统。1992 年 3 月，内核 1.0 版本的推出，标志着 Linux 第一个正式版本的诞生。

3.2.2　Linux 系统的特点与组成

1. Linux 系统的特点

（1）开放性

系统遵循世界标准规范，特别是遵循开放系统互连（OSI）国际标准。凡遵循国际标准所开发的硬件和软件，都能彼此兼容，可方便地实现互连。另外，源代码开放的 Linux 系统是免费的，使得 Linux 的获取非常方便，而且使用 Linux 可节约费用。Linux 开放源代码，使用者能控制源代码，按照需要对部件混合搭配，建立自定义扩展。

（2）多用户

系统资源可以被不同用户各自拥有使用，即每个用户对自己的资源（如文件、设备）有特定的权限，互不影响。Linux 和 UNIX 都具有多用户的特性。

（3）多任务

多任务是现代计算机最主要的一个特点，是指计算机同时执行多个程序，而且各个程序的运行相互独立。Linux 系统调度每一个进程平等的访问微处理器。

（4）出色的速度性能

Linux 系统可以连续运行数月、数年而无须重新启动。Linux 系统不大在意 CPU 的速度，可以把处理器的性能发挥到极限。用户会发现，影响系统性能提高的限制性因素主要是其总线和磁盘 I/O 的性能。

（5）良好的用户界面

Linux 系统向用户提供 3 种界面，即用户命令界面、系统调用界面和图形用户界面。

（6）丰富的网络功能

Linux 系统是在 Internet 基础上产生并发展起来的，因此，完善的内置网络是 Linux 系统的一大特点。Linux 系统在通信和网络功能方面优于其他操作系统。

（7）可靠的系统安全

Linux 系统采取了许多安全技术措施，包括对读/写进权限控制、带保护的子系统、审计跟踪、核心授权等，这为网络多用户环境中的用户提供了必要的安全保障。

（8）良好的可移植性

可移植性是指将操作系统从一个平台转移到另一个平台后仍然能按其自身运行方式运行的能力。Linux 是一种可移植的操作系统，能够在微型计算机到大型计算机的任何环境中和任何平台上运行。可移植性为运行 Linux 系统的不同计算机平台与其他任何机器进行准确而有效地通信提供了手段，不需要另外增加特殊和昂贵的通信接口。

（9）具有标准兼容性

Linux 是一个与可移植性操作系统接口 POSIX 相兼容的操作系统，它所构成的子系统支持所有相关的 ANSI、ISO、IETF 和 W3C 业界标准。Linux 也符合 X/Open 标准，具有完全自由的 X Window 实现。虽然 Linux 系统在对工业标准的支持上做得非常好，但是由于各 Linux 发布厂商都能自由获取和接触 Linux 的源代码，所以各厂家发布的 Linux 仍然存在细微的差别，其差异主要存在于所捆绑应用软件的版本、安装工具的版本和各种系统文件所处的目录结构等。

2. Linux 系统的组成

Linux 系统一般由内核（Kernel）、命令解释层（Shell）、文件系统和应用程序 4 个主要部分组成。内核、Shell 和文件系统一起形成了基本的操作系统结构，它们使得用户可以运行程序、管理文件并且使用系统。

（1）Linux 内核

内核是系统的心脏，是运行程序和管理磁盘及打印机等硬件设备的核心程序。操作环境向用户提供一个操作界面，它从用户那里接受命令，并且把命令送给内核去执行。由于内核提供的都是操作系统最基本的功能，因此如果内核发生问题，那么整个计算机系统就可能会崩溃。

（2）命令解释层

Shell 是系统的用户界面，提供了用户与内核进行交互操作的一种接口，即在操作系统内核与用户之间提供操作界面。它可以描述为命令解释器，对用户输入的命令进行解释，再将其发送到内核。Linux 系统中的每个用户都可以拥有自己的用户操作界面，根据需求进行定制。不仅如此，Shell 还有自己的编程语言用于命令的编辑，它允许用户编写由 Shell 命令组成的程序。

（3）Linux 文件系统

文件系统是文件存放在磁盘等存储设备上的组织办法。Linux 能支持多种流行的文件系统，如 XFS、EXT2/3/4、FAT、VFAT、ISO9660、NFS、CIFS 等。

（4）Linux 应用程序

标准的 Linux 系统都有一套称为应用程序的程序集，包括文本编辑器、编程语言 X Window、办公套件、Internet 工具、数据库等。

3.2.3 Linux 系统的版本

Linux 系统的版本分为内核版本和发行版本两种。

1. 内核版本

内核是系统的心脏，是运行程序和管理磁盘及打印机等硬件设备的核心程序，它提供了一个在裸设备与应用程序间的抽象层。例如，程序本身不需要了解用户的主板芯片集成或者磁盘控制器的细节就能在高层次上读写磁盘。

内核的开发和规范一直由 Linux Benedict Torvalds 领导的开发小组控制着，版本也是唯一的。开发小组每隔一段时间公布新的版本或其修订版，从 1991 年 10 月 Linux 向世界公布的内核 0.0.2 版本到目前最新版本的内核 5.4.0 版本，Linux 的功能越来越强大。

Linux 内核的版本号命名是有一定规则的，版本号的格式通常为"主版本号 . 次版本号 . 修正号"。主版本号和次版本号标志着重要的功能变动，修正号表示较小的功能变更。以 2.6.12 版本为例，2 表示主版本号，6 表示次版本号，12 代表修正号。其中次版本号还有特定的意义：如果是偶数数字，就代表该内核是一个可放心使用的稳定版；如果是奇数数字，则表示该内核加入了某些测试的新功能，是一个内部可能存在 BUG 的测试版。例如，2.5.74 表示一个测试版的内核，2.6.12 表示一个稳定版的内核。读者可以到 Linux 内核官方网站下载最新的内核代码。

2. 发行版本

仅有内核而没有应用软件的操作系统是无法使用的，所以许多公司或者社团将内核、源代码及相关的应用程序组织构成一个完整的操作系统，让一般用户可以简便地安装和使用 Linux，这就是所谓的发行版本。一般谈论的 Linux 系统便是针对这些发行版本的。目前，各种发行版本超过 300 种，它们的发行版本号各不相同，使用的内核版本号也可能不一样，其中较为流行的套件有 Red Hat（红帽）、CentOS、Fedora、openSUSE、Debian、Ubuntu、红旗等。

3.2.4 Linux 系统的应用领域

Linux 系统自诞生到现在，已经在各个领域得到了广泛应用，显示了强大的生命力，并且其应用日益强大。

1. 教育与服务领域

设计先进和公开源代码这两大特性使 Linux 成为操作系统课程的好平台。Linux 服务器应用广泛，稳定、健壮、系统要求低、网络功能强等特点，使 Linux 成为 Internet 服务器操作系统的首选，现已达到了服务器操作系统市场 40%以上的占有率。

2. 云计算领域

当今云计算及其应用如火如荼，而在构建云计算平台的过程中，开源技术起到了不可替代的作用。从某种程度上说，开源是云计算的灵魂。大多数的云基础设施平台都使用 Linux 操作系统。目前已经有多个云计算平台的开源实现，主要开源云计算项目有 OpenStack、CloudStack 和 OpenNebula 等。

3. 嵌入式领域

Linux 是最适合嵌入式开发的操作系统。Linux 嵌入式应用涵盖的领域极为广泛，嵌入式领域将是 Linux 最大的发展空间。迄今为止，在主流 IT 界取得最大成功的当属由谷歌公司开发的 Andriod 系统，它是基于 Linux 的移动操作系统。Android 把 Linux 交到了全球无数移动设备消费者的手中。

4. 企业领域

利用 Linux 系统可以使企业用低廉的投入架设 E-mail 服务器、WWW 服务器、DNS 和 DHCP 服务器、目录服务器、防火墙、文件和打印服务器、代理服务器、透明网关、路由器等。当前，谷歌、亚马逊、思科、IBM、纽约证券交易所和维珍美国公司等都是 Linux 操作系统用户。

5. 超级计算领域

Linux 操作系统在高性能计算、计算密集型应用，如风险分析、数据分析、数据建模等方面也得到了广泛应用。在 2018 和 2019 年世界 500 强超级计算机排行榜中，基于 Linux 操作系统的计算机已占据了 100%的份额。

6. 桌面领域

面向桌面的 Linux 系统特别在桌面应用方面进行了改进，达到了相当高的水平，完全可以作为一种集办公应用、多媒体应用、网络应用等多功能于一体的图形界面操作系统。

3.3 实战案例——Linux 系统安装

微课 3.2
实战案例——Linux
系统安装

3.3.1 案例目标

① 了解服务器操作系统安装。
② 了解 CentOS 系统的安装。

3.3.2 案例分析

1. 规划节点

Linux 系统的单节点规划，见表 3-3-1。

表 3-3-1 节 点 规 划

IP	主 机 名	节 点
192. 168. 200. 10	localhost	Linux 服务器节点

2. 基础准备

使用本地 PC 环境的 VMWare Workstation 软件进行实操练习，镜像使用提供的 CentOS-7-x86_64-DVD-1511. iso，硬件资源如图 3-3-1 所示。

图 3-3-1 硬件资源

3.3.3 案例实施

Linux 操作系统最小化安装需要按照以下步骤进行：

① 安装时请选择英文界面，然后单击右下角的"Continue"按钮，如图 3-3-2 所示。

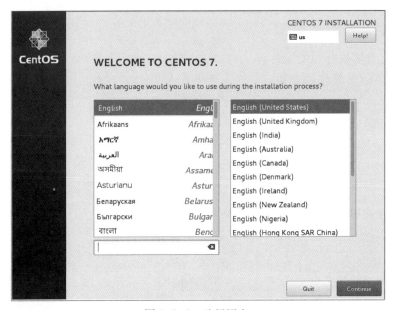

图 3-3-2 选择语言

② 单击"INSTALLATION DESTINATION"按钮进行分区，如图 3-3-3 所示。

图 3-3-3 磁盘分区

③ 选择磁盘并选中"I will configure partitioning"单选按钮，单击左上角的"Done"按钮，进行手动分区，如图 3-3-4 所示。

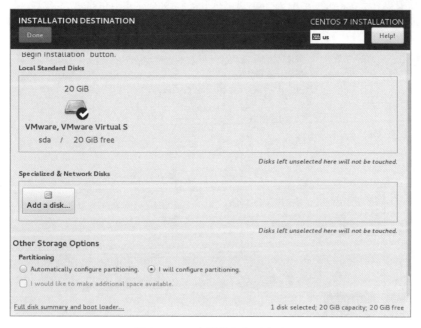

图 3-3-4 选择磁盘分区方式

④ 单击"Click here to create them automatically"按钮自动创建分区，分区完成单击左上角"Done"按钮，如图 3-3-5 和图 3-3-6 所示。

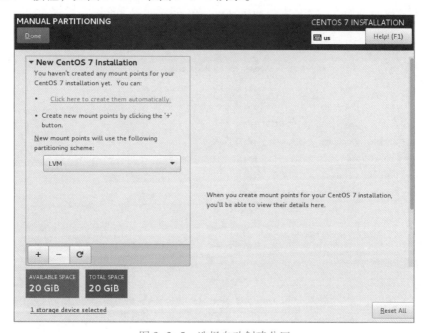

图 3-3-5 选择自动创建分区

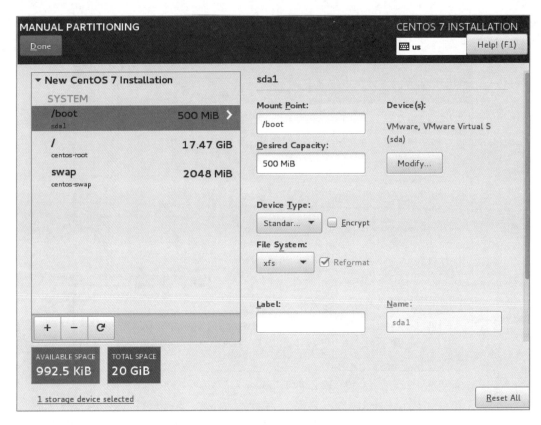

图 3-3-6 分区

⑤ 单击"Accept Changes"按钮保存修改，如图 3-3-7 所示。

SUMMARY OF CHANGES

Your customizations will result in the following changes taking effect after you return to the main menu and begin installation:

Order	Action	Type	Device Name	Mount point
1	Destroy Format	Unknown	sda	
2	Create Format	partition table (MSDOS)	sda	
3	Create Device	partition	sda1	
4	Create Format	xfs	sda1	/boot
5	Create Device	partition	sda2	
6	Create Format	physical volume (LVM)	sda2	
7	Create Device	lvmvg	centos	
8	Create Device	lvmlv	centos-swap	
9	Create Format	swap	centos-swap	
10	Create Device	lvmlv	centos-root	
11	Create Format	xfs	centos-root	/

Cancel & Return to Custom Partitioning   Accept Changes

图 3-3-7 保存修改

⑥ 单击"Begin Installation"按钮开始安装，如图 3-3-8 所示。

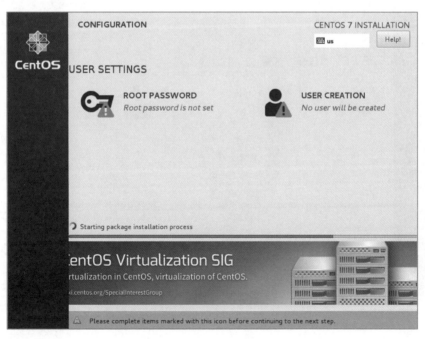

图 3-3-8　开始安装

⑦ 单击"ROOT PASSWORD"按钮设置 root 密码为 000000。单击两次"Done"按钮保存退出，如图 3-3-9 和图 3-3-10 所示。

图 3-3-9　设置 root 密码

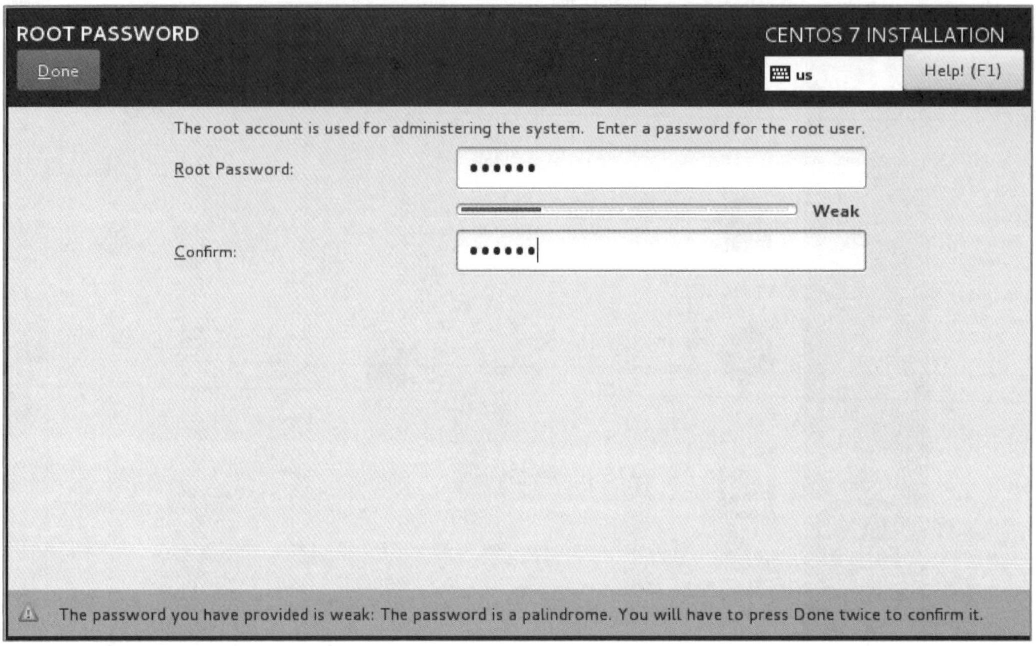

图 3-3-10　保存退出

⑧ 安装完成后单击右下角的 "Reboot" 按钮重启系统，如图 3-3-11 所示。

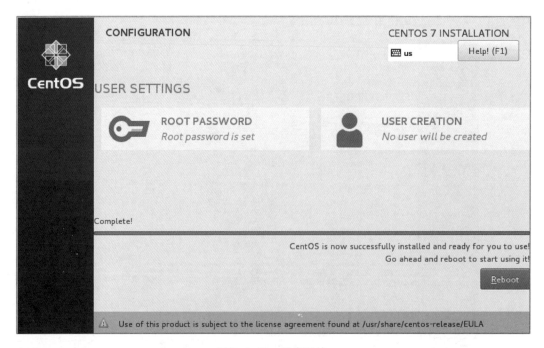

图 3-3-11　重启系统

⑨ 输入用户名密码登录系统，操作系统安装完成，如图 3-3-12 所示。

```
CentOS Linux 7 (Core)
Kernel 3.10.0-327.el7.x86_64 on an x86_64

localhost login: root
Password:
[root@localhost ~]#
```

图 3-3-12　登录

3.4　逻辑卷管理（LVM）

微课 3.3
逻辑卷管理（LVM）

3.4.1　LVM 的概念

当用户想要随着实际需求的变化调整硬盘分区的大小时，会受到磁盘"灵活性"的限制，这时就需要用到一项非常普及的硬盘设备资源管理技术——LVM。LVM 是 Linux 环境下对磁盘分区进行管理的一种机制，允许用户对硬盘资源进行动态调整。LVM 是建立在硬盘或者分区之上的一个逻辑层，为文件系统屏蔽下层磁盘分区布局，从而提高磁盘分区管理的灵活性。通过 LVM 系统，管理员可以轻松管理磁盘分区，如将若干磁盘分区连接为一个整块的卷组（volume group），形成一个存储池。管理员可以在卷组上随意创建逻辑卷（logical volume），并进一步在逻辑卷上创建文件系统。管理员通过 LVM 可以方便地调整卷组的大小，并且可以对磁盘存储按照组的方式进行命名、管理和分配。例如，按照用途进行定义 development 和 sales，而不是使用物理磁盘名 sda 和 sdb。当系统添加了新的磁盘后，管理员不必将磁盘的文件移动到新的磁盘上，以便充分利用新的存储空间，而是通过 LVM 直接扩展文件系统跨越磁盘即可。

3.4.2　LVM 的基本术语

1. 物理卷（PV）

物理卷在 LVM 系统中处于最底层，可以将其理解为物理硬盘、硬盘分区或者 RAID 磁盘阵列。卷组建立在物理卷之上，一个卷组可以包含多个物理卷，而且在卷组创建之后，也可以继续向其中添加新的物理卷。物理卷可以是整个硬盘、硬盘上的分区，或从逻辑上与磁盘分区具有同样功能的设备（如 RAID）。物理卷是 LVM 的基本存储逻辑块，但和基本的物理存储介质（如分区、磁盘等）比较，却包含有与 LVM 相关的管理参数。

2. 卷组（VG）

卷组建立在物理卷之上，由一个或多个物理卷组成。卷组创建之后，可以动态地添加物理卷到卷组中，在卷组上可以创建一个或多个 LVM 分区（逻辑卷）。一个 LVM 系统中可以只有一个卷组，也可以包含多个卷组。LVM 系统中的卷组类似于非 LVM 系统中的物理硬盘。

3. 逻辑卷（LV）

逻辑卷建立在卷组之上，是从卷组中"切出"的一块空间。逻辑卷创建之后，其大小可以伸缩。LVM 系统中的逻辑卷类似于非 LVM 系统中的硬盘分区，在逻辑卷之上可以建立文件系统（如/home 或者/usr 等）。逻辑卷是用卷组中空闲的资源建立的，并且逻辑卷在建立后可以动态地扩展或缩小空间。

4. 物理区域（PE）

每一个物理卷被划分为基本单元（称为 PE），具有唯一编号的 PE，是可以被 LVM 寻址的最小存储单元。PE 的大小可根据实际情况在创建物理卷时指定，默认为 4 MB。PE 的大小一旦确定将不能改变，同一个卷组中所有物理卷的 PE 大小一致。

5. 逻辑区域（LE）

逻辑区域也被划分为可被寻址的基本单位（称为 LE）。在同一个卷组中，LE 的大小和 PE 是相同的，并且一一对应。和非 LVM 系统将包含分区信息的元数据（metadata）保存在位于分区起始位置的分区表中一样，逻辑卷以及卷组相关的元数据也是保存在位于物理卷起始处的卷组描述符区域 VGDA 中。VGDA 包括 PV 描述符、VG 描述符、IV 描述符和一些 PF 描述符。

3.4.3 LVM 的操作

LVM 技术简单来说，就是在硬盘分区和文件系统之间添加了一个逻辑层，它提供了一个抽象的卷组，可以把多块硬盘进行卷组合并。这样一来，用户无须关心物理硬盘设备的底层架构和布局，就可以实现对硬盘分区的动态调整。常规操作有如下 4 个。

1. 部署逻辑卷

一般而言，在生产环境中无法精确地预估每个硬盘分区在日后的使用情况，因此会导致原先分配的硬盘分区不够用。比如，伴随着业务量的增加，用于存放交易记录的数据库目录的体积也随之增加；分析并记录用户的行为导致日志目录的体积不断变大，这些都会导致原有的硬盘分区在使用上捉襟见肘。另外，还存在对较大的硬盘分区进行精简缩容的情况。可以通过部署 LVM 来解决上述问题。部署 LVM 时，需要逐个配置物理卷、卷组和逻辑卷。

2. 扩容逻辑卷

卷组是由多块硬盘设备共同组成的，用户在使用存储设备时感觉不到设备底层的架构和布局，更不用关心底层是由多少块硬盘组成的，只要卷组中有足够的资源，就可以一直为逻辑卷扩容。扩容前请一定要记得卸载设备和挂载点的关联。

3. 缩小逻辑卷

相较于扩容逻辑卷，在对逻辑卷进行缩容操作时，其丢失数据的风险更大。所以，在生产环境中执行相应操作时，一定要提前备份好数据。另外，Linux 系统规定，在用 LVM 对逻辑卷进行缩容操作之前，要先检查文件系统的完整性（当然这也是为了保证数据安全）。在执行缩容操作前记得先把文件系统卸载掉。

4. 删除逻辑卷

当生产环境中想要重新部署 LVM 或者不再需要使用 LVM 时，则需要执行 LVM 的删除操作。为此，需要提前备份好重要的数据信息，然后依次删除逻辑卷、卷组、物理卷设备，这个顺序不可颠倒。

3.5　实战案例——LVM 的使用

微课 3.4
实战案例——LVM
的使用

3.5.1　案例目标

① 了解 LVM 的安装。
② 了解 LVM 的配置与使用。

3.5.2　案例分析

1. 规划节点

Linux 操作系统的单节点规划，见表 3-5-1。

表 3-5-1　节 点 规 划

IP	主 机 名	节 点
192.168.200.10	localhost	Linux 服务器节点

2. 基础准备

使用实战案例 3.3 安装的 Linux 系统进行下述实验。

3.5.3　案例实施

1. 配置 IP 地址

查看虚拟网络编辑器，查看本机 NAT 模式的网络信息，如图 3-5-1 和图 3-5-2 所示。

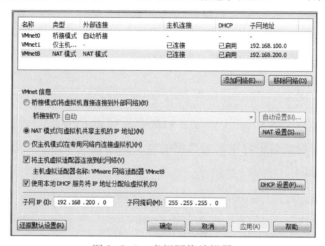

图 3-5-1　虚拟网络编辑器

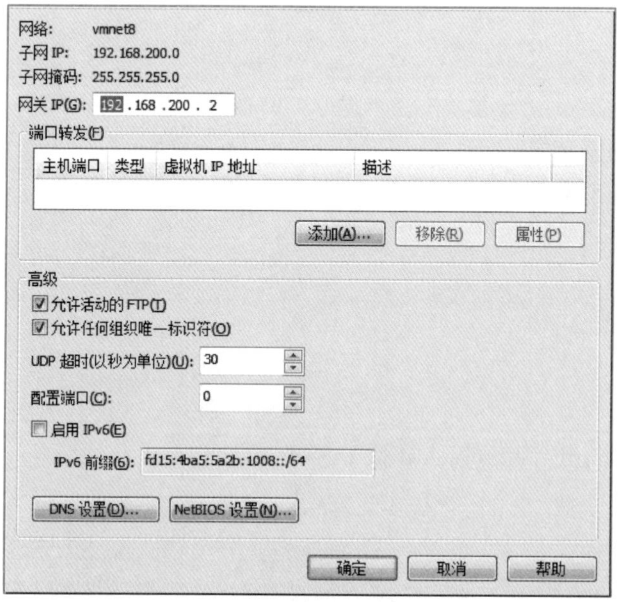

图 3-5-2　NAT 设置详情

回到虚拟机界面，编辑网卡配置文件，将网络配置成 192.168.200.10，命令如下：

```
[root@ localhost ~ ]# vi /etc/sysconfig/network-scripts/ifcfg-eno16777736
[root@ localhost ~ ]# cat /etc/sysconfig/network-scripts/ifcfg-eno16777736
TYPE = Ethernet
BOOTPROTO = static
DEFROUTE = yes
PEERDNS = yes
PEERROUTES = yes
IPV4_FAILURE_FATAL = no
IPV6INIT = yes
IPV6_AUTOCONF = yes
IPV6_DEFROUTE = yes
IPV6_PEERDNS = yes
IPV6_PEERROUTES = yes
IPV6_FAILURE_FATAL = no
NAME = eno16777736
UUID = 25acd229-1851-4454-9219-8dcee56b798c
DEVICE = eno16777736
ONBOOT = yes
IPADDR = 192.168.200.10
NETMASK = 255.255.255.0
GATEWAY = 192.168.200.2
```

配置完成后，重启网络并查看 IP，命令如下：

```
[root@ localhost ~ ]# systemctl restart network
[root@ localhost ~ ]# ip a
1: lo: <LOOPBACK,UP,LOWER_UP> mtu 65536 qdisc noqueue state UNKNOWN
    link/loopback 00:00:00:00:00:00 brd 00:00:00:00:00:00
    inet 127.0.0.1/8 scope host lo
        valid_lft forever preferred_lft forever
    inet6 ::1/128 scope host
        valid_lft forever preferred_lft forever
2: eno16777736: <BROADCAST,MULTICAST,UP,LOWER_UP> mtu 1500 qdisc pfifo_fast state UP
qlen 1000
    link/ether 00:0c:29:d6:48:b7 brd ff:ff:ff:ff:ff:ff
    inet 192.168.200.10/24 brd 192.168.200.255 scope global eno16777736
        valid_lft forever preferred_lft forever
    inet6 fe80::20c:29ff:fed6:48b7/64 scope link
```

valid_lft forever preferred_lft forever

配置完 IP 后，可以通过 PC 的远程连接工具 SecureCRT 连接虚拟机。

2. 添加硬盘

在 VMware Workstation 中的虚拟机设置界面，单击下方的"添加"按钮，选择"硬盘"，然后单击右下角的"下一步"按钮，如图 3-5-3 所示。

图 3-5-3　添加硬盘

选择 SCSI（S）磁盘，单击右下角的"下一步"按钮，如图 3-5-4 所示。

选择"创建新虚拟磁盘（V）"单选按钮，然后单击右下角的"下一步"按钮，如图 3-5-5 所示。

指定磁盘大小为 20 GB，选择"将虚拟磁盘存储为单个文件（O）"单选按钮，如图 3-5-6 所示。

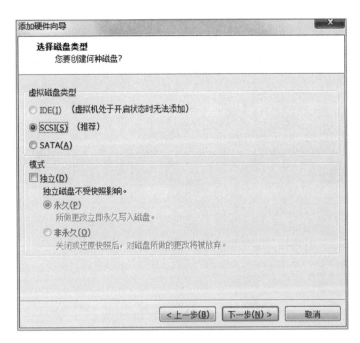

图 3-5-4　选择磁盘类型

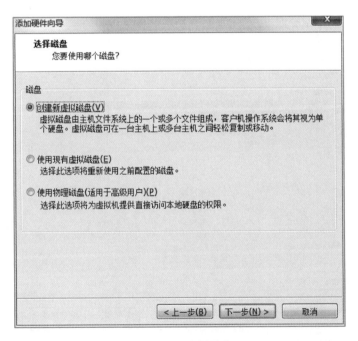

图 3-5-5　选择磁盘

　　文件名不做修改，使用默认名称，然后单击右下角的"完成"按钮，如图 3-5-7
所示。

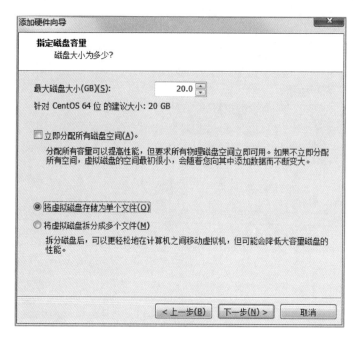

图 3-5-6 指定磁盘容量

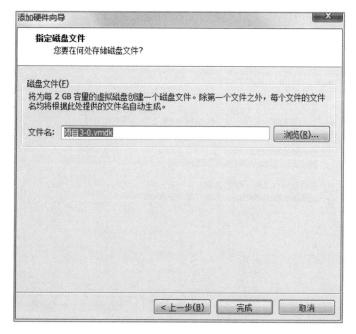

图 3-5-7 指定磁盘文件

添加完磁盘后，重启虚拟机。重启后，使用命令查看磁盘，命令如下：

```
[root@ localhost ~]# lsblk
NAME                 MAJ:MIN    RM    SIZE RO TYPE     MOUNTPOINT
sda                  8:0        0     20 G  0  disk
├─sda1               8:1        0     500 M 0  part /boot
└─sda2               8:2        0     19.5 G 0  part
  ├─centos−root      253:0      0     17.5 G 0  lvm  /
  └─centos−swap      253:1      0     2 G   0  lvm  [SWAP]
sdb                  8:16       0     20 G  0  disk
sr0                  11:0       1     4 G   0  rom
```

可以看到存在一块名为 sdb 的块设备，大小为 20 GB。

3. LVM 的使用

(1) 创建物理卷

在创建物理卷之前，需要对磁盘进行分区。首先使用 fdisk 命令对 sdb 进行分区操作，分出两个大小为 5 GB 的分区，命令如下：

```
[root@ localhost ~]# fdisk /dev/sdb
Welcome to fdisk (util−linux 2.23.2).

Changes will remain in memory only, until you decide to write them.
Be careful before using the write command.

Device does not contain a recognized partition table
Building a new DOS disklabel with disk identifier 0x9e46a7c2.

Command (m for help): p

Disk /dev/sdb: 21.5 GB, 21474836480 bytes, 41943040 sectors
Units = sectors of 1 * 512 = 512 bytes
Sector size (logical/physical): 512 bytes / 512 bytes
I/O size (minimum/optimal): 512 bytes / 512 bytes
Disk label type: dos
Disk identifier: 0x9e46a7c2
   Device Boot      Start         End      Blocks   Id  System
Command (m for help): n
Partition type:
   p    primary (0 primary, 0 extended, 4 free)
   e    extended
Select (default p): p
Partition number (1−4, default 1):
First sector (2048−41943039, default 2048):
Using default value 2048
```

Last sector, +sectors or +size{K,M,G} (2048-41943039, default 41943039): +5G

Partition 1 of type Linux and of size 5 GiB is set

Command (m for help): n

Partition type:

    p   primary (1 primary, 0 extended, 3 free)

    e   extended

Select (default p): p

Partition number (2-4, default 2):

First sector (10487808-41943039, default 10487808):

Using default value 10487808

Last sector, +sectors or +size{K,M,G} (10487808-41943039, default 41943039): +5G

Partition 2 of type Linux and of size 5 GiB is set

Command (m for help): p

Disk /dev/sdb: 21.5 GB, 21474836480 bytes, 41943040 sectors

Units = sectors of 1 ∗ 512 = 512 bytes

Sector size (logical/physical): 512 bytes / 512 bytes

I/O size (minimum/optimal): 512 bytes / 512 bytes

Disk label type: dos

Disk identifier: 0x9e46a7c2

Device Boot	Start	End	Blocks	Id	System
/dev/sdb1	2048	10487807	5242880	83	Linux
/dev/sdb2	10487808	20973567	5242880	83	Linux

Command (m for help): w

The partition table has been altered!

Calling ioctl() to re-read partition table.

Syncing disks.

[root@ localhost ~]# lsblk

NAME	MAJ:MIN	RM	SIZE	RO	TYPE	MOUNTPOINT
....						
sdb	8:16	0	20 G	0	disk	
├─sdb1	8:17	0	5 G	0	part	
└─sdb2	8:18	0	5 G	0	part	
sr0	11:0	1	4 G	0	rom	

分完分区后，对这两个分区进行创建物理卷操作，命令如下：

[root@ localhost ~]# pvcreate /dev/sdb1 /dev/sdb2

Physical volume "/dev/sdb1" successfully created

Physical volume "/dev/sdb2" successfully created

创建完毕后，可以查看物理卷的简单信息与详细信息。

查看物理卷简单信息，命令如下：

```
[root@ localhost ~]# pvs
PV          VG       Fmt    Attr   PSize    PFree
/dev/sda2   centos   lvm2   a--    19.51 g  40.00 m
/dev/sdb1            lvm2   ---    5.00 g   5.00 g
/dev/sdb2            lvm2   ---    5.00 g   5.00 g
```

查看物理卷详细信息，命令如下：

```
[root@ localhost ~]# pvdisplay
--- Physical volume ---
PV Name                 /dev/sda2
.....................
--- NEW Physical volume ---
PV Name                 /dev/sdb2
VG Name
PV Size                 5.00 GiB
.....................
```

（2）创建卷组

使用刚才创建好的两个物理卷，创建名为 myvg 的卷组，命令如下：

```
[root@ localhost ~]# vgcreate myvg /dev/sdb[1-2]
Volume group "myvg" successfully created
```

查看卷组信息（可以查看到创建的 myvg 卷组，名字为 centos 的卷组是系统卷组，因为在安装系统的时候是使用 LVM 模式安装的），命令如下：

```
[root@ localhost ~]# vgs
VG       #PV  #LV  #SN  Attr     VSize    VFree
centos   1    2    0    wz--n-   19.51 g  40.00 m
myvg     2    0    0    wz--n-   9.99 g   9.99 g
```

查看卷组详细信息，命令如下：

```
[root@ localhost ~]# vgdisplay
--- Volume group ---
VG Name                 centos
..............................
--- Volume group ---
VG Name                 myvg
..........................
```

```
VG Size              9. 99 GiB
PE Size              4. 00 MiB
Total PE             2558
Alloc PE / Size      0 / 0
Free  PE / Size      2558 / 9. 99 GiB
VG UUID              PYGJuQ-s1Ix-ZwGf-kFaV-4Lfh-ooHl-QXcy6a
```

当多个物理卷组合成一个卷组后时,LVM 会在所有的物理卷上做类似格式化的工作,将每个物理卷切成一块一块的空间。这一块一块的空间就称为 PE(Physical Extent),其默认大小是 4 MB。

由于受内核限制的原因,一个逻辑卷最多只能包含 65 536 个 PE,所以一个 PE 的大小就决定了逻辑卷的最大容量,4 MB 的 PE 决定了单个逻辑卷的最大容量为 256 GB,若希望使用大于 256 GB 的逻辑卷,则创建卷组时需要指定更大的 PE。

删除卷组,重新创建卷组,并指定 PE 大小为 16 MB,命令如下:

```
[root@ localhost ~ ]# vgremove myvg
Volume group "myvg" successfully removed
[root@ localhost ~ ]# vgcreate -s 16 m myvg /dev/sdb[1-2]
Volume group "myvg" successfully created
[root@ localhost ~ ]# vgdisplay
--- Volume group ---
VG Name              centos
.................
--- Volume group ---
VG Name                  myvg
..............
VG Size              9. 97 GiB
PE Size              16. 00 MiB
..................
Free  PE / Size      638 / 9. 97 GiB
VG UUID              dU0pP2-EW9d-6c0h-8tgQ-t1bN-tBIo-FDqfdR
```

可以查看到现在 myvg 卷组的 PE 大小为 16 MB。

向卷组 myvg 中添加一个物理卷,在/dev/sdb 上再分一个/dev/sdb3 分区,把该分区加到卷组 myvg 中,命令如下:

```
[root@ localhost ~ ]# lsblk
NAME                 MAJ:MIN RM  SIZE RO TYPE MOUNTPOINT
...................
```

```
sdb            8:16   0  20G  0  disk
├─sdb1         8:17   0  5G   0  part
├─sdb2         8:18   0  5G   0  part
└─sdb3         8:19   0  5G   0  part
sr0            11:0   1  4G   0  rom
```

将创建的/dev/sdb3 添加到 myvg 卷组中，在添加的过程中，会自动将/dev/sdb3 创建为物理卷，命令如下：

```
[root@ localhost ~]# vgextend myvg /dev/sdb3
Physical volume "/dev/sdb3" successfully created
Volume group "myvg" successfully extended
[root@ localhost ~]# vgs
VG      #PV #LV #SN Attr   VSize    VFree
centos   1   2   0  wz--n- 19.51g  40.00m
myvg     3   0   0  wz--n- 14.95g  14.95g
[root@ localhost ~]# vgdisplay myvg
--- Volume group ---
VG Name              myvg
.................
VG Size              14.95 GiB
PE Size              16.00 MiB
.................
Free  PE / Size      957 / 14.95 GiB
VG UUID              dU0pP2-EW9d-6c0h-8tgQ-t1bN-tBIo-FDqfdR
```

可以查看到现在卷组中存在 3 个物理卷设备。

（3）创建逻辑卷

创建逻辑卷，名称为 mylv，大小为 5 GB，命令如下：

```
[root@ localhost ~]# lvcreate -L +5 G -n mylv myvg
Logical volume "mylv" created.
```

- -L：创建逻辑卷的大小 large。
- -n：创建的逻辑卷名称 name。

查看逻辑卷，命令如下：

```
[root@ localhost ~]# lvs
LV    VG     Attr        LSize  Pool Origin Data%  Meta%  Move Log Cpy%Sync Convert
root  centos -wi-ao---- 17.47g
swap  centos -wi-ao----  2.00g
mylv  myvg   -wi-a-----  5.00g
```

扫描上一步创建的 lv 逻辑卷，命令如下：

```
[root@ localhost ~]# lvscan
ACTIVE                '/dev/centos/root' [17.47 GiB] inherit
ACTIVE                '/dev/centos/swap' [2.00 GiB] inherit
ACTIVE                '/dev/myvg/mylv' [5.00 GiB] inherit
```

使用 ext4 文件系统格式化逻辑卷 mylv，命令如下：

```
[root@ localhost ~]# mkfs. ext4 /dev/mapper/myvg-mylv
mke2fs 1. 42. 9 (28-Dec-2013)
………………
Writing superblocks and filesystem accounting information：done
```

把逻辑卷 mylv 挂载到/mnt 下并验证，命令如下：

```
[root@ localhost ~]# mount /dev/mapper/myvg-mylv /mnt/
[root@ localhost ~]# df -h
Filesystem              Size    Used Avail Use% Mounted on
…………………………
/dev/mapper/myvg-mylv    4.8G    20M  4.6G   1% /mnt
```

然后对创建的逻辑卷扩容至 1 GB，命令如下：

```
[root@ localhost ~]# lvextend -L +1G /dev/mapper/myvg-mylv
Size of logical volume myvg/mylv changed from 5. 00 GiB (320 extents) to 6. 00 GiB (384 extents).
Logical volume mylv successfully resized.
[root@ localhost ~]# lvs
LV    VG      Attr        LSize  Pool Origin Data%    Meta%    Move Log Cpy%Sync Convert
root centos -wi-ao---- 17. 47 g
swap centos -wi-ao----   2. 00 g
mylv myvg   -wi-ao----   6. 00 g
[root@ localhost ~]# df -h
Filesystem              Size    Used Avail Use% Mounted on
……………………………
/dev/mapper/myvg-mylv  4. 8 G    20 M  4. 6 G   1% /mnt
```

可以查看到逻辑卷的大小变成了 6 GB，但是挂载信息中没有发生变化，这时系统还识别不了新添加的磁盘文件系统，所以还需要对文件系统进行扩容。

```
[root@ localhost ~]# resize2fs /dev/mapper/myvg-mylv
resize2fs 1. 42. 9 (28-Dec-2013)
Filesystem at /dev/mapper/myvg-mylv is mounted on /mnt; on-line resizing required
old_desc_blocks = 1, new_desc_blocks = 1
```

```
The filesystem on /dev/mapper/myvg-mylv is now 1572864 blocks long.
[root@ localhost ~]# df -h
Filesystem                Size   Used Avail Use% Mounted on
....................
/dev/mapper/myvg-mylv     5.8 G   20 M  5.5 G   1% /mnt
```

可以看出，扩容逻辑卷操作成功。

3.6　FTP 服务

微课 3.5
FTP 服务

3.6.1　FTP 简介

1. FTP 的概念

FTP（文件传输协议）服务是 Internet 上最早应用于主机之间进行数据传输的基本服务之一。FTP 服务的一个非常重要的特点是实现可独立的平台。也就是说，UNIX、Mac、Windows 等操作系统中都可以实现 FTP 的客户端和服务器。尽管目前已经普遍采用 HTTP 方式传送文件，但 FTP 仍然是跨平台直接传送文件的主要方式。

FTP 定义了一个在远程计算机系统和本地计算机系统之间传输文件的标准。FTP 运行在 OSI 模型的应用层，并利用 TCP 在不同的主机之间提供可靠的数据传输。在实际的传输中，FTP 靠 TCP 来保证数据传输的正确性，并在发生错误的情况下，对错误进行相应的修正。FTP 在文件传输中还具有一个重要的特点，就是支持断点续传功能，这样做可以大幅度地减小 CPU 和网络带宽的开销。

2. FTP 的工作原理

FTP 是一个客户/服务器系统。用户通过一个支持 FTP 的客户机程序，连接到远程主机上的 FTP 服务器程序。用户通过客户机程序向服务器程序发出命令，服务器程序执行用户所发出的命令，并将执行结果返回给客户机。FTP 独特的双端口连接结构的优点在于，两个连接可以选择不同的合适的服务质量。例如，对控制连接来说，需要更小的延迟时间；对数据连接来说，需要更大的数据吞吐量，而且可以避免实现数据流中的命令的透明性及逃逸。

控制连接主要用来传送在实际通信过程中需要执行的 FTP 命令以及命令的响应。控制连接是在执行 FTP 命令时，由客户端发起的通往 FTP 服务器的连接。控制连接并不传输数据，只用来传输控制数据传输的 FTP 命令集及其响应。因此，控制连接只需要很小的网络带宽。通常情况下，FTP 服务器以监听端口号 21 来等待控制连接建立请求。控制连接建立以后并不立即建立数据连接,而是服务器通过一定的方式来验证客户的身份,以决定是否可以建立数据传输。

在 FTP 连接期间,控制连接始终保持通畅的连接状态;而数据连接是等到显示目录列表、传输文件时才临时建立的,并且每次客户端使用不同的端口号建立数据连接,一旦传输完毕,就中断这条临时的数据连接。数据连接用来传输用户的数据,在客户端要求进行目录列表、上传和下载等操作时,客户和服务器将建立一条数据连接。这里的数据连接是全双工的,允许同时进行双向的数据传输,即客户和服务器都可能是数据发送者。需要特别指出的是,在数据连接存在的时间内,控制连接肯定是存在的,一旦控制连接断开,数据连接会自动关闭。

3. VSFTP 介绍

VSFTPD(Very Secure FTP)是一款基于 GPL 开发的,被设计为 Linux 平台下稳定、快速、安全的 FTP 软件,并支持 IPv6 以及 SSL 加密。VSFTPD 的安全性主要体现在 3 个方面:进程分离、处理不同任务的进程彼此是独立运行的、进程运行时均以最小权限运行。多数进程都使用 chroot 进行了禁锢,防止客户访问非法共享目录,这里的 chroot 是改变根的一种技术,如果用户通过 VSFTPD 共享了/var/ftp/目录,则该目录对客户端而言就是共享的根目录。

3.6.2 FTP 的数据传输模式

按照数据连接建立连接的方式不同,可以把 FTP 分成两种模式:主动模式和被动模式。

在主动模式下,FTP 客户端随机开启一个大于 1024 的端口 N 向服务器的 21 号端口发起连接,然后开放 N+1 号端口进行监听,并向服务器发出 PORT N+1 指令。服务器接收到指令后,会用其本地的 FTP 数据端口(默认是 20)来连接客户端指定的端口 N+1,进行数据传输。在主动传输模式下,FTP 的数据连接和控制连接的方向是相反的,也就是说,是服务器向客户端发起一个用于数据传输的连接。客户端的连接端口是由服务器端和客户端通过协商确定的。

在被动模式下,FTP 客户端随机开启一个大于 1024 的端口 N 向服务器的 21 号端口发起连接,同时会开启 N+1 号端口。然后向服务器发送 PASV 指令,通知服务器自己处于被动模式。服务器收到指令后,会开发一个大于 1024 的端口 P 进行监听,然后用 PORT P 指令通知客户端自己的数据端口是 P。客户端收到指令后,会通过 N+1 号端口连接服务器的端口 P,然后在两个端口之间进行数据传输。在被动传输模式下,FTP 的数据连接和控制连接的方向是一致的,也就是说,是客户端向服务器发起一个用于数据传输的连接。客户端的连接端口是发起这个数据连接请求时使用的端口号。

3.6.3 FTP 的典型消息

在用于 FTP 客户程序与 FTP 服务器进行通信时，经常会看到一些由 FTP 服务器发送的消息，这些消息是 FTP 所定义的。表 3-6-1 列出了一些典型的 FTP 消息。

表 3-6-1 FTP 中定义的典型消息

消息号	含　义	消息号	含　义
125	数据连接打开，传输开始	425	不能打开数据连接
200	命令 OK	426	数据连接被关闭，传输被中断
226	数据传输完毕	452	错误写文件
331	用户名 OK，需要输入密码	500	语法错误，不可识别的命令

3.6.4 FTP 服务使用者

根据 FTP 服务器的服务对象不同，可以将 FTP 服务的使用者分为以下 3 类。

1. 本地用户

如果用户在远程 FTP 服务器上拥有 Shell 登录账户，则称此用户为本地用户（Real 用户）。本地用户可以通过输入自己的账户和口令来进行授权登录。当授权访问的本地用户登录系统后，其登录目录为用户自己的家目录（$HOME）。本地用户既可以下载又可以上传。

2. 虚拟用户

如果用户在远程 FTP 服务器上拥有账号，且此账号只能用于文件传输服务，则称此用户为虚拟用户（Guest 用户）。通常，虚拟用户使用与系统用户分离的用户认证文件。虚拟用户可以通过输入自己的账号和口令进行授权登录。当授权访问的虚拟用户登录系统后，其登录目录是 VSFTPD 为其指定的目录。通常情况下，虚拟用户既可以下载又可以上传。

3. 匿名用户

如果用户在远程 FTP 服务器上没有账号，则称此用户为匿名用户（Anonymous 用户）。若 FTP 服务器提供匿名访问功能，则匿名用户可以通过输入账号（anonmous 或 ftp）和口令（用户自己的 E-mail 地址）进行登录。当匿名用户登录系统后，其登录目录为匿名

FTP 服务器的根目录（默认为/var/ftp）。一般情况下，匿名 FTP 服务器只提供下载功能，不提供上传服务或者使上传受到一定的限制。

3.7   实战案例——FTP 服务的使用

3.7.1   案例目标

① 了解 FTP 服务的安装。
② 了解 FTP 的配置与使用。

3.7.2   案例分析

1. 规划节点

Linux 操作系统的单节点规划，见表 3-7-1。

表 3-7-1   节 点 规 划

IP	主 机 名	节 点
192. 168. 200. 10	localhost	Linux 服务器节点

2. 基础准备

使用实战案例 3.3 安装的 Linux 系统进行下述实验。

3.7.3   案例实施

1. 配置 YUM 源

回到 VMware Workstation 界面，将 CD 设备进行连接，右击打开快捷菜单，选择"可移动设备"→"CD/DVD（IDE）"→"连接"命令，如图 3-7-1 所示。

回到虚拟机界面，将 CD 设备挂载到/opt/centos（可自行创建）目录下，命令如下：

```
[root@ localhost ~]# mount /dev/cdrom /opt/centos
mount：/dev/sr0 is write-protected, mounting read-only
[root@ localhost ~]# ll /opt/centos
```

```
total 636
-r--r--r--. 1 root root       14 Dec  9  2015 CentOS_BuildTag
……
```

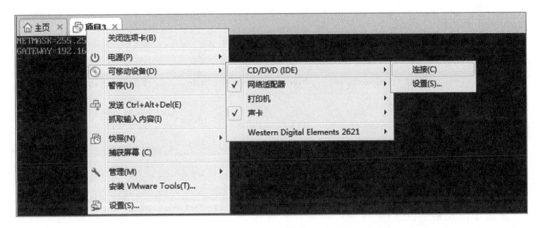

图 3-7-1 连接 CD 设备

配置本地 YUM 源文件，先将/etc/yum. repos. d/下的文件移走，然后创建 local. repo 文件，命令如下：

```
[root@ localhost ~]# mv /etc/yum. repos. d/ * /media/
[root@ localhost ~]# vi /etc/yum. repos. d/local. repo
[root@ localhost ~]# cat /etc/yum. repos. d/local. repo
[centos7]
name = centos7
baseurl = file:///opt/centos
gpgcheck = 0
enabled = 1
```

至此，YUM 源配置完毕。

2. 安装 FTP 服务

使用命令安装 FTP 服务，命令如下：

```
[root@ localhost ~]# yum install vsftpd -y
```

安装完成后，编辑 FTP 服务的配置文件，在配置文件的最上面添加一行代码，命令如下：

```
[root@ localhost ~]# vi /etc/vsftpd/vsftpd. conf
[root@ localhost ~]# cat /etc/vsftpd/vsftpd. conf
anon_root = /opt
```

```
# Example config file /etc/vsftpd/vsftpd. conf
……
```

启动 VSFTP 服务，命令如下：

```
[root@ localhost ~]# systemctl start vsftpd
[root@ localhost ~]# netstat -ntpl
Active Internet connections (only servers)
Proto Recv-Q Send-Q Local Address      Foreign Address    State        PID/Program name
…………………………
tcp6    0    0 :::21            ::: *           LISTEN     3359/vsftpd
………………………
```

使用 netstat -ntpl 命令可以看到 VSFTPD 的 21 端口（若无法使用 netstat 命令，可自行安装 net-tools 工具）。

在使用浏览器访问 FTP 服务之前，还需要关闭 SELinux 和防火墙，命令如下：

```
[root@ localhost ~]# setenforce 0
[root@ localhost ~]# systemctl stop firewalld
```

3. FTP 服务的使用

使用浏览器访问 ftp：//192.168.200.10，如图 3-7-2 所示。

图 3-7-2　FTP 界面

可以查看到/opt 目录下的文件，已都被 FTP 服务成功共享。

进入虚拟机的/opt 目录，创建 xcloud. txt 文件，刷新浏览器界面，可以看到新创建的文件，如图 3-7-3 所示。

关于 FTP 服务的使用，简单来说，就是将用户想共享的文件或者软件包，放入共享目录即可。

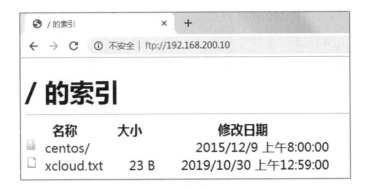

图 3-7-3　刷新的 FTP 界面

3.8　NFS 服务

微课 3.7
NFS 服务

3.8.1　NFS 的概念

　　NFS（网络文件系统）提供了一种在类 UNIX 系统上共享文件的方法。目前，NFS 有 3 个版本：NFSv2、NFSv3、NFSv4。CentOS 7 默认使用 NFSv4 提供服务，其优点是提供了有状态的连接，更容易追踪连接状态，增强安全性。NFS 监听在 TCP 2049 端口上，客户端通过挂载的方式将 NFS 服务器端共享的数据目录挂载到本地目录下。在客户端看来，使用 NFS 的远端文件就像在使用本地文件一样，只要具有相应的权限就可以使用各种文件操作命令（如 cp、cd、mv 和 rm 等），对共享的文件进行相应的操作。Linux 操作系统既可以作为 NFS 服务器，也可以作为 NFS 客户，这就意味着它可以把文件系统共享给其他系统，也可以挂载从其他系统上共享的文件系统。

　　为什么需要安装 NFS 服务？当服务器访问流量过大时，需要多台服务器进行分流，而这多台服务器可以使用 NFS 服务进行共享。NFS 除了可以实现基本的文件系统共享之外，还可以结合远程网络启动，实现无盘工作站（PXE 启动系统，所有数据均在服务器的磁盘阵列上）或瘦客户工作站（本地自动系统）。NFS 应用场景多为高可用文件共享，多台服务器共享同样的数据，但是它的可扩展性比较差，本身高可用方案不完善。取而代之，数据量比较大的可以采用 MFS、TFS、HDFS 等分布式文件系统。

3.8.2　NFS 的组成

　　两台计算机需要通过网络建立连接时，双方主机就一定需要提供一些基本信息，如 IP

地址、服务端口号等。当有 100 台客户端需要访问某台服务器时，服务器就需要记住这些客户端的 IP 地址以及相应的端口号等信息，而这些信息是需要程序来管理的。在 Linux 中，这样的信息可以由某个特定服务自己来管理，也可以委托给 RPC 来帮助自己管理。RPC 是远程过程调用协议，协议为远程通信程序管理通信双方所需的基本信息，这样 NFS 服务就可以专注于如何共享数据。至于通信的连接以及连接的基本信息，则全权委托给 RPC 管理。因此，NFS 组件由与 NFS 相关的内核模块、NFS 用户空间工具和 RPC 相关服务组成，主要由如下 2 个 RPM 包提供：

① nfs-utils。包含 NFS 服务器端守护进程和 NFS 客户端相关工具。

② rpcbind。提供 RPC 的端口映射的守护进程及其相关文档、执行文件等。

若系统上还没有安装 NFS 的相关组件，可以使用如下命令安装：

```
# yum install nfs-utils rpcbind
```

使用如下命令启动 NFS 的相关服务，并配置开机启动：

```
# systemctl start rpcbind
# systemctl start nfs
# systemctl enable rpcbind
# systemctl enable nfs-server
```

与 NFS 服务相关的文件有守护进程、systemd 的服务配置单元、服务器端配置文件、客户端配置文件、服务器端工具、客户端工具、NFS 信息文件等。

3.8.3   配置 NFS 服务与 NFS 客户端

1. 配置 NFS 服务

① 共享资源配置文件/etc/exports。

② 配置 NFS 服务。

③ 维护 NFS 服务的共享。

④ 查看共享目录参数。

⑤ NFS 服务与防火墙。

2. NFS 客户端

① 查看 NFS 服务器共享目录。

② NFS 挂载与卸载。

3.9　实战案例——NFS 服务的使用

微课 3.8
实 战 案 例 ——NFS
服务的使用

3.9.1　案例目标

① 了解 NFS 服务的安装。
② 了解 NFS 的配置与使用。

3.9.2　案例分析

1. 规划节点

Linux 操作系统的单节点规划，见表 3-9-1。

表 3-9-1　节 点 规 划

IP	主 机 名	节　　　点
192.168.200.10	nfs-server	NFS 服务节点
192.168.200.20	nfs-client	NFS 客户端节点

2. 基础准备

该实战案例需要使用两台服务器，使用实战案例 3.3 安装的 Linux 系统作为 nfs-server 节点，再安装一台 CentOS 7.2 的虚拟机（1 核/2 GB 内存/20 GB 硬盘），作为 nfs-client 进行下述实验。

3.9.3　案例实施

1. 基础配置

修改两个节点的主机名，第一台机器为 nfs-server；第二台机器为 nfs-client。
修改 nfs-server 节点的主机名，命令如下：

```
[root@ nfs-server ~]# hostnamectl set-hostname nfs-server
[root@ nfs-server ~]# hostnamectl
    Static hostname：nfs-server
    ……………………
```

修改 nfs-client 节点的主机名，命令如下：

```
[root@ nfs-client ~]# hostnamectl set-hostname nfs-client
[root@ nfs-client ~]# hostnamectl
   Static hostname：nfs-client
…………………
```

2. 安装 NFS 服务

nfs-client 节点按照实战案例 3.7 中的方法配置 YUM 源，再为两个节点安装 NFS 服务。
为 nfs-server 节点安装 NFS 服务，命令如下：

```
[root@ nfs-server ~]#yum -y install nfs-utils rpcbind
```

为 nfs-client 节点安装 NFS 服务，命令如下：

```
[root@ nfs-client ~]# yum -y install nfs-utils rpcbind
```

注意：安装 NFS 服务必须要依赖 RPC，所以运行 NFS 就必须要安装 RPC。

3. NFS 服务使用

在 nfs-server 节点创建一个用于共享的目录，命令如下：

```
[root@ nfs-server ~]# mkdir /mnt/test
```

编辑 NFS 服务的配置文件/etc/exports，在配置文件中加入一行代码，命令如下：

```
[root@ nfs-server ~]# vi /etc/exports
/mnt/test
192.168.200.0/24(rw,no_root_squash,no_all_squash,sync,anonuid=501,anongid=501)
```

生效配置，命令如下：

```
[root@ nfs-server ~]# exportfs-r
```

配置文件说明如下。

- /mnt/test：为共享目录（若没有这个目录，请新建一个）。
- 192.168.200.0/24：可以为一个网段，也可以是一个 IP，还可以是域名。域名支持通配符，如 *.qq.com。
- rw：read-write，可读写。
- ro：read-only，只读。
- sync：文件同时写入硬盘和内存。
- async：文件暂存于内存，而不是直接写入内存。
- wdelay：延迟写操作。
- no_root_squash：NFS 客户端连接服务端时，如果使用的是 root，那么对服务端共享的目录来说，也拥有 root 权限。显然，开启这项是不安全的。

- root_squash：NFS 客户端连接服务端时，如果使用的是 root，那么对服务端共享的目录来说，拥有匿名用户权限，通常它将使用 nobody 或 nfsnobody 身份。
- all_squash：不论 NFS 客户端连接服务端时使用什么用户，对服务端共享的目录来说，都拥有匿名用户权限。
- anonuid：匿名用户的 UID（User Identification，用户身份证明）值，可以在此处自行设定。
- anongid：匿名用户的 GID（Group Identification，共享资源系统使用者的群体身份）值。

nfs-server 端启动 NFS 服务，命令如下：

```
[root@ nfs-server ~]# systemctl start rpcbind
[root@ nfs-server ~]# systemctl start nfs
```

nfs-server 端查看可挂载目录，命令如下：

```
[root@ nfs-server ~]# showmount -e 192.168.200.10
Export list for 192.168.200.10：
/mnt/test 192.168.200.0/24
```

可以查看到共享的目录。

转到 nfs-client 端，在客户端挂载前，先要将服务器的 SELinux 服务和防火墙服务关闭，命令如下：

```
[root@ nfs-client ~]# setenforce 0
[root@ nfs-client ~]# systemctl stop firewalld
```

在 nfs-client 节点进行 NFS 共享目录的挂载，命令如下：

```
[root@ nfs-client ~]# mount -t nfs 192.168.200.10：/mnt/test /mnt/
```

无提示信息则表示成功，查看挂载情况，命令如下：

```
[root@ nfs-client ~]# df -h
Filesystem                 Size    Used Avail Use% Mounted on
………………
192.168.200.10：/mnt/test   5.8G    20M  5.5G   1%  /mnt
```

可以看到 nfs-server 节点的/mnt/test 目录已挂载到 nfs-client 节点的/mnt 目录下。

4. 验证 NFS 共享存储

在 nfs-client 节点的/mnt 目录下创建一个 abc.txt 的文件并计算 MD5 值，命令如下：

```
[root@ nfs-client ~]# cd /mnt/
[root@ nfs-client mnt]# ll
total 0
```

```
[root@ nfs-client mnt]# touch abc.txt
[root@ nfs-client mnt]# md5sum abc.txt
d41d8cd98f00b204e9800998ecf8427e  abc.txt
```

回到 nfs-server 节点进行验证，命令如下：

```
[root@ nfs-server ~]# cd /mnt/test/
[root@ nfs-server test]# ll
total 0
-rw-r--r--. 1 root root 0 Oct 30 07:18 abc.txt
[root@ nfs-server test]# md5sum abc.txt
d41d8cd98f00b204e9800998ecf8427e   abc.txt
```

可以发现，在 client 节点创建的文件和 server 节点的文件是一样的。

3.10　CIFS 服务

微课 3.9
CIFS 服务

3.10.1　CIFS 的概念

1996 年，Microsoft 公司提出将服务信息块（SMB）改称为通用互联网文件系统（CIFS）。CIFS 使用的是公共的或者开放的 SMB 协议版本。SMB 是在会话层和表示层以及小部分应用层上的协议，使用了 NetBIOS 的应用程序接口 API。该协议在局域网上用于服务器文件访问和打印的协议。它使用客户/服务器模式，客户程序请求在服务器上的服务器程序为它提供服务，服务器获得请求并返回响应。

CIFS 是实现文件共享服务的一种文件系统，主要用于实现 Windows 系统中的文件共享，在 Linux 系统中用得比较少。一般，Linux 系统中利用 CIFS 实现文件共享时，需要安装 Samba 服务。Samba 是使 Linux 支持 SMB/CIFS 协议的组软件包。Samba 服务在 Linux 和 Windows 两个平台之间架起了一座桥梁，这样就可以在 Linux 系统和 Windows 系统之间互相通信。Samba 目前已经成为各种 Linux 发行版本中的一个基本的软件包。Samba 可以在几乎所有的类 UNIX 平台上运行，当然也包括 Linux。

3.10.2　Samba 的功能

Samba 服务所需软件包包括 Samba、Samba-client、Samba-common。Samba 软件包的组成包括 smbd 和 nmbd 两个守护进程。Samba 提供了用于 SMB/CIFS 的 4 项服务：文件和打印服务、授权与被授权、名字解析、浏览服务，其中前两项服务由 smbd 守护进程提供，后两项服务则由 nmbd 守护进程提供，两个进程的启动脚本是独立的。

① smbd 进程监听 TCP：139（NetBIOS over TCP/IP）和 TCP：445（SMBoverTCP/CIFS）端口。

② nmbd 进程监听 UDP：137（NetBIOS-ns）和 UDP：138（NetBIOS-dgm）端口。

1. 文件和打印机共享

文件和打印机共享是 Samba 服务的主要功能，通过 SMB 进程实现资源共享，将文件和打印机发布到网络之中，以供用户访问。

2. 身份验证和权限设置

smbd 进程支持 user mode 和 domain mode 等身份验证和权限设置模式，通过加密方式可以保护共享的文件和打印机。

3. 名称解析

Samba 通过 nmbd 进程可以搭建 NBNS（NetBIOS Name Service）服务器，提供名称解析，将计算机的 NetBIOS 名解析为 IP 地址。

4. 浏览服务

局域网中 Samba 服务器可以成为本地主浏览服务器（LMB），保存可用资源列表，当使用客户端访问 Windows 网上邻居时，会提供浏览列表，显示共享目录、打印机等资源。

3.10.3　Samba 的工作原理

Samba 服务功能强大，这与其通信基于 SMB 协议有关。SMB 不仅提供目录和打印机共享，还支持认证、权限设置。SMB 经过开发可以直接运用于 TCP/IP 上，且没有额外的 NBT 协议，使用 TCP 的 445 端口。可以将运行 Samba 的 Linux 主机运行在 Windows 工作组网络，并提供文件和打印共享服务，也可以将运行 Samba 的 Linux 主机加入 Windows 活动目录并成为其成员，还可以将运行 Samba 的 Linux 主机作为活动目录域控制器（ADS），这需要配合 Kerberos 服务和 LDAP 服务。

3.11　实战案例——CIFS（Samba）服务的使用

3.11.1　案例目标

微课 3.10
实战案例——CIFS
（Samba）服务的使用

① 了解 CIFS 服务的安装。

② 了解 CIFS 的配置与使用。

3.11.2　案例分析

1. 规划节点

Linux 操作系统的单节点规划，见表 3-11-1。

表 3-11-1　节 点 规 划

IP	主　机　名	节　　点
192.168.200.20	samba	samba 服务节点

2. 基础准备

该实战案例需要使用一台服务器，使用实战案例 3.9 安装的 nfs-client 作为 samba 节点，进行下述实验。

3.11.3　案例实施

1. 安装 Samba 服务

登录 192.168.200.20 虚拟机，首先修改主机名，命令如下：

```
[root@ nfs-client ~]# hostnamectl set-hostname samba
[root@ samba ~]# hostnamectl
    Static hostname：samba
.....................
```

安装 Samba 服务，命令如下：

```
[root@ samba ~]# yum install -y samba
```

2. 配置 Samba 服务

配置 Samba 的配置文件/etc/samba/smb.conf。

① 修改［global］中的内容如下（找到配置文件中的字段并修改，disable spoolss = yes 是新增的）：

```
        load printers = no
        cups options = raw
;       printcap name = /dev/null
```

```
                # obtain a list of printers automatically on UNIX System V systems：
  ;             printcap name = lpstat
  ;             printing = bsd
  disable spoolss = yes
```

② 在配置文件的最后，添加如下内容：

```
[share]
        path = /opt/share
        browseable = yes
        public = yes
        writable = yes
```

其中各参数说明如下。

- /opt/share：这个目录是将要共享的目录，若没有，需要创建。
- browseable：参数是操作权限。
- public：参数是访问权限。
- writable：参数是对文件的操作权限。

创建目录并赋予权限，命令如下：

```
[root@ samba ~]# mkdir /opt/share
[root@ samba ~]# chmod 777 /opt/share/
```

③ 启动 Samba 服务，命令如下：

```
[root@ samba ~]# systemctl start smb
[root@ samba ~]# systemctl start nmb
```

④ 查看端口启动情况，命令如下（netstat 命令若不能用，自行安装 net-tools 软件包）：

```
[root@ samba ~]# netstat -ntpl
Active Internet connections（only servers）
Proto Recv-Q Send-Q Local Address        Foreign Address       State      PID/Program name
tcp    0      0 0. 0. 0. 0：139          0. 0. 0. 0：*         LISTEN     2718/smbd
tcp    0      0 0. 0. 0. 0：22           0. 0. 0. 0：*         LISTEN     1469/sshd
tcp    0      0 127. 0. 0. 1：25         0. 0. 0. 0：*         LISTEN     2168/master
tcp    0      0 0. 0. 0. 0：445          0. 0. 0. 0：*         LISTEN     2718/smbd
tcp6   0      0 :::139               ::: *               LISTEN     2718/smbd
tcp6   0      0 :::22                ::: *               LISTEN     1469/sshd
tcp6   0      0 ::1：25               ::: *               LISTEN     2168/master
tcp6   0      0 :::445               ::: *               LISTEN     2718/smbd
```

⑤ 最后创建 Samba 用户，命令如下

```
[root@ samba ~]# smbpasswd –a root      #这个用户必须是系统存在的用户
New SMB password：
Retype new SMB password：
Added user root.
```

本案例为了方便使用的是 root 用户，输入"smbpasswd –a root"后，再输入密码，设置的密码为 000000。

⑥ 重启 Samba 服务，命令如下

```
[root@ samba ~]#service smb restart
```

3. 使用 Samba 服务

使用 PC，按"win+R"键，并输入 Samba 服务的 IP 地址（在使用 PC 访问 Samba 服务前，确保 Samba 服务器的 SELinux 服务与防火墙服务均处于关闭状态），如图 3-11-1 所示。

图 3-11-1   运行界面

在弹出的界面输入用户名和密码，然后单击右下角的"确定"按钮（用户名为 root，密码为 000000），如图 3-11-2 所示。

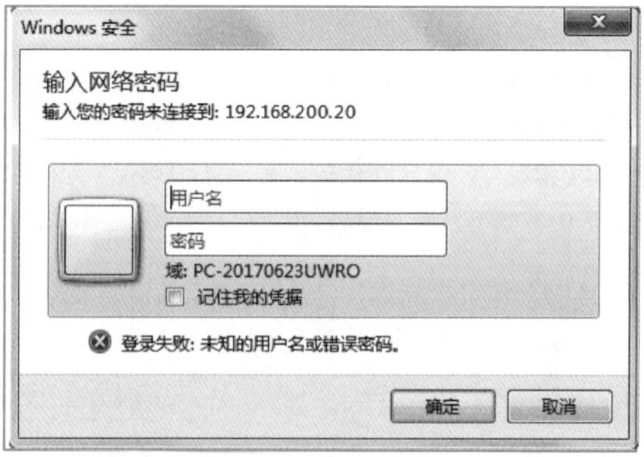

图 3-11-2   登录界面

登录后的界面如图 3-11-3 所示。

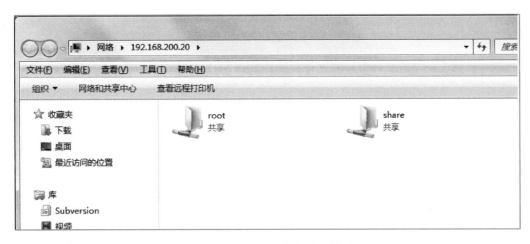

图 3-11-3　Samba 共享目录界面

可以看到一个 root 目录一个 share 目录，Samba 会默认共享用户目录，share 则是通过配置文件共享的目录。使用 Samba 服务，可以简单地理解为共享文件服务器，将需要被共享的文件，放入 share 目录即可，将之前移动到/media 中的 repo 文件，移动到 share 目录，命令如下：

```
[root@ samba ~]# mv /media/ * /opt/share/
```

转到 PC，进入 share 目录，查看被共享的文件，如图 3-11-4 所示。

![share目录被共享的文件]

图 3-11-4　share 目录被共享的文件

至此，关于 Samba 服务的简单共享已完成。关于 Samba 服务的权限控制，读者可以自行研究。

3.12   LNMP+WordPress 搭建个人网站

微课 3.11
LNMP + WordPress
搭建个人网站

3.12.1   LNMP 组成介绍

　　LNMP 代表的是 Linux 系统下 Nginx+MySQL+PHP 组成的动态网站系统解决方案。如图 3-12-1 所示，Linux 是目前最流行的免费操作系统；Nginx 性能稳定、功能丰富、处理静态文件速度快且消耗系统的资源极少；MySQL 是一个性能卓越、服务稳定、成本低、支持多种操作系统，对流行的 PHP 语言无缝支持。这 4 种免费开源软件组合到一起，具有免费、高效、扩展性强，而且资源消耗低等优良特性。在此介绍 Nginx、MySQL、PHP 各自的特点。

图 3-12-1　LNMP 动态网站部署架构 Logo

1. Nginx 网站服务器

　　Nginx 是一个高性能的 HTTP 和反向代理服务器，也是一个 IMAP/POP3/SMTP 代理服务器，主要用于部署动态网站的轻量级服务程序。它最初是为俄罗斯门户站点而开发的，因其稳定、功能丰富、占用内存少且并发能力强而备受用户的信赖。目前国内诸如新浪、网易、腾讯等门户站点均已使用了此服务。

　　Nginx 服务程序的稳定性源自于采用了分阶段的资源分配技术，降低了 CPU 与内存的占用率，所以使用 Nginx 程序部署的动态网站环境不仅十分稳定、高效，而且消耗的系统资源也很少。此外，Nginx 具备的模块数量与 Apache 具备的模块数量几乎相同，而且现在已经完全支持 proxy、rewrite、mod_fcgi、ssl、vhosts 等常用模块。更重要的是，Nginx 还支持热部署技术，可以 7×24 小时不间断提供服务，还可以在不暂停服务的情况下直接对 Nginx 服务程序进行升级。

2. MySQL 数据库

数据库是一个比较模糊的概念，简单的一个数据表格、一份歌曲列表等都可以称为数据库。如果仅仅是一两个类似的数据表，用户完全可以手动管理这些数据，但在如今这个大数据时代，数据量都以太字节（TB）为单位时，数据库一般是多个数据表的集合，具体的数据被存放在数据表中，而且大多数情况下，表与表之间都有内在联系。例如，员工信息表与工资表之间就有内在联系，一般都有对应的员工姓名以及员工编号，而存在这种表与表相互引用的数据库就称为关系数据库。MySQL 是一个专门的关系数据库管理系统，使用最常用的数据库管理语言——结构化查询语言（SQL）进行数据库管理。利用 MySQL 可以创建数据库和数据表、添加数据、修改数据、查询数据等。MySQL 数据库系统的特色是功能强大、速度快、性能优越、稳定性强、使用简单、管理方便。大多数用户认为，在不需要事务化处理的情况下，MySQL 是管理内容最好的选择。

3. PHP 语言

PHP 是一种在服务器端执行的嵌入 HTML 文档中的脚本语言，可以被浏览器直接解释执行。当 PHP 语言升级到 PHP4 之后，它也是一种面向对象的编程语言，具有面向对象的基本特性。PHP 吸取了 C 语言、Java 语言及 Perl 语言的很多优点，具有开源、免费、快捷、跨平台性强、效率高等优良特性，是目前 Web 开发领域最常用的语言之一。

PHP 主流的免费开源框架有 ThinkPHP、ECshop、CodeIgniter、ShopNC 等，提高了其开发的效率。而 PHP5 具有丰富的函数库，能代替传统的自定义函数，实现特殊的功能。数据库 PDO 连接方式能够支持目前所有的主流数据库；数据库事务处理机制支持数据回滚，确保了数据的安全性和完整性。PHP 本身也提供了相当多的通信协议服务，有了这些通信协议的支持就可以开发相关的应用程序。PHP 除了可以输出 HTML 以外，还可以输出 PDF、XHTML 和 XML 等。Smart 模板的应用，确保了 PHP 中 MVC 三层架构的实现，降低了系统的耦合度，同时便于开发与维护。在将控制、数据、视图独立的同时，将美工的"前端"与 PHP 程序员的"编码"分离开来，提升了开发的速度。

3.12.2 LNMP 的工作原理

LNMP 的工作原理如图 3-12-2 所示。

① 浏览器发送 http request 请求到服务器（Nginx），服务器响应并处理 Web 请求，将一些静态资源（CSS、图片、视频等）保存在服务器上。

② 将 PHP 脚本通过接口传输协议（网关协议）PHP-FCGI（FastCGI）传输给 PHP-FPM（进程管理程序），PHP-FPM 不做处理。然后 PHP-FPM 调用 PHP 解析器进程，PHP 解析器解析 PHP 脚本信息。PHP 解析器进程可以启动多个，进行并发执行。

③ 将解析后的脚本返回到 PHP-FPM，PHP-FPM 再通过 FastCGI 的形式将脚本信息

传送给 Nginx。

④ 服务器再通过 http response 的形式传送给浏览器，浏览器再进行解析与渲染，最后进行呈现。

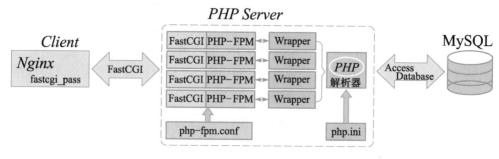

图 3-12-2　LNMP 工作原理图

3.12.3　LNMP 的安装方式

LNMP 安装方式有以下 4 种，具体见表 3-12-1。

表 3-12-1　节 点 规 划

安 装 方 式	特 点 说 明
YUM/RPM	简单，速度快，环境部署简单，新手入门快
源码	需要一定的 Linux 基础，安装时间长，安装路径设置多，但能够按需定制安装
源代码结合 YUM/RPM	把源代码软件制作成符合要求的 RPM，放到 YUM 仓库中，然后通过 YUM 方式安装。这样结合上面两种方法去安装，既可以定制软件，也可以快速完成安装
一键安装集成包	安装时间适中，新手入门快，简单，可以定制安装软件，不需要自己安装，只需要选择即可。但需要网络连接下载相关的依赖包和软件包

3.12.4　WordPress 介绍

WordPress 是一款使用 PHP 语言开发的博客平台，用户可以在支持 PHP 和 MySQL 数据库的服务器上架设属于自己的网站；也可以把 WordPress 当作一个内容管理系统（CMS）来使用。它是免费的开源软件，是一个注重美学、易用性和网络标准的个人信息发布平台。使用 WordPress 可以搭建功能强大的网络信息发布平台，但更多的是应用于个性化的博客。它既方便统一管理，共享软硬件资源，又可以有效降低网站建设成本。针对博客的应用，WordPress 能够省略后台复杂的代码，集中精力做好网站的内容。WordPress

拥有许多第三方开发的免费模板，安装方式简单易用；拥有成千上万个各式插件和不计其数的主题模板样式以供使用。

3.13 实战案例——构建 LNMP+WordPress

微课 3.12
实 战 案 例——构 建
LNMP+WordPress

3.13.1 案例目标

① 了解 LNMP 环境的组成。
② 了解 LNMP 环境的部署与安装。
③ 了解 WordPress 应用的部署与使用。

3.13.2 案例分析

1. 规划节点

Linux 操作系统的单节点规划，见表 3-13-1。

表 3-13-1 节 点 规 划

IP	主 机 名	节 点
192.168.200.20	lnmp	lnmp 服务节点

2. 基础准备

该实战案例需要使用一台服务器，使用实战案例 3.11 使用过的 Samba 节点作为本实验的 LNMP 节点，进行下述实验。

3.13.3 案例实施

1. 安装 LNMP 环境

登录 192.168.200.20 虚拟机，首先修改主机名，命令如下：

```
[root@ samba~]# hostnamectl set-hostname lnmp
[root@ lnmp lnmp1.6-full]# hostnamectl
    Static hostname：lnmp
    ....................
```

将提供的 lnmp1. 6 - full. tar. gz 软件包，上传到虚拟机的/root 目录下并解压，命令如下：

```
[root@ lnmp ~]# tar -zxvf lnmp1. 6-full. tar. gz
```

解压完毕后，进入 lnmp1. 6-full 目录，执行安装脚本（在执行脚本前需配置 DNS），命令如下：

```
[root@ lnmp ~]# cd lnmp1. 6-full
[root@ lnmp lnmp1. 6-full]# ./install. sh
```

根据提示，选择默认的软件安装版本，设置数据库密码，安装成功后按 Ctrl+C 键退出。根据虚拟机配置的不同，安装时间会有差异，在执行脚本完毕后，会有安装成功的提示，如图 3-13-1 所示。

关于安装 LNMP 环境，已使用脚本进行一键部署，感兴趣的读者可以查看脚本，分析安装步骤，这里不再赘述。

```
Clean Web Server src directory...
+-------------------------------------------------------------+
|       LNMP V1.6 for CentOS Linux Server, Written by Licess  |
+-------------------------------------------------------------+
|       For more information please visit https://lnmp.org    |
+-------------------------------------------------------------+
|   lnmp status manage: lnmp {start|stop|reload|restart|kill|status} |
+-------------------------------------------------------------+
| phpMyAdmin: http://IP/phpmyadmin/                           |
| phpinfo: http://IP/phpinfo.php                              |
| Prober:  http://IP/p.php                                    |
+-------------------------------------------------------------+
| Add VirtualHost: lnmp vhost add                             |
+-------------------------------------------------------------+
| Default directory: /home/wwwroot/default                    |
+-------------------------------------------------------------+
| MySQL/MariaDB root password: 000000          |              |
+-------------------------------------------------------------+
+-----------------------------------------------+
|    Manager for LNMP, Written by Licess         |
+-----------------------------------------------+
|             https://lnmp.org                   |
+-----------------------------------------------+
nginx (pid 87977) is running...
php-fpm is runing!
 SUCCESS! MySQL running (88521)
State     Recv-Q Send-Q Local Address:Port          Peer Address:Port
LISTEN    0      50          *:3306                  *:*
LISTEN    0      50          *:139                   *:*
LISTEN    0      128         *:80                    *:*
LISTEN    0      128         *:22                    *:*
LISTEN    0      50          *:445                   *:*
LISTEN    0      50          :::139                  :::*
LISTEN    0      128         :::22                   :::*
LISTEN    0      50          :::445                  :::*
Install lnmp takes 25 minutes.
Install lnmp V1.6 completed! enjoy it.
```

图 3-13-1 安装成功

使用浏览器，输入虚拟机的 IP 地址为 192. 168. 200. 20，查看界面，如图 3-13-2 所示。

2. 部署 WordPress 应用

在部署 WordPress 之前，还需要做几个基础的配置。首先需要登录数据库，创建

WordPress 数据库并赋予远程权限，命令如下：

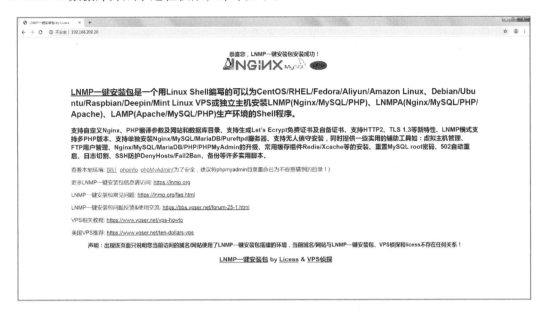

图 3-13-2　安装完毕首页

```
[root@ lnmp~]# mysql -uroot -p000000
Welcome to the MySQL monitor.    Commands end with ; or \g.
Your MySQL connection id is 1
Server version：5. 5. 62-log Source distribution
Copyright（c）2000，2018，Oracle and/or its affiliates. All rights reserved.
Oracle is a registered trademark of Oracle Corporation and/or its
affiliates. Other names may be trademarks of their respectiveowners.
Type 'help;' or '\h' for help. Type '\c' to clear the current input statement.
mysql> create database wordpress；
Query OK，1 row affected（0. 01 sec）
mysql> grant all privileges on ＊. ＊ to root@ localhost identified by '000000' with grant option；
Query OK，0 rows affected（0. 00 sec）
mysql> grant all privileges on ＊. ＊ to root@ "%" identified by '000000' with grant option；
Query OK，0 rows affected（0. 00 sec）
mysql> Ctrl-C -- exit！
Aborted
```

将提供的 wordpress-4.7.3-zh_CN. zip 压缩包上传至虚拟机的/root 目录并解压，命令如下：

```
[root@ lnmp ~]# unzip wordpress-4. 7. 3-zh_CN. zip
```

进入/home/wwwroot/default 目录，将 index. html 删除，命令如下（该目录为 Nginx 的项目目录，删除原本存在的默认页面）：

```
[root@ lnmp default]# rm -rf index. html
```

回到/root/wordpress 目录，将该目录下的所有文件，复制到/home/wwwroot/default 目录下，并赋予 777 的权限，命令如下：

```
[root@ lnmp wordpress]# cp -rvf * /home/wwwroot/default
[root@ lnmp wordpress]# cd /home/wwwroot/default/
[root@ lnmp default]# chmod 777 *
```

在/home/wwwroot/default/目录下，可以看见一个 wp-config-sample. php 配置文件，该文件是 WordPress 应用提供的一个模板配置文件。将该模板复制一份并改名为 wp-config. php，然后编辑该文件，命令如下：

```
[root@ lnmp default]# cp wp-config-sample. php wp-config. php
[root@ lnmp default]# vi wp-config. php
// ** MySQL 设置 - 具体信息来自您正在使用的主机 ** //
/ ** WordPress 数据库的名称 */
define('DB_NAME', 'wordpress');
/ ** MySQL 数据库用户名 */
define('DB_USER', 'root');
/ ** MySQL 数据库密码 */
define('DB_PASSWORD', '000000');
/ ** MySQL 主机 */
define('DB_HOST', '127. 0. 0. 1');
/ ** 创建数据表时默认的文字编码 */
define('DB_CHARSET', 'utf8');
/ ** 数据库整理类型。如不确定请勿更改 */
define('DB_COLLATE', '');
```

修改完毕后，保存并退出。在浏览器中输入地址"192. 168. 200. 20"，刷新页面，进入 WordPress 安装界面，填写必要信息，然后单击左下角的"安装 WordPress"按钮，如图 3-13-3 所示。

安装完毕后，刷新页面，单击左下角的"登录"按钮，如图 3-13-4 所示。

使用安装时填写的账户和密码信息，单击"登录"按钮登录 WordPress，如图 3-13-5 所示。

登录后，进入 WordPress 应用的后台仪表盘界面，如图 3-13-6 所示。

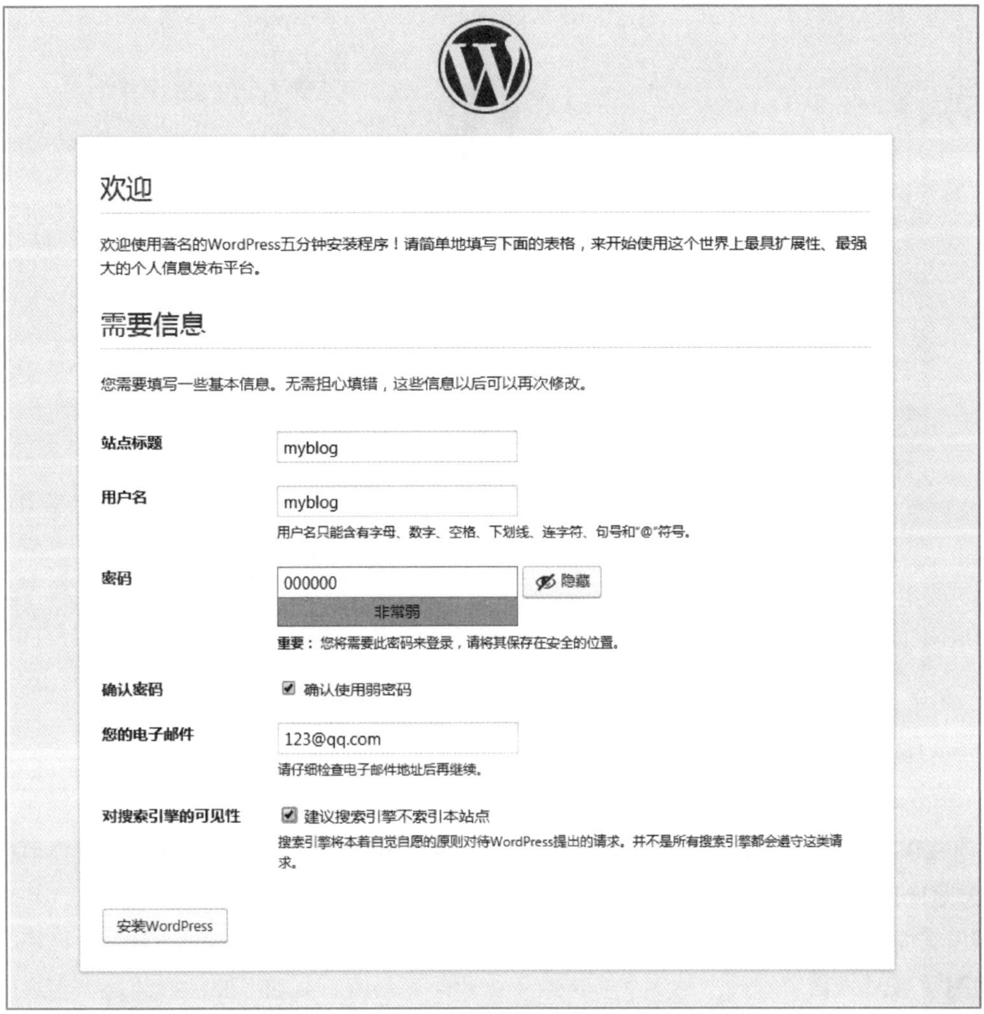

图 3-13-3 WordPress 安装界面

图 3-13-4 安装完毕

图 3-13-5　登录界面

图 3-13-6　WordPress 后台界面

　　单击"myblog"图标,进入博客首页,可以在这里发表文章、记录事件等,如图 3-13-7 所示。

图 3-13-7　WordPress 首页

3.14　本章习题

1. 欲把当前目录下的 file1.txt 复制为 file2.txt，正确的命令是（　　）。

   A. copy file1.txt file2.txt　　　　B. cat file1.txt >file2.txt

   C. cat file2.txt file1.txt　　　　　D. cp file1.txt | file2.txt

2. 下列文件中，包含了主机名到 IP 地址的映射关系的文件是（　　）。

   A. /etc/hostname　　　　　　B. /etc/hosts

   C. /etc/resolv.conf　　　　　　D. /etc/networks

3. 为了达到使文件的所有者有读（r）和写（w）的许可，而其他用户只能进行只读访问，在设置文件的许可值时，应当设为（　　）。

   A. 566　　　　　B. 644　　　　　C. 655　　　　　D. 744

4. 将/home/stud1/wang 目录做归档压缩，压缩后生成 wang.tar.gz 文件，并将此文件保存到/home 目录下，实现此任务的 tar 命令格式为（　　）。

   A. tar-zcvf /home/wang.tar.gz /home/stud1/wang

   B. gzip-zcvf /home/wang.tar.gz /home/stud1/wang

   C. tar-zxvf /home/wang.tar.gz /home/stud1/wang

   D. gzip-zxvf /home/wang.tar.gz /home/stud1/wang

5. 删除一个非空子目录 /tmp 的命令是（　　）。

   A. del /tmp/*　　　　　　　B. rm-rf /tmp

   C. rm-Ra /tmp/*　　　　　　D. rm-rf /tmp/*

6. 下面不属于 Linux 操作系统特点的是（　　）。

   A. 良好的可移植性 B. 单用户　　　　C. 多用户　　　　D. 设备独立性

7. 下列命令中，能够用来显示文本的内容的是（　　）。

   A. more　　　　　　B. less　　　　　C. find　　　　　D. cat

8. 下列中是 Linux 系统进程类型的是（　　）。

   A. 交互进程　　　　　　　　B. 批处理进程

   C. 守护进程　　　　　　　　D. 就绪进程（进程状态）

9. 下列提法中，属于 ifconfig 命令作用范围的是（　　）。

   A. 配置本地回环地址　　　　B. 配置网卡的 IP 地址

   C. 激活网络适配器　　　　　D. 加载网卡到内核中

10. 下列中是 Linux 内核的测试版本的有（　　）。

   A. 2.3.24　　　　B. 2.6.17　　　　C. 1.1.18　　　　D. 2.3.20

第4章 应用系统分布式构建运维

4.1 引言

　　随着互联网的飞速发展，人类社会的数据量迅速激增。据统计，目前一年产生的数据相当于人类进入现代化以前所有历史的总和。而且互联网业务的发展通常具有爆发性，业务量很可能在短短的一个月内突然爆发式地增长几千倍，对应的数据量会快速地从原来的几百吉字节飞速上涨到几百太字节。如果在这数据爆发的关键时刻，系统不稳定或无法访问，那么对于业务而言将会是毁灭性的打击。

　　以电商网站为例，在网站创建之初，日均访问量可能只有几百到几千人。整个业务后台可能就只有一个数据库，所有业务表都存放在这个数据库中，因此一台普通的服务器就能满足整个网站的业务需求。此外，这种架构对业务开发人员也非常友好，因为所有的表都存放在一个库中，这样查询语句就可以灵活关联，使用起来很便捷。但是随着业务的不断发展，每天访问网站的人越来越多，数据库的压力也越来越大。通过分析发现，所有的访问流量中，80%都是读流量，只有20%左右是写流量。

　　面对一些复杂的巨无霸，可以将应用进行水平拆分，把公共业务包装成服务，同时把各个相关业务封装成子系统并提供对应接口。这样做可以达到降低代码耦合和公共业务复用的目的。由于子系统和子系统之间已经进行了解构，所以一些业务可以通过添加硬件设备进行水平扩容来应对高并发。每个子系统的修改基本不会影响到其他子系统的稳定性，测试时也无须把整个系统都全部测试一遍，这样便提高了系统更新迭代的效率。本章内容主要介绍基于分布式应用系统技术，帮助读者掌握分布式应用系统的构建与运维，能让读者通过学习了解分布式系统以及分布式数据库系统，掌握数据库的基础运维，能够使用数据库实现应用系统的分布式部署。分布式应用系统的学习路线如图4-1-1所示。

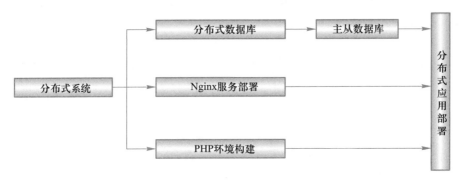

图 4-1-1   应用系统分布式构建运维学习路线图

4.2   分布式系统

4.2.1   分布式系统的基本概念

分布式系统（distributed system）是建立在网络之上的软件系统。正是因为具有软件的特性，所以分布式系统有高度的内聚性和透明性。因此，网络和分布式系统之间的区别更多地体现于高层软件（特别是操作系统），而不是硬件。

4.2.2   分布式系统的特征

分布式系统是多个处理机通过通信线路互连来构成松散耦合的系统。对系统中某台处理机而言，所有处理机和相应资源都是远程的，只有本机资源才是本地的。至今，对分布式系统的定义尚未形成统一的见解。一般认为，分布式系统应具有以下 4 个特征。

1. 分布性

分布式系统由多台计算机组成，它们在地域上是分散的，可以散布在一个单位、一个城市、一个国家，甚至全球范围内。整个系统的功能是分散在各个节点上实现的，因而分布式系统具有数据处理的分布性。

2. 自治性

分布式系统中的各个节点都包含自身的处理机和内存，各自具有独立的处理数据功能。这些节点无主次之分，既能自治地进行工作，又能利用共享的通信线路来传送信息，协调任务处理。

3. 并行性

一个大的任务可以划分为若干子任务，分别在不同的主机上执行。

4. 全局性

分布式系统中必须存在一个单一的、全局的进程通信机制，使得任何一个进程都能与其他进程通信，而不用区分本地通信与远程通信。此外，分布式系统还具备全局保护机制，系统中所有机器上都有统一的系统调用集合来适应分布式的环境。同时，所有的 CPU 上都运行同样的内核，使协调工作更加容易。

4.2.3　分布式系统的优点

1. 资源共享

若干不同的节点通过通信网络彼此互连，一个节点上的用户可以使用其他节点上的资源。分布式系统可以允许设备共享，使众多用户共享昂贵的外部设备（如彩色打印机）；可以实现数据共享，使众多用户访问共用的数据库；可以共享远程文件，使用远程特有的硬件设备（如高速阵列处理器），以及执行其他操作。

2. 加快计算速度

如果一个特定的计算任务可以划分为若干并行处理的子任务，则可把这些子任务分散到不同的节点上，使它们同时在这些节点上运行，从而加快计算速度。另外，分布式系统具有计算迁移功能，如果某个节点上的负载太重，则可把其中一些作业迁移到其他节点去执行，从而减轻该节点的负载。这种作业迁移称为负载平衡。

3. 可靠性高

分布式系统具有高可靠性。如果其中某个节点失效，其余的节点可以继续运行，整个系统不会因为一个或少数几个节点的故障而全体崩溃。因此，分布式系统有很好的容错性能。

系统必须能够检测节点的故障，采取适当的手段，使它从故障中恢复过来。系统确定故障所在的节点后，就不再利用它来提供服务，直至该节点恢复正常工作。失效节点的工作任务可由其他节点完成，系统必须保证功能转移的正确实施。当失效节点被恢复或者修复时，系统必须保证把该节点平滑地集成到系统中。

4. 通信方便、快捷

分布式系统中各个节点通过一个通信网络互连在一起。通信网络由通信线路、调制解调器和通信处理器等组成，不同节点的用户可以方便地交换信息。在底层，系统之间利用传递消息的方式进行通信，这类似于单 CPU 系统中的消息机制。单 CPU 系统中所有高层的消息传递功能都可以在分布式系统中实现，如文件传递、登录、邮件、Web 浏览和远程过程调用（Remote Procedure Call，RPC）。

分布式系统实现了节点之间的远距离通信，为人与人之间的信息交流提供了很大方便。不同地区的用户可以共同完成一个项目，通过传送项目文件，远程登录进入对方系统来运行程序（如发送电子邮件等），协调彼此的工作。

4.2.4　分布式系统的类别

1. 分布式计算

分布式计算是近年来大数据处理数据流入的关键，即将一项庞大的任务（如总计 1 000 亿条记录）分割成许多较小任务的技术，当计算任务扩大时，只须添加更多计算节点即可。

这个领域的早期创新者是谷歌公司。当时谷歌面对海量数据处理，急需为分布式计算创造一种新的范式——MapReduce（分布式计算系统），并在开源社区基于该理念创建了 Apache Hadoop（套用在通用硬件构建的大型集群上运行应用程序的框架）。

2. 分布式文件系统

分布式文件系统可以被认为是分布式数据存储，它们与其他概念一样，即在一组机器中存储和访问大量数据，所有这些数据都显示为一个整体。它们通常与分布式计算并驾齐驱。例如，雅虎因为在超过 42000 个节点上运行 HDFS 并存储 600 PB 数据而出名。

3. 分布式消息

消息传递系统为整个系统内的消息/事件的存储和传播提供了一个中心位置，允许将应用程序逻辑直接从其他系统中分离出来。已知规模如 LinkedIn（全球职场社交平台）的 Kafka 集群每天处理 1 万亿条消息，每秒处理 450 万条消息。

4. 分布式数据库系统

分布式数据库系统通常使用较小的计算机系统，每台计算机可单独存放在一个地方。每台计算机中都保留 DBMS（数据库管理系统）的一份完整副本，或者部分副本，并具有局部的数据库。许多位于不同地点的计算机通过网络互相连接，共同组成一个完整的、全局的逻辑上集中、物理上分布的大型数据库。

4.3 分布式数据库系统

4.3.1 分布式数据库系统的基本概念

分布式数据库系统（DDBS）包含分布式数据库管理系统（DDBMS）和分布式数据库（DDB）。在分布式数据库系统中，一个应用程序可以对数据库进行透明操作，数据库中的数据分别在不同的局部数据库中存储，由不同的 DBMS 进行管理，在不同的机器上运行，由不同的操作系统支持，被不同的通信网络连接在一起。

4.3.2 分布式数据库系统的工作机制

一个 DDB 在逻辑上是一个统一的整体，在物理上则是分别存储在不同的物理节点上。一个应用程序通过网络的连接，可以访问分布在不同地理位置的数据库中。它的分布性表现在数据库中的数据不是存储在同一场地，更确切地讲，就是不存储在同一计算机的存储设备上，这与集中式数据库是有区别的。从用户的角度来看，一个分布式数据库系统在逻辑上和集中式数据库系统一样，用户可以在任何一个场地执行全局应用，就好像那些数据是存储在同一台计算机上。这和单个 DBMS 管理一样，用户并没有感觉不一样。

DDBS 是在集中式数据库系统的基础上发展起来的，是计算机技术和网络技术结合的产物。DDBS 适合于单位分散的部门，允许各个部门将其常用的数据存储在本地，实施就地存放本地使用，从而提高响应速度，降低通信费用。DDBS 与集中式数据库系统相比具有可扩展性，通过增加适当的数据冗余，提高系统的可靠性。在集中式数据库中，尽量减少冗余度是系统的目标之一，因为冗余数据浪费存储空间，而且容易造成各副本之间的不一致性。为了保证数据的一致性，系统要付出一定的维护代价，可以通过数据共享来实现降低冗余度的目标。而在分布式数据库中却希望增加冗余数据，在不同的场地存储同一数据的多个副本，其原因如下：

① 提高系统的可靠性、可用性。当某一场地出现故障时，系统可以对另一场地上的相同副本进行操作，不会因一处故障而造成整个系统的瘫痪。

② 提高系统性能。系统可以根据距离选择离用户最近的数据副本进行操作，以减少通信代价，改善整个系统的性能。

4.3.3 分布式数据库系统的特点

1. 独立透明性

数据独立性是数据库追求的主要目标之一。分布透明性指用户不必关心数据的逻辑分区,不必关心数据物理位置分布的细节,也不必关心重复副本(冗余数据)的一致性问题,同时不必关心局部场地上数据库支持哪种数据模型。分布透明性的优点很明显,有了分布透明性,用户的应用程序书写起来就如同数据没有分布一样。当数据从一个场地移到另一个场地时不必改写应用程序;当增加某些数据的重复副本时,也不必改写应用程序。数据分布的信息由系统存储在数据字典中,用户对非本地数据的访问请求由系统根据数据字典予以解释、转换和传送。

2. 集中节点结合

数据库是用户共享的资源。在集中式数据库中,为了保证数据库的安全性和完整性,对共享数据库的控制是集中的,并设有 DBA (数据库管理员) 负责监督和维护系统的正常运行。在分布式数据库中,数据的共享有两个层次:一是局部共享,即在局部数据库中存储局部场地上各用户的共享数据,这些数据是本场地用户常用的;二是全局共享,即在 DDB 的各个场地也存储可供网络中其他场地用户共享的数据,并支持系统中的全局应用。因此,相应的控制结构也具有集中和自治这两个层次。DDBS 常采用集中和自治相结合的控制结构,各局部的 DBMS 可以独立地管理局部数据库,具有自治的功能。同时,系统又设有集中控制机制,协调各局部 DBMS 的工作,执行全局应用。当然,不同的系统集中和自治的程度不尽相同。有些系统高度自治,连全局应用事务的协调也由局部 DBMS 和局部 DBA 共同承担而不要集中控制,不设全局 DBA。有些系统则集中控制程度较高,场地自治功能较弱,能实现全局数据库的一致性和可恢复性。DDB 中各局部数据库应满足集中式数据库的一致性、可串行性和可恢复性,除此以外,还应保证数据库的全局一致性、并行操作的可串行性和系统的全局可恢复性,这是因为全局应用要涉及两个以上节点的数据。因此在 DDBS 中,一个业务可能由不同场地上的多个操作组成。例如,银行转账业务需要涉及两个节点上的更新操作。这样,当其中某一个节点出现故障操作失败后,如何使全局业务撤回呢? 如何使另一个节点撤销已执行的操作(若操作已完成或完成一部分)或者不必再执行业务的其他操作(若操作尚没执行)? 这些技术要比集中式数据库复杂和困难得多,而分布式数据库系统就能解决这些问题。

3. 复制透明性

用户不用关心数据库在网络中各个节点的复制情况,而被复制的数据更新都由系统自动完成。在 DDBS 中,可以把一个场地的数据复制到其他场地存放,应用程序可以使用复制到本地的数据,在本地完成分布式操作,避免通过网络传输数据,提高了系统的运行和查询效率。但是,对于复制数据的更新操作,就要涉及对所有复制数据的更新。

4. 易于扩展性

在大多数网络环境中,单个数据库服务器无法满足业务增长的需求。如果服务器软件支持透明的水平扩展,那么就可以增加多个服务器来进一步分布数据和分散处理任务。

5. 适应性

使用数据库的单位各部门在组织机构上常常是分散的（如分为部门、科室、车间等），在地理上也是非集中式的。DDBS 的结构符合部门分布的组织结构，允许各个部门对常用的数据存储在本地，实现本地录入、查询和维护并能实行局部控制。由于计算机资源靠近用户，因而可以降低通信代价，提高响应速度，实现数据库使用的方便和经济。

6. 可靠性和可用性

改善系统的可靠性和可用性是 DDB 的主要目标，可将数据分布于多个场地，并增加适当的冗余度，以此提高系统的可靠性。对于一些可靠性要求较高的系统而言，这一点显得尤其重要。假设一个场地出了故障并不会引起整个系统崩溃，故障场地的用户可以通过其他场地进入系统，而其他场地的用户可以由系统自动选择存取路径，避开故障场地，利用其他数据副本执行操作，不影响业务的正常运行。

7. 充分性

所谓充分性是指提高现有集中式数据库的利用率。当在一个大企业或大部门中已建成了若干数据库之后，为了利用相互的资源和开发全局应用，就要研制分布式数据库系统。这种情况可称为自底向上地建立分布式系统。这种方法虽然也要对各现存的局部数据库系统做某些改动和重构，但是比起把这些数据库集中起来重建一个集中式数据库，无论从经济上还是从组织上考虑，DDB 都是较好的选择。

8. 扩展性

当一个单位规模扩大要增加新的部门（如银行系统增加新的分行或工厂增加新的科室、车间）时，DDBS 的结构为扩展系统的处理能力提供了较好的途径——可以在 DDBS 中增加一个新的节点，这样做比在集中式系统中扩大系统规模要方便、灵活、经济得多。

在集中式系统中为了扩大规模，常用的方法有两种：一种是在开始设计时留有较大的余地。此方法容易造成浪费，而且由于预测困难，设计结果仍可能不适应情况的变化；另一种方法是系统升级，这会影响现有应用的正常运行，并且当升级涉及不兼容的硬件或系统软件有了重大修改而要相应地修改已开发的应用软件时，升级的代价就十分昂贵，常常致使升级的方法不可行。DDBS 能方便地把一个新的节点纳入系统，不影响现有系统的结构和系统的正常运行，提供了逐渐扩展系统能力的较好途径。

4.4　主从数据库

微课 4.3
主从数据库

4.4.1　主从数据库的基本概念

主从数据库把数据库架构分为主数据库和从数据库。从数据库是主数据库的备份，这是提高信息安全的手段。主从数据库服务器不在一个地理位置上，当发生意外时数据库可以保存。

以 MySQL 为例，MySQL 主从复制是指数据可以从一个 MySQL 数据库服务器主节点复制到一个或多个从节点。MySQL 默认采用异步复制方式，这样从节点不用一直访问主服务器来更新自己的数据，数据的更新可以在远程连接上进行，从节点可以复制主数据库中的所有数据库、特定的数据库或者特定的表。

MySQL 主从复制涉及 3 个线程，一个运行在主节点（Log Dump Thread），其余两个（I/O Thread、SQL Thread）运行在从节点，如图 4-4-1 所示。

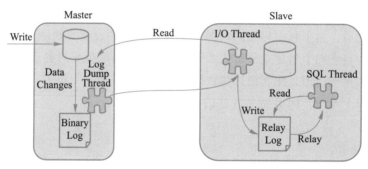

图 4-4-1　主从数据库架构图

从库生成两个线程：一个 I/O 线程；另一个 SQL 线程。I/O 线程去请求主库的 Binary Log（简称 binlog），并将得到的 binlog 日志写到 Relay Log（中继日志）文件中。主库会生成一个 Log Dump 线程，用来给从库 I/O 线程传 binlog。SQL 线程会读取 relay log 文件中的日志，并解析成具体操作，来实现主从的操作一致，最终达到数据一致。

4.4.2　主从数据库的优点

① 方便做数据的热备份。作为后备数据库，主数据库服务器故障后，可切换到从数据库服务器继续工作，避免数据丢失。

② 架构的扩展更容易。业务量越来越大，I/O 访问频率过高，单机无法满足，此时做多库的存储，降低磁盘 I/O 访问的频率，提高单个机器的 I/O 性能。

③ 读写分离，使数据库能支撑更大的并发。这一点在报表中尤其重要。由于部分报表 SQL 语句非常的慢，导致锁表，影响前台服务，如果前台使用主库，报表使用从库，那么报表 SQL 将不会造成前台锁，保证了前台速度。

4.4.3　常见的主从形式

1. 一主一从

一主一从形式是最常见的主从架构，实施起来简单并且有效，不仅可以实现 HA，而且还能读写分离，进而提升集群的并发能力。

2. 一从多主

一从多主形式可提高系统的读性能。

3. 多主一从

多主一从形式可以将多个 MySQL 数据库备份到一台存储性能比较好的服务器上。

4. 双主复制

双主复制形式，也就是互做主从复制，每个 Master 既是 Master，又是另外一台服务器的 Slave。这样任何一方所做的变更，都会通过复制应用到另外一方的数据库中。

5. 级联复制

级联复制模式下，部分 Slave 的数据同步不连接主节点，而是连接从节点。因为如果主节点有太多的从节点，就会损耗一部分性能用于复制，那么可以让 3~5 个从节点连接主节点，其他从节点作为二级或者三级与从节点连接，这样不仅可以缓解主节点的压力，并且对数据一致性没有负面影响。

4.5　实战案例——部署主从数据库

微课 4.4
实战案例——部署
主从数据库

4.5.1　案例目标

① 了解数据库服务的安装。
② 了解主从数据库集群的配置架构。

4.5.2　案例分析

1. 规划节点

Linux 操作系统的单节点规划，见表 4-5-1。

表 4-5-1　节点规划

IP	主机名	节点
192.168.200.30	mysql1	主数据库节点
192.168.200.40	mysql2	从数据库节点

2. 基础准备

使用本地 PC 环境的 VMWare Workstation 软件进行实操练习，镜像使用提供的 CentOS-7-x86_64-DVD-1511.iso。虚拟机配置为 1 核/2 GB 内存/20 GB 硬盘。

4.5.3　案例实施

1. 基础环境安装

（1）修改主机名

使用远程连接工具 CRT 连接到 192.168.200.30、192.168.200.40 这两台虚拟机，并对这两台虚拟机进行修改主机名的操作。192.168.200.30 主机名修改为 mysql1，192.168.200.40 主机名修改为 mysql2。

mysql1 节点命令如下：

```
[root@ localhost ~]# hostnamectl set-hostname mysql1
[root@ localhost ~]# logout
[root@ mysql1 ~]# hostnamectl
    Static hostname：mysql1
..........................
```

mysql2 节点命令如下：

```
[root@ localhost ~]# hostnamectl set-hostname mysql2
[root@ localhost ~]# logout
[root@ mysql2 ~]# hostnamectl
    Static hostname：mysql2
..........................
```

（2）关闭防火墙及 SELinux 服务

两个节点关闭防火墙 firewalld 及 SELinux 服务，命令如下：

```
# setenforce 0
# systemctl stop firewalld
```

（3）配置 hosts 文件

两个节点配置/etc/hosts 文件，修改如下：

```
127.0.0.1    localhost localhost.localdomain localhost4 localhost4.localdomain4
::1          localhost localhost.localdomain localhost6 localhost6.localdomain6
192.168.200.30   mysql1
192.168.200.40   mysql2
```

（4）配置 YUM 源并安装数据库服务

使用项目 3 中的方法，挂载 CentOS-7-x86_64-DVD-1511.iso 镜像并自行配置 YUM 源，配置完毕后，两个节点安装数据库服务，命令如下：

```
# yum install -y mariadb mariadb-server
```

两个节点启动数据库服务并设置开机自启，命令如下：

```
#systemctl start mariadb
#systemctl enable mariadb
Created symlink from /etc/systemd/system/multi-user.target.wants/mariadb.service to /usr/lib/systemd/system/mariadb.service.
```

2. 初始化数据库并配置主从服务

（1）初始化数据库

两个节点初始化数据库，配置数据库 root 密码为 000000，命令如下：

```
[root@mysql1 ~]# mysql_secure_installation
..............
Enter current password for root (enter for none):        #默认按回车键
OK, successfully used password, moving on...
Setting the root password ensures that nobody can log into the MariaDB
root user without the proper authorisation.
Set root password? [Y/n] y
New password:                                            #输入数据库 root 密码 000000
Re-enter new password:                                   #再次输入密码 000000
Password updated successfully!
Reloading privilege tables.
 ... Success!
```

By default, a MariaDB installation has an anonymous user, allowing anyone
to log into MariaDB without having to have a user account created for
them.   This is intended only for testing, and to make the installation
go a bit smoother.   You should remove them before moving into a
production environment.

Remove anonymous users? [Y/n] y
  ... Success!

Normally, root should only be allowed to connect from 'localhost'.   This
ensures that someone cannot guess at the root password from the network.

Disallow root login remotely? [Y/n] n
  ... skipping.

By default, MariaDB comes with a database named 'test' that anyone can
access.   This is also intended only for testing, and should be removed
before moving into a production environment.

Remove test database and access to it? [Y/n] y
  - Dropping test database...
  ... Success!
  - Removing privileges on test database...
  ... Success!

Reloading the privilege tables will ensure that all changes made so far
will take effect immediately.

Reload privilege tables now? [Y/n] y
  ... Success!

Cleaning up...

All done!   If you've completed all of the above steps, your MariaDB
installation should now be secure.

Thanks for using MariaDB!

（2）配置 mysql1 主节点

修改 mysql1 节点的数据库配置文件，为配置文件/etc/my.cnf 中的 [mysqld] 增添如
下内容：

```
[root@ mysql1 ~]# cat /etc/my.cnf
[mysqld]
log_bin = mysql-bin               #记录操作日志
binlog_ignore_db = mysql          #不同步 mysql 系统数据库
server_id =30                     #数据库集群中的每个节点 id 都要不同
#一般使用 IP 地址的最后段的数字,例如 192.168.200.30,server_id 就写 30
```

重启数据库服务，并进入数据库，命令如下：

```
［root@ mysql1 ~］# systemctl restart mariadb
［root@ mysql1 ~］# mysql -uroot -p000000
Welcome to the MariaDB monitor.    Commands end with ; or \g.
Your MariaDB connection id is 2
Server version：5.5.44-MariaDB-log MariaDB Server
Copyright（c）2000, 2015, Oracle, MariaDB Corporation Ab and others.
Type 'help;' or '\h' for help. Type '\c' to clear the current input statement.
MariaDB［（none）］>
```

在 mysql1 节点中授权在任何客户端机器上可以以 root 用户登录到数据库，然后在主节点上创建一个 user 用户连接节点 mysql2，并赋予从节点同步主节点数据库的权限，命令如下：

```
MariaDB［（none）］> grant all privileges  on *.* to root@ '%' identified by "000000"；
Query OK, 0 rows affected（0.00 sec）
MariaDB［（none）］> grant replication slave on *.* to 'user'@ 'mysql2' identified by '000000';
Query OK, 0 rows affected（0.00 sec）
```

（3）配置 mysql2 从节点

修改 mysql2 节点的数据库配置文件，为配置文件/etc/my.cnf 中的［mysqld］增添如下内容：

```
［root@ mysql2 ~］# cat /etc/my.cnf
［mysqld］
log_bin = mysql-bin                    #记录操作日志
binlog_ignore_db = mysql               #不同步 mysql 系统数据库
server_id =40                          #数据库集群中的每个节点 id 都要不同
#一般使用 IP 地址的最后段的数字,例如 192.168.200.40,server_id 就写 40
```

在从节点 mysql2 上登录 MariaDB 数据库，配置从节点连接主节点的连接信息。master_host 为主节点主机名 mysql1，master_user 为上一步中创建的用户 user，命令如下：

```
［root@ mysql2 ~］# systemctl restart mariadb
［root@ mysql2 ~］# mysql -uroot -p000000
………………………
MariaDB［（none）］> change master to
master_host='mysql1',master_user='user',master_password='000000';
Query OK, 0 rows affected（0.01 sec）
```

配置完毕主从数据库之间的连接信息之后，开启从节点服务。使用 show slave status\G 命令，并查看从节点服务状态，如果 Slave_IO_Running 和 Slave_SQL_Running 的状态都为 YES，则从节点服务开启成功，命令如下：

```
MariaDB [ (none) ]> start slave；
MariaDB [ (none) ]> show slave status\G
*************************** 1. row ***************************
.......................
          Relay_Master_Log_File: mysql-bin. 000003
              Slave_IO_Running: Yes
             Slave_SQL_Running: Yes
...
1 row in set (0. 00 sec)
```

可以看到 Slave_IO_Running 和 Slave_SQL_Running 的状态都是 Yes，配置数据库主从集群成功。

3. 验证数据库主从服务

(1) 主节点创建数据库

先在主节点 mysql1 中创建库 test，并在库 test 中创建表 company，插入表数据，创建完成后，查看表 company 数据，命令如下：

```
[ root@ mysql1 ~ ]# mysql -uroot -p000000
Welcome to the MariaDB monitor.    Commands end with ; or \g.
Your MariaDB connection id is 4
Server version: 5. 5. 44-MariaDB-log MariaDB Server
Copyright (c) 2000, 2015, Oracle, MariaDB Corporation Ab and others.
Type 'help;' or '\h' for help. Type '\c' to clear the current input statement.
MariaDB [ (none) ]> create database test；
Query OK, 1 row affected (0. 00 sec)
MariaDB [ (none) ]> use test；
Database changed
MariaDB [ test ]> create table company ( id int not null primary key, name varchar (50), addr varchar
(255));
Query OK, 0 rows affected (0. 01 sec)
MariaDB [ test ]> insert into company values(1," alibaba "," china" );
Query OK, 1 row affected (0. 01 sec)
MariaDB [ test ]> select * from company;
+----+---------+-------+
| id | name    | addr  |
+----+---------+-------+
|  1 | alibaba | china |
+----+---------+-------+
1 row in set (0. 00 sec)
```

（2）从节点验证复制功能

登录 mysql2 节点的数据库，查看数据库列表。找到 test 数据库，查询表，并查询内容
验证从数据库的复制功能，命令如下：

```
[root@ mysql2 ~]# mysql -uroot -p000000
Welcome to the MariaDB monitor.   Commands end with ; or \g.
Your MariaDB connection id is 5
Server version: 5.5.44-MariaDB-log MariaDB Server
Copyright (c) 2000, 2015, Oracle, MariaDB Corporation Ab and others.
Type 'help;' or '\h' for help. Type '\c' to clear the current input statement.
MariaDB [(none)]> show databases;
+--------------------+
| Database           |
+--------------------+
| information_schema |
| mysql              |
| performance_schema |
| test               |
+--------------------+
4 rows in set (0.00 sec)
MariaDB [(none)]> use test;
Reading table information for completion of table and column names
You can turn off this feature to get a quicker startup with -A
Database changed
MariaDB [test]> show tables;
+----------------+
| Tables_in_test |
+----------------+
| company        |
+----------------+
1 row in set (0.00 sec)
MariaDB [test]> select * from company;
+----+---------+-------+
| id | name    | addr  |
+----+---------+-------+
|  1 | alibaba | china |
+----+---------+-------+
1 row in set (0.00 sec)
```

可以查看到主数据库中刚刚创建的库、表、信息，验证从数据库的复制功能成功。

4.6 Nginx 服务

微课 4.5
Nginx 服务

4.6.1 Nginx 的基本概念

Nginx（engine x）是一个高性能的 HTTP 和反向代理 Web 服务器，同时也提供了 IMAP、POP3、SMTP 服务。Nginx 是由伊戈尔·赛索耶夫为俄罗斯访问量第二的 Rambler.ru 站点（俄文为 Рамблер）开发的，第一个公开版本 0.1.0 发布于 2004 年 10 月 4 日。

Nginx 将源代码以类 BSD（数据库管理员）许可证的形式发布，因其稳定性、丰富的功能集、示例配置文件和低系统资源的消耗而闻名。2011 年 6 月 1 日，Nginx 1.0.4 发布。事实上，Nginx 的并发能力在同类型的网页服务器中表现较好，我国使用 Nginx 网站的用户有百度、京东、新浪、网易、腾讯、淘宝等。

4.6.2 Nginx 的主要用途

Nginx 可以在大多数 UNIX/Linux OS 上编译运行，并有 Windows 移植版。Nginx 的 1.4.0 稳定版已经于 2013 年 4 月 24 日发布。一般情况下，对于新建站点，建议使用最新稳定版作为生产版本，已有站点的升级急迫性不高。

在连接高并发的情况下，Nginx 是 Apache 服务不错的替代品。Nginx 在美国是做虚拟主机生产商经常选择的软件平台之一，它能支持高达 50 000 个并发连接数的响应，并为用户选择了 epoll and kqueue 作为开发模型。

1. 服务器

Nginx 作为负载均衡服务，既可以在内部直接支持 Rails 和 PHP 程序对外进行服务，也可以支持作为 HTTP 代理服务器对外进行服务。Nginx 采用 C 语言编写，不论是系统资源开销还是 CPU 使用效率，都比 Perlbal 要好很多。

① 处理静态文件、索引文件以及自动索引；打开文件描述符缓冲。

② 无缓存的反向代理加速，简单的负载均衡和容错。

③ FastCGI，简单的负载均衡和容错。

④ 模块化的结构，包括 gzipping、byte ranges、chunked responses 以及 SSI-filter 等 filter。如果由 FastCG 或其他代理服务器处理单页中存在的多个 SSI，则这项处理可以并行运行，而不需要相互等待。

⑤ 支持 SSL 和 TLSSNI。

2. 代码

Nginx 代码完全用 C 语言从头写成，已经移植到许多体系结构和操作系统，包括 Linux、FreeBSD、Solaris、Mac OS X、AIX 以及 Microsoft Windows。Nginx 有自己的函数库，并且除了 zlib、PCRE 和 OpenSSL 之外，标准模块只使用系统 C 库函数。如果不需要或者考虑到潜在的授权冲突，可以不使用这些第三方库。

3. 代理服务器

Nginx 也是一个非常优秀的邮件代理服务器（最早开发这个产品的目的之一也是作为邮件代理服务器）。代理服务器是介于客户端和 Web 服务器之间的另一台服务器，有了它之后，浏览器不是直接到 Web 服务器去取回网页，而是通过向代理服务器发送请求，信号会先送到代理服务器，由代理服务器来取回浏览器所需要的信息并传送给用户浏览器。

Nginx 是一个安装非常简单、配置文件非常简洁（还能够支持 Perl 语法）、bug 非常少的服务器。Nginx 启动特别容易，并且几乎可以做到 7×24 小时不间断运行，即使运行数个月也不需要重新启动。此外，用户还能够在不间断服务的情况下进行软件版本的升级。

4.6.3　Nginx 的特点

1. 跨平台

Nginx 可以在大多数 Linux 上编译运行，而且也有 Windows 的移植版本。

2. 配置简单

Nginx 非常容易上手，配置风格跟程序开发一样简单。

3. 非阻塞、高并发连接

数据复制时，磁盘 I/O 的第一阶段是非阻塞的。官方测试能够支撑 5 万并发连接，在实际生产环境中跑到 2 万~3 万并发连接数（这得益于 Nginx 使用了最新的 epoll 模型）。

4. 事件驱动

通信机制采用 epoll 模型，支持更大的并发连接。

4.6.4　Nginx 的发展趋势

Nginx 已经在俄罗斯最大的门户网站——Rambler Media（www.rambler.ru）上运行了 3 年时间，同时俄罗斯超过 20% 的虚拟主机平台采用 Nginx 作为反向代理服务器。

根据 Netcraft 的统计，到目前为止，世界上最繁忙的网站中有 11.48%在使用 Nginx 作为其服务器或者代理服务器；而根据 Alexa 的统计数据，有超过 14 亿的 Web 网站现在正在使用该服务器，在排名前 1000 的网站中有 38.8%正在使用它，这一比例远远超过了 Microsoft 和 Apache 服务器。

4.6.5 Nginx 服务架构

Nginx 服务器使用 Master/Worker 多进程模式。主进程（Master Process）启动后，会接收和处理外部信号；主进程启动后，通过函数 fork（）产生一个或多个子进程（Work Process），每个子进程会进行进程初始化、模块调用以及对事件的接收和处理等工作，如图 4-6-1 所示。

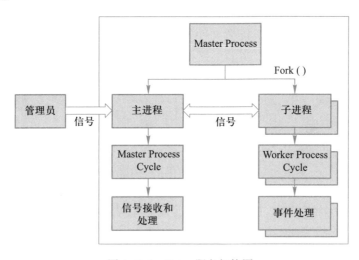

图 4-6-1 Nginx 服务架构图

1. 主进程

主进程的主要功能是和外界通信和对内部的其他进程进行管理，具体来说有以下几点：
① 读取 Nginx 配置文件并验证其有效性和正确性。
② 建立、绑定和关闭 Socket。
③ 按照配置生成、管理工作进程。
④ 接收外界指令，如重启、关闭、重载服务等指令。
⑤ 日志文件管理。

2. 子进程

子进程由主进程生成，生成数量可以在配置文件中定义。该进程的主要工作有：

① 接收客户端请求。

② 将请求依次送入各个功能模块进行过滤处理。

③ I/O 调用，获取响应数据。

④ 与后端服务器通信，接收后端服务器处理结果。

⑤ 数据缓存、访问缓存索引、查询和调用缓存数据。

⑥ 发送请求结果，响应客户端请求。

⑦ 接收主进程指令，如重启、重载、退出等。

4.7　实战案例——部署 Nginx 服务

微课 4.6
实战案例——部署
Nginx 服务

4.7.1　案例目标

① 了解 Nginx 服务的架构与使用。

② 了解 Nginx 服务的编译安装与配置。

4.7.2　案例分析

1. 规划节点

Linux 操作系统的单节点规划，见表 4-7-1。

表 4-7-1　节 点 规 划

IP	主 机 名	节　　点
192.168.200.50	nginx	Nginx 节点

2. 基础准备

使用本地 PC 环境的 VMWare Workstation 软件进行实操练习，镜像使用提供的 CentOS-7-x86_64-DVD-1511.iso。虚拟机配置为 1 核/2 GB 内存/20 GB 硬盘。

4.7.3　案例实施

（1）修改主机名

使用远程连接工具 CRT 连接到 192.168.200.50 虚拟机，并进行修改主机名的操作，将 192.168.200.50 主机名修改为 nginx，命令如下：

```
[root@ localhost ~]# hostnamectl set-hostname nginx
[root@ localhost ~]# logout
[root@ nginx ~]# hostnamectl
    Static hostname：nginx
………………
```

（2）关闭防火墙及 SELinux 服务

关闭防火墙 firewalld 及 SELinux 服务，命令如下：

```
# setenforce 0
# systemctl stop firewalld
```

（3）安装配置基础服务

使用 CentOS-7-x86_64-DVD-1511.iso 文件自行配置本地 YUM 源，编译安装基础环境，命令如下：

```
[root@ nginx ~]#yum install gcc gcc-c++ openssl-devel zlib-devel zlib pcre-devel-y
```

创建指定用户，这个 nginx 用户要和 PHP 服务器上创建的 nginx 两者 id 一致，这里先创建用户，命令如下：

```
[root@ nginx ~]# groupadd -g 1001 nginx
[root@ nginx ~]#useradd -u 900 nginx -g nginx -s /sbin/nologin
[root@ nginx ~]# tail -1 /etc/passwd
nginx：x：900：1001：：/home/nginx：/sbin/nologin
```

（4）安装配置 Nginx 服务

使用远程传输工具，将提供的 nginx-1.12.2.tar.gz 压缩包上传至 nginx 节点的/usr/local/src/目录下，并解压到当前目录，命令如下：

```
[root@ nginx src]# tar -zxvf nginx-1.12.2.tar.gz
```

进入 nginx-1.12.2 目录，编译并安装，命令如下：

```
[root@ nginx src]# cd nginx-1.12.2/
[root@ nginx-1.12.2]#./configure --prefix=/usr/local/nginx --with-http_dav_module \
--with-http_stub_status_module --with-http_addition_module \
--with-http_sub_module --with-http_flv_module --with-http_mp4_module \
--with-http_ssl_module --with-http_gzip_static_module --user=nginx --group=nginx
```

如果没有报错提示，请进行下一步安装，命令如下：

```
[root@ nginx-1.12.2]#make && make install
```

编译安装完毕后，创建软连接并启动测试（netstat 命令无法使用时，请自行使用 YUM

源安装 net-tools 工具），命令如下：

```
［root@ nginx nginx-1.12.2］# ln -s /usr/local/nginx/sbin/nginx /usr/local/sbin/
［root@ nginx nginx-1.12.2］# nginx -t
nginx：the configuration file /usr/local/nginx/conf/nginx.conf syntax is ok
nginx：configuration file /usr/local/nginx/conf/nginx.conf test is successful
［root@ nginx nginx-1.12.2］# nginx
［root@ nginx nginx-1.12.2］# netstat -ntpl
Active Internet connections（only servers）
Proto Recv-Q Send-Q Local Address     Foreign Address     State        PID/Program name
tcp       0      0 0.0.0.0:80         0.0.0.0:*           LISTEN       5726/nginx：master
………………
```

如果发现 80 端口启动，则表示 Nginx 服务启动成功。可以在浏览器中访问地址
192.168.200.50 来查看是否出现 Nginx 的欢迎页面。

4.8 PHP 语言

微课 4.7
PHP 语言

4.8.1 PHP 语言的基本概念

据统计，从 2003 年开始，我国的网页规模基本保持了每年翻一番的增长速度，并且
呈上升趋势。PHP 语言作为当今最热门的网站程序开发语言，它具有成本低、速度快、可
移植性好、内置丰富的函数库等优点，因此被越来越多的企业应用于网站开发中。

PHP 原始为 Personal Home Page 的缩写，现已经正式更名为 PHP：Hypertext Preprocessor，即"超文本预处理器"，是一种通用开源脚本语言。PHP 语言是在服务器端执行的脚
本语言，与 C 语言类似，是常用的网站编程语言。PHP 语言独特的语法混合了 C、Java、
Perl 以及 PHP 自创的语法，利于学习，使用广泛，主要适用于 Web 开发领域。

根据动态网站要求，PHP 语言作为一种语言程序，其专用性逐渐在应用过程中显现，
其技术水平的优劣与否将直接影响网站的运行效率。其特点是具有公开的源代码，在程序
设计上与通用型语言，如 C 语言相似性较高，因此在操作过程中简单易懂，可操作性强。
同时，PHP 语言具有较高的数据传送处理水平和输出水平，可以广泛应用在 Windows 系统
及各类 Web 服务器中。如果数据量较大，PHP 语言还可以拓宽链接面，与各种数据库相
连，缓解数据存储、检索及维护压力。随着技术的发展，PHP 语言搜索引擎还可以量
体裁衣，实行个性化服务，如根据客户的喜好进行分类收集储存，极大提高了数据运行
效率。

4.8.2　PHP 语言的优点

1. 流行，容易上手

PHP 是目前最流行的编程语言，它驱动全球超过 2 亿多个网站，被超过 81.7% 的公共网站在服务器端所采用。PHP 语言将常用的数据结构都内置了，使用起来方便简单，也一点都不复杂，表达能力相当灵活。

2. 开发职位很多

在服务器端的网站编程中，PHP 语言会更容易帮助用户找到工作。很多互联网相关企业都在使用 PHP 语言开发框架，所以说市场对 PHP 语言开发程序员的需求还是比较大的。

3. 持续发展

PHP 语言在不断兼容着类似 closures 和命名空间等技术，同时兼顾性能和当下流行的框架。在 7.0 之后的版本，一直提供更高性能的应用。

4. 可植入性强

PHP 语言在补丁漏洞升级过程中，核心部分植入简单易行，且速度快。

5. 拓展性强

PHP 语言在数据库应用过程中，可以从数据库调取各类数据，执行效率高。

4.8.3　PHP 语言的应用前景

与其他常用语言相比，PHP 语言优势明显，并凭借较好的可移植性、可靠性以及较高的运行效率等优势在当下行业网站建设中独占鳌头。利用 PHP 语言进行行业网站设计，能够实现数据库的实时性更新、网站的日常维护和管理简单易行，进而提高用户的使用效率。PHP 语言因其本身的优点再加上开源的优势，在 Web 开发方面有着极大的优势，已经衍生出众多开源系统，如建站方面的 DedeCMS、ThinkCMF 和 WordPress 等。

如今，网络技术正以突飞猛进的速度发展，而企业也要与时俱进，只有高度重视并充分利用网络技术，才能在实际运行过程中，让网络成为企业发展的助力。PHP 语言作为网站开发的通用语言，简单易行，可移植性好，应用空间广泛，在行业网站建设方面，具有良好的应用前景。

4.9　实战案例——安装 PHP 环境

微课 4.8
实战案例——安装
PHP 环境

4.9.1　案例目标

① 了解 PHP 环境的使用场景。
② 了解 PHP 环境的编译安装与配置。

4.9.2　案例分析

1. 规划节点

Linux 操作系统的单节点规划，见表 4-9-1。

表 4-9-1　节点规划

IP	主 机 名	节 点
192.168.200.60	php	PHP 环境节点

2. 基础准备

使用本地 PC 环境的 VMWare Workstation 软件进行实操练习，镜像使用提供的 CentOS-7-x86_64-DVD-1511.iso。虚拟机配置为 1 核/2 GB 内存/20 GB 硬盘。

4.9.3　案例实施

（1）修改主机名
使用远程连接工具 CRT 连接到 192.168.200.60 虚拟机，并进行修改主机名的操作，将 192.168.200.60 主机名修改为 php，命令如下：

```
[root@ localhost ~]# hostnamectl set-hostname php
[root@ localhost ~]# logout
[root@ php ~]# hostnamectl
    Static hostname：php
……………
```

（2）关闭防火墙及 SELinux 服务
关闭防火墙 firewalld 及 SELinux 服务，命令如下：

```
# setenforce 0
# systemctl stop firewalld
```

（3）安装配置基础服务

使用 CentOS-7-x86_64-DVD-1511. iso 文件自行配置本地 YUM 源，编译安装基础环境，命令如下：

```
[root@ php ~ ]#yum -y install gcc gcc-c++ libxml2-devel libcurl-devel openssl-devel bzip2-devel
```

使用远程传输工具，将提供的 libmcrypt-2.5.8. tar. gz 压缩包上传至 php 节点的/usr/local/src 目录下。解压该压缩包，进入解压后目录，编译安装该服务，命令如下：

```
[root@ php src]# tar-zxvf libmcrypt-2.5.8. tar. gz
[root@ php src]# cd libmcrypt-2.5.8/
[root@ php libmcrypt-2.5.8]# ./configure --prefix=/usr/local/libmcrypt && make && make install
```

（4）安装 PHP 环境

使用远程传输工具，将提供的 php-5.6.27. tar. gz 压缩包上传至 php 节点的/usr/local/src 目录下。解压该压缩包，进入解压后的目录，编译安装 PHP 服务，命令如下：

```
[root@ php src]# tar-zxvf php-5.6.27. tar. gz
[root@ php src]# cd php-5.6.27/
[root@ php php-5.6.27]#./configure --prefix=/usr/local/php5.6 --with-mysql=mysqlnd \
--with-pdo-mysql=mysqlnd --with-mysqli=mysqlnd --with-openssl --enable-fpm \
--enable-sockets --enable-sysvshm --enable-mbstring --with-freetype-dir --with-jpeg-dir \
--with-png-dir --with-zlib --with-libxml-dir=/usr --enable-xml --with-mhash \
--with-mcrypt=/usr/local/libmcrypt --with-config-file-path=/etc \
--with-config-file-scan-dir=/etc/php. d --with-bz2 --enable-maintainer-zts
```

如果没有报错提示，则进行下一步安装，命令如下：

```
[root@ php php-5.6.27]#make && make install
```

在等待 10 分钟左右的时间，编译安装完毕。

（5）创建用户 ID

创建用户 ID，注意这个 nginx 的 id 号要和 nginx 主机（192.168.200.50）上的保持一致。命令如下：

```
[root@ php php-5.6.27]# groupadd -g 1001 nginx
[root@ php php-5.6.27]# useradd -u 900 nginx -g nginx -s /sbin/nologin
[root@ php php-5.6.27]# tail -1 /etc/passwd
nginx:x:900:1001::/home/nginx:/sbin/nologin
```

（6）配置 PHP 环境

PHP 压缩包中提供了 PHP 环境需要用到的模板文件，需要对文件进行改名后才能使用。复制文件并改名，命令如下：

```
[root@ php php-5.6.27]# cp php.ini-production /etc/php.ini
[root@ php php-5.6.27]# cp sapi/fpm/init.d.php-fpm /etc/init.d/php-fpm
```

赋予文件执行权限，命令如下：

```
[root@ php php-5.6.27]# chmod +x /etc/init.d/php-fpm
```

添加 PHP 服务到启动列表，并设置开机启动，命令如下：

```
[root@ php php-5.6.27]# chkconfig --add php-fpm
[root@ php php-5.6.27]# chkconfig php-fpm on
```

修改 PHP 的主配置文件 php-fpm.conf，命令如下：

```
[root@ php php-5.6.27]# cp /usr/local/php5.6/etc/php-fpm.conf.default /usr/local/php5.6/etc/php-fpm.conf
[root@ php php-5.6.27]# vi /usr/local/php5.6/etc/php-fpm.conf
[root@ php ~]# grep -n '^[a-Z] /usr/local/php5.6/etc/php-fpm.conf
25:pid = run/php-fpm.pid
149:user = nginx
150:group = nginx
164:listen = 192.168.200.60:9000
224:pm = dynamic
235:pm.max_children = 50
240:pm.start_servers = 5
245:pm.min_spare_servers = 5
250:pm.max_spare_servers = 35
```

找到配置文件中的相应参数并修改，修改成上述配置。

（7）启动 PHP 服务

在完成上述配置并保存退出之后，就可以启动 PHP 服务，并检查是否启动成功（netstat 命令无法使用时，请自行使用 YUM 源安装 net-tools 工具），命令如下：

```
[root@ localhost php-5.6.27]# service php-fpm start
Starting php-fpm   done
[root@ php ~]# netstat -ntpl
Active Internet connections (only servers)
Proto Recv-Q Send-Q Local Address     Foreign Address  State    PID/Program name
tcp  0   0 192.168.200.60:9000        0.0.0.0:*        LISTEN   123948/php-fpm: mas
.........................
```

如果发现 9000 端口已启动，则说明 PHP 环境安装完毕。

4.10　实战案例——分布式部署 LNMP+WordPress

4.10.1　案例目标

微课 4.9
实战案例——分布
式部署 LNMP+Word-
Press

① 了解分布式部署 WordPress 的架构。
② 了解分布式部署 WordPress 应用的配置与操作。

4.10.2　案例分析

1. 规划节点

Linux 操作系统的单节点规划，见表 4-10-1。

表 4-10-1　节 点 规 划

IP	主 机 名	节　　点
192.168.200.30	mysql1	数据库主节点
192.168.200.40	mysql2	数据库从节点
192.168.200.50	nginx	Nginx 服务节点
192.168.200.60	php	PHP 环境节点

2. 基础准备

使用实战案例 4.5、4.7 和 4.9 创建的虚拟机完成本次案例。在上述实战案例中，已经分别完成了主从数据库的安装配置、Nginx 服务的安装、PHP 环境的安装。本实战案例将进行分布式 LNMP 环境的调试及 WordPress 应用的部署。

4.10.3　案例实施

分布式 LNMP 环境的调试
（1）配置 Nginx 服务支持 PHP 环境
使用远程连接工具 CRT 连接到 192.168.200.50 虚拟机（nginx 节点），并进行修改配置文件的操作，命令如下：

```
[root@ nginx ~]# vi /usr/local/nginx/conf/nginx.conf
```

```
…省略…
location / {

        root        /www;                         #更改网页目录
        index    index. php index. html index. htm;      #添加 index. php

    }
…省略…
location ~ \. php${                               #去掉 location{}前的注释符
        root                /www;                 #更改目录为/www
        fastcgi_pass     192. 168. 200. 60:9000;   #注意:在这里添加 PHP 主机 IP 地址
        fastcgi_index    index. php;
        fastcgi_param    SCRIPT_FILENAME    /scripts$fastcgi_script_name;
        include            fastcgi_params;

    }
…省略…
```

修改完毕后，保存并退出。

接着在/usr/local/nginx/conf/fastcgi_params 添加配置，命令如下：

```
[ root@ nginx ~ ]# vi /usr/local/nginx/conf/fastcgi_params
………………
fastcgi_param    SCRIPT_NAME            $fastcgi_script_name;
fastcgi_param    SCRIPT_FILENAME        $document_root$fastcgi_script_name;   #添加这行代码
fastcgi_param    REQUEST_URI            $request_uri;
………………
```

（2）创建目录

在 nginx 和 php 节点创建/www 目录，并修改用户和用户组。

nginx 节点命令如下：

```
[ root@ nginx ~ ]# mkdir /www
[ root@ nginx ~ ]# chown nginx:nginx /www/
```

php 节点命令如下：

```
[ root@ php ~ ]# mkdir /www
[ root@ php ~ ]# chown nginx:nginx /www/
```

（3）部署 WordPress

使用远程传输工具，将提供的 wordpress-4. 7. 3-zh_CN. zip 压缩包上传至 nginx 节点和 php 节点的/root 目录下并解压。将解压后的文件复制到/www 目录（unzip 命令不能使用时，请自行使用 YUM 源安装 unzip 工具）。

nginx 节点命令如下：

```
［root@ nginx ~ ]#unzip wordpress-4. 7. 3-zh_CN. zip
［root@ nginx ~ ]# mv wordpress/ * /www/
```

php 节点命令如下：

```
［root@ php ~ ]# unzip wordpress-4. 7. 3-zh_CN. zip
［root@ php ~ ]# mv wordpress/ * /www/
```

在 nginx 节点中修改 WordPress 应用的配置文件。WordPress 应用提供了 wp-config-sample. php 模板文件，将模板文件复制为 wp-config. php 并修改，命令如下：

```
［root@ nginx ~ ]#cp /www/wp-config-sample. php /www/wp-config. php
［root@ nginx ~ ]# vi /www/wp-config. php
…省略…
// ** MySQL 设置 - 具体信息来自您正在使用的主机 ** //
/ ** WordPress 数据库的名称 */
define('DB_NAME', 'wordpress');
/ ** MySQL 数据库用户名 */
define('DB_USER', 'root');
/ ** MySQL 数据库密码 */
define('DB_PASSWORD', '000000');
/ ** MySQL 主机 */
define('DB_HOST', '192. 168. 200. 30');
/ **创建数据表时默认的文字编码 */
define('DB_CHARSET', 'utf8');
/ **数据库整理类型。如不确定请勿更改 */
define('DB_COLLATE', '');
…省略…
```

按照上述文件修改配置文件，保存并退出后，将该配置文件复制至 php 节点的/www 目录下，命令如下：

```
［root@ nginx ~ ]# scp /www/wp-config. phproot@ 192. 168. 200. 60:/www/
```

（4）创建 WordPress 数据库

在 mysql1 节点登录数据库，使用命令创建 WordPress 数据库，命令如下：

```
［root@ mysql1 ~ ]# mysql -uroot -p000000
Welcome to the MariaDB monitor.    Commands end with ; or \g.
Your MariaDB connection id is 5
Server version：5. 5. 44-MariaDB-log MariaDB Server
Copyright (c) 2000, 2015, Oracle, MariaDB Corporation Ab and others.
Type 'help;' or '\h' for help. Type '\c' to clear the current input statement.
```

```
MariaDB [（none）]> create database wordpress；
Query OK，1 row affected（0.00 sec）
MariaDB [（none）]> Ctrl-C -- exit！
Aborted
```

（5）验证 WordPress 应用

在 nginx 节点重启 Nginx 服务，命令如下：

```
[root@ nginx ~]# nginx -s reload
```

在浏览器中输入地址 192.168.200.50 进行访问，会出现著名的 WordPress 五分钟安装
程序，填写必要的信息，然后单击左下角的"安装 WordPress"按钮，进行 WordPress 应
用的安装，如图 4-10-1 所示。

图 4-10-1 WordPress 安装界面

稍等片刻，安装完毕后，进入 WordPress 后台界面，如图 4-10-2 所示。

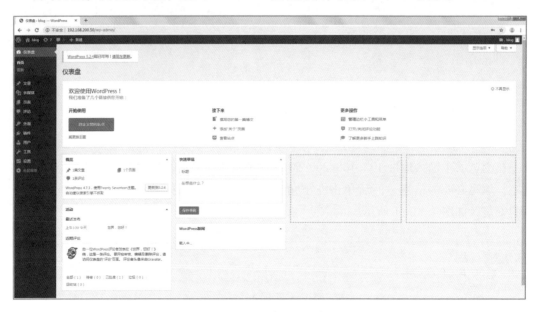

图 4-10-2   WordPress 后台界面

单击图 4-10-2 页面左上角的 "myblog" 图标，进入 WordPress 首页，如图 4-10-3 所示。

图 4-10-3   WordPress 首页

至此，分布式部署 LNMP+WordPress 应用已完成。

4.11　本章习题

1. 关于分布式数据库，下列描述中正确的是（　　　）。

   A. 客户机是分布在不同场地的

   B. 多个数据库服务器间的数据交互是通过客户端程序实现

   C. 数据的物理存储分布在不同的服务器上，而用户只关心访问的逻辑结构

   D. 每个服务器上必须运行相同的 DBMS

2. 下列不属于 Nginx 特性的是（　　　）。

   A. 反向代理　　　　　　　　B. 嵌入式 Perl 解释器

   C. 动态二进制升级　　　　　D. 不可用于重新编写 URL

3. 下列关于 Nginx 服务器最佳用途的描述中，正确的是（　　　）。

   A. 数据库管理　　　　　　　B. 网络存储

   C. 网络上部署动态 HTTP 内容　D. 高性能运算

4. 下列逻辑或运算符号正确的是（　　　）。

   A. or　　　　　B. &&　　　　　C. !　　　　　D. ‖

5. 分布式计算的 3 种形式是（　　　）。（多选题）

   A. 处理分布　　　　　　　　B. 数据分布

   C. 功能分布　　　　　　　　D. 性能分布

6. C/S 结构的基本原则是什么？

7. Nginx 使用什么模式来处理 HTTP 请求？

8. 在 PHP 中使用什么函数来读取整个文件？

9. Nginx 是一个 Web 服务器和方向代理服务器，用于 HTTP、HTTPS、SMTP、POP3 和 IMAP。（　　　）

10. PHP 只能使用 MySQL 数据库。（　　　）

第5章 私有云技术

5.1 引言

计算机技术经历了从大型主机、个人计算机、客户/服务器计算模式到今天的互联网计算模式的演变，尤其是互联网 Web 2.0 技术的应用，使计算能力需求更多地依赖于通过互联网连接的远程服务器资源。作为资源的提供者，需要具备超高的计算性能、海量的数据存储能力、网络通信能力、可扩展与可伸缩能力，在多种应用需求的推动下催生了虚拟化技术和云计算技术。现如今，云计算被视为计算机网络领域的又一次革命，因为它的出现，社会的工作方式和商业模式也在发生巨大的改变。

当今，云计算技术已经成为信息技术应用服务平台、云存储技术、大数据分析、互联网+技术等基础平台，在信息技术的发展过程中起着平台支撑作用。云计算是继互联网、计算机后在信息时代又一种新的革新。云计算是信息时代的一个大飞跃，未来的时代就是云计算的时代。虽然目前有关云计算的定义有多种，但概括来说，云计算的基本含义是一致的，即云计算具有很强的扩展性，可以为用户提供一种全新的体验。云计算的核心是可将很多的计算机资源协调在一起，因此，用户通过网络就可以获取到无限的资源，同时获取的资源不受时间和空间的限制。云计算不是一种全新的网络技术，而是一种全新的网络应用概念，其核心概念就是以互联网为中心，在网站上提供快速且安全的云计算服务与数据存储，让每一个使用互联网的人都可以使用网络上的庞大计算资源与数据中心。

企业部署云计算服务的模式有公有云、私有云、混合云三大类。公有云是云计算服务提供商为公众提供服务的云计算平台，理论上任何人都可以通过授权接入该平台。公有云可以充分发挥云计算系统的规模经济效益，但同时也增加了安全风险。私有云是云计算服务提供商为企业在其内部建设的专有云计算系统，私有云系统存在于企业防火墙之内，只为企业内部服务。与公有云相比，私有云的安全性更好，但成本也更高。混合云则是同时提供公有和私有服务的云计算系统，它是介于公有云和私有云之间的一种折中方案。本章

PPT 私有云技术

PPT

主要介绍基于 OpenStack 的私有云技术，帮助读者掌握企业私有云平台搭建及应用部署。读者通过学习可了解 OpenStack 的系统架构，掌握核心组件的基础运维，能够实现企业高可用私有云平台的快速部署，构建分布式存储系统并学会部署企业的应用系统。私有云技术学习路线如图 5-1-1 所示。

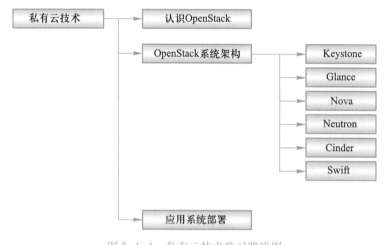

素质目标
第 5 章

图 5-1-1　私有云技术学习路线图

5.2　私有云概述

微课 5.1
私有云概述

5.2.1　私有云的基本概念

私有云（Private Clouds）是为满足一个客户定制化需求而构建的，因此对数据、安全性和服务质量能提供最有效控制。私有云可部署在企业数据中心的防火墙内，也可以将它们部署在一个安全的主机托管场所，私有云的核心属性是专有资源。

5.2.2　私有云的优点

1. 数据安全

虽然每个公有云的提供商都对外宣称，其服务在各方面都非常安全，特别是对数据的管理，但是对企业特别是大型企业而言，和业务有关的数据是其生命线，是不能受到任何形式的威胁的。所以短期而言，大型企业是不会将其 Mission-Critical（关键任务）的应用放到公有云上运行的。而私有云在这方面是非常有优势的，因为它一般都构筑在防火墙后。

2. 服务质量

正因为私有云一般在防火墙之后，而不是在某一个遥远的数据中心中，所以当公司员工访问那些基于私有云的应用时，它的 SLA（服务级别协议）应该会非常稳定，不会受到网络不稳定的影响。

3. 充分利用现有硬件资源和软件资源

一些公司，特别是大公司由于运营多年，都会遗留很多的传统应用，而且多数都是其核心应用。虽然公有云的技术很先进，但是对传统应用支持不好，因为很多都是用静态语言编写的，以 Cobol、C、C++和 Java 为主，现有的公有云对这些语言支持很一般。但是私有云在这方面就很不错，比如 IBM 推出的 cloudburst。通过 cloudburst，能非常方便地构建基于 Java 的私有云，而且一些私有云的工具能够利用企业现有的硬件资源来构建云，这样将极大降低企业的成本。

4. 不影响现有 IT 管理的流程

对大型企业而言，流程是其管理的核心，如果没有完善的流程，企业将会成为一盘散沙。不仅与业务有关的流程非常繁多，IT 部门自身的流程也不少，并且这些流程对 IT 部门非常关键。在这方面，公有云就会有很多缺陷。假如使用公有云的话，将会对 IT 部门流程有很多的冲击，比如在数据管理方面和安全规定等方面。对于私有云而言，因为它一般在防火墙内的，所以对 IT 部门的流程冲击不大。

5.2.3　私有云平台分类

1. 私有云平台

私有云平台为开发、运行和访问云服务提供平台环境。私有云平台提供编程工具帮助开发人员快速开发云服务，提供可有效利用云硬件的运行环境来运行云服务，提供丰富多彩的云端来访问云服务。

2. 私有云服务

私有云服务提供了以资源和计算能力为主的云服务，包括硬件虚拟化、集中管理、弹性资源调度等。

3. 私有云管理平台

私有云管理平台负责私有云计算各种服务的运营，并对各类资源进行集中管理。

5.2.4 典型的私有云平台

素质提升
华为云东数西算
工程

1. 华为 FusionSphere

FusionSphere 是华为自主知识产权的云操作系统，集虚拟化平台和云管理特性于一身，让云计算平台建设和使用更加简捷，专门满足企业和运营商客户云计算的需求。华为云操作系统专门为云设计和优化，提供强大的虚拟化功能和资源池管理、丰富的云基础服务组件和工具、开放的 API 接口等，全面支撑传统和新型的企业服务，极大地提升 IT 资产价值和提高 IT 运营维护效率，降低运维成本。

2. H3C CloudOS

H3C CloudOS 云操作系统作为全栈式云平台，聚合 AI、大数据、IoT 等多种技术能力及百态行业云场景化能力，借助强大算力与海量存储，依托数据智能分析手段，帮助用户在复杂且多样的 IT 环境中及时交付出色的应用程序和功能，并为容器化、微服务等重要 IT 举措提供支持，助力百行百业用户实现数字化转型。

基于 IaaS 和容器服务提供的全面资源支撑，结合数据库即服务，中间件即服务、应用管理服务等 PaaS 相关能力，将微服务、DevOps 等多元场景有效拉通，全方位解决企业软件产品全生命周期面临的挑战和困难。

3. 浪潮云海 OS

云海 OS 的推出是浪潮继"大服务器、海量存储"、"云海集装箱数据中心"等云计算产品后，在云计算通用产品上的又一次关键突破。至此，浪潮成为首家完成 IaaS 云计算领域自主技术布局的厂商，其全面云计算转型战略取得重要成果。

基于 IaaS 和容器服务提供的全面资源支撑，结合数据库即服务，中间件即服务、应用管理服务等 PaaS 相关能力，将微服务、DevOps 等多元场景有效拉通，全方位解决企业软件产品全生命周期面临的挑战和困难。

4. OpenStack

OpenStack 是一个由 NASA（美国国家航空航天局）和 Rackspace 合作研发并发起的，以 Apache 许可证授权的自由软件和开放源代码项目。

OpenStack 是一个开源的云计算管理平台项目，由几个主要的组件组合起来完成具体工作。OpenStack 支持几乎所有类型的云环境，项目目标是提供实施简单、可大规模扩展、丰富、标准统一的云计算管理平台。OpenStack 通过各种互补的服务提供了基础设施即服务（IaaS）的解决方案，每个服务提供 API 以进行集成。

OpenStack 是云计算平台中的一个佼佼者，在云计算平台研发方面，国外有 IBM、微软、谷歌以及 OpenStack 的鼻祖亚马逊的 AWS 等。国内则有华为云、腾讯云、百度云、EasyStack、金山云、阿里云等为代表。OpenStack 社区聚集着一批有实力的厂商和研发公司，它们把自己的代码贡献给社区，不断完善和推动 OpenStack 技术的发展，而 OpenStack 则在市场中占据了绝对份额的优势。据由计世资讯（CCW Research）发布的《2017—2018 年度中国私有云市场现状与发展趋势研究报告》OpenStack 占据了中国私有云市场超过 70%的份额。

5.3 认识 OpenStack

微课 5.2
认识 OpenStack

5.3.1 OpenStack 简介

OpenStack 是一个云平台管理的项目，而不是一款软件。这个项目由几个主要的组件组合起来完成一些具体的工作。OpenStack 是一个旨在为公共及私有云的建设与管理提供软件的开源项目。它的社区拥有超过 130 家企业及 1350 位开发者，这些机构与个人将 OpenStack 作为基础设施即服务资源的通用前端。OpenStack 项目的首要任务是简化云的部署过程，并为其带来良好的可扩展性。

Openstack 能够帮助服务商和企业内部实现类似于 Amazon EC2 和 S3 的云基础架构服务——基础设施即服务（Infrastructure as a Service，IaaS）。Openstack 包含两个主要模块 Nova 和 Swift。前者是 NASA 开发的虚拟服务器部署和业务计算模块；后者是 Backpack 开发的分布式云存储模块，两者可以一起使用，也可以分开单独使用。OpenStack 是开源项目，除了有 Rackspace 和 NASA 的大力支持外，后面还包括 DELL、Citrix、Cisco、Canonical 这些重量级公司的贡献和支持，发展速度非常快，有取代另一个业界领先开源云台 Eucalyptus 的态势。

5.3.2 OpenStack 基金会

OpenStack 主要的协调工作由 OpenStack 基金会推动。OpenStack 基金会是一家非营利性组织，旨在推动 OpenStack 云操作系统在全球的发展、传播和使用。OpenStack 基金会的目标是在全球范围内服务开发者、用户及整个生态系统，为其提供共享资源，以扩大 OpenStack 公有云与私有云的成长，从而帮助技术厂商选择平台，助力开发者开发出行业最佳的云软件。

OpenStack 基金会分为个人会员和企业会员两大类。目前，参与基金会的个人成员来自 170 多个国家，超过 30000 人。OpenStack 基金会得到了国内外企业的支持。OpenStack 基金会的主要成员如图 5-3-1 所示。其中白金会员有华为、ERICSSON（爱立信）、Fiber-

Home、Microsoft（微软）、RedHat（红帽）、腾讯云等，中国企业有 3 个；金牌会员 19 个，中国企业有 9 个。另外，国内外有大量支持和使用 OpenStack 的行业、企业和政府机构，如中国移动、百度、CETC55、中国银联等企业都有典型的成功落地案例。根据《OpenStack 架构设计指导》（OpenStack Architecture Design Guide），OpenStack 可应用于包括通用型、计算型、存储型、网络型、跨域型、混合型和大规模弹性扩展型的云平台场景。

图 5-3-1　OpenStack 主要基金成员

5.3.3　OpenStack 的技术性能

素质提升
华为云数据中心

OpenStack 的快速发展得益于云计算技术的发展，也借助虚拟化革命的出现。OpenStack 为一个开源的云计算解决方案。可以将 OpenStack 简单地理解成一个开源的操作系统。它是由 Python 语言编写的，主要通过命令行（CLI）、程序接口（API）或者基于 Web 图形用户界面（GUI）实现对底层的计算资源、存储资源和网络资源的集中管理功能。在设计系统架构时，可以直接运用物理硬件作为底层，将其作为基础设施即服务（IaaS）的方案使用。

OpenStack 社区聚集着一批有实力的厂商和研发公司，它们把自己的代码贡献给社区，不断完善和推动 OpenStack 技术的发展。OpenStack 是一个云管理的项目，每年 4 月和 10 月都会有一次发布新产品的峰会。

图 5-3-2 所示为 OpenStack 包含的核心项目的演变示意图。

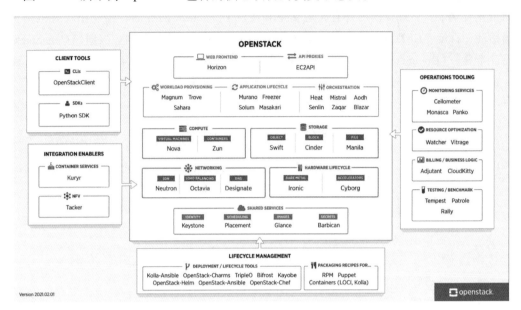

图 5-3-2   OpenStack 核心项目演变

① Austin：第一个发布的 OpenStack 项目，其中包括 Swift 对象存储和 Nova 计算模块，有一个简单的控制台，允许用户通过 Web 管理计算和存储。

② Bexar：增加 Glance 项目，负责镜像注册和分发。Swift 中增加了大文件的支持和 S3 接口的中间件，在 Nova 中增加了 raw 磁盘格式的支持等。

③ Cactus：在 Nova 中增加了虚拟化技术的支持，包括 LXC、VMware、ESX，同时支持动态迁移虚拟机。

④ Diablo：Nova 整合了 Keystone 认证，支持 KVM 的暂停、恢复、迁移和全局的防火墙。

⑤ Essex：正式发布 Horizon，支持第三方的插件扩展 Web 控制台，发布 Keystone 项目，提供认证服务。

⑥ Folsom：正式发布 Quantum（Neutron 的前身）项目，提供网络服务；正式发布 Cinder 项目，提供块存储服务。Nova 支持 LVM 为后端的虚拟机，支持动态和块迁移等。

⑦ Grizzly：Nova 支持分布在不同地理位置的集群组成一个 cell，支持通过 libguestfs 直接向 guest 文件系统中添加文件；通过 Glance 提供的 Image 位置的 URL 直接获取 Image 内容来加速启动；支持在无 Image 条件下启动带块设备的实例；支持为虚机实例设置（CPU、磁盘 IO、网络带宽）配额。

⑧ Havana：正式发布 Ceilometer 项目，进行（内部）数据统计，可用于监控报警；正式发布 Heat 项目，让应用开发者通过模板定义基础架构并自动部署；网络服务 Quantum 变更为 Neutron；Nova 中支持在使用 cell 时，同一 cell 中虚机的动态迁移；支持 Docker 管理的容器；使用 Cinder 卷时支持加密；Neutron 中引入一种新的边界网络防火墙服务；可通过 VPN

服务插件支持 IPSec VPN；Cinder 中支持直接使用裸盘做存储设备，无须再创建 LVM。

⑨ Icehouse：新项目 Trove（DB as a Service）现在已经成为版本中的组成部分，它允许用户在 OpenStack 环境中管理关系数据库服务；对象存储（Swift）项目有比较大的更新，包括可发现性地引入和一个全新的复制过程（称为 s-sync）；联合身份验证将允许用户通过相同认证信息同时访问 OpenStack 私有云与公有云。

⑩ Juno：提出 NFV 网络虚拟化概念；新增 Sahara 项目，用户大数据的集群部署；新增 LDAP 可集成 KeyStone 认证。

⑪ Kilo：Horizon 支持向导式创建虚拟机；Nova 部分标准化了 Conductor、Compute 与 Scheduler 的接口，为之后的接口分离做好准备；Glance 增加自动镜像转换格式功能。

⑫ Liberty：Neutron 增加管理安全和带宽，更方便向 IPv6 迁移，LBaaS 已经成为生产化工具；Glance 基于镜像签名和校验，提升安全性；Swift 提高基本性能和可运维功能；Keystone 增加混合云的认证管理；引入容器管理的 Magnum 项目，通过与 OpenStack 现有的组件如 Nova、Ironic 与 Neutron 的绑定，Magnum 让容器技术的采用变得更加容易。

⑬ Mitaka：Mitaka 聚焦于可管理性、可扩展性和终端用户体验三方面。重点在用户体验上简化了 Nova 和 Keytnoe 的使用，以及使用一致的 API 调用创建资源；Mitaka 版本中可以处理更大的负载和更为复杂的横向扩展。

OpenStack 到如今已经发布到第 24 个版本 Xena，新版增强了 Cinder 存储功能，优化了人工智能、机器学习、网络功能虚拟化（NFV）和边缘计算能力。可以看到，OpenStack 组件的数据在不断地增加，新支持的功能也是在不断丰富。

拓展阅读
OpenStack 核心项目

5.3.4　OpenStack 的工作流程

OpenStack 的各个服务之间通过统一的 REST 风格的 API 调用，实现系统的松耦合，其内部组件的工作过程是一个有序的整体。诸如计算资源分配、控制调度、网络通信等都通过 AMQP（高级消息队列协议）实现。OpenStack 的上层用户是程序员、一般用户和 Horizon 界面等模块。这三者都是采用 OpenStack 各个组件提供的 API 接口进行交互，而它们之间则是通过 AMQP 进行互相调用，它们共同利用底层的虚拟资源为上层用户和程序提供云计算服务。

5.3.5　OpenStack 的管理流程

OpenStack 既然是一个开源的云平台项目，它的主要任务是给用户提供 IaaS 服务。

1. QEMU

QEMU 是一个纯软件的计算机硬件仿真器。通过单独运行 QEMU 来模拟物理计算机，具有非常灵活和可移植的特点，利用它能够达到使用软件取代硬件的效果。

一般情况下，OpenStack 可以部署在 Ubuntu 的 Linux 操作系统上，为了进一步提高 QEMU 的运行效率，往往会增加一个 KVM 硬件加速模块。KVM 内嵌在 Linux 操作系统内核之中，能够直接参与计算机硬件的调度，这一点是 QEMU 所不具备的。一般的 QEMU 程序的执行必然要经过程序从用户态向内核态的转变，这必然会在一定程度上降低效率。所以，QEMU 虽然能够通过转换对硬件进行访问，但在 OpenStack 中往往采用 KVM 进行辅助，使得 OpenStack 的性能表现得更为良好。

需要说明的是，KVM 需要良好的硬件支持，如果有些硬件本身不支持虚拟化，那么 KVM 则不能使用。

2. Libvirt

Libvirt 是一个开源的、支持 Linux 下虚拟化工具的函数库。实质上它就是为构建虚拟化管理工具的 API 函数。Libvirt 是为了能够更方便地管理平台虚拟化技术而设计的开放源代码的应用程序接口，它不仅提供了对虚拟化客户机的管理，也提供了对虚拟化网络和存储的管理。

最初，Libvirt 是只针对 Xen 而设计的一系列管理和调度 Xen 下的虚拟化资源的 API 函数。目前高版本的 Libvirt 可以支持多种虚拟化方案，包括 KVM、QEMU、Xen、VMware、VirtualBox 等在内的平台虚拟化方案，又支持 Openvz、LXC 等 Linux 容器虚拟化系统，还支持用户态 Linux（UML）的虚拟化，它能够对虚拟化方案中的 Hypervisor 进行适配，让底层 Hypervisor 对上层用户空间的管理工具可以做到完全透明。

5. 3. 6　OpenStack 的发展趋势

尽管 OpenStack 从诞生到现在已经变得日渐成熟，基本上已经能够满足云计算用户的大部分需求。但随着云计算技术的发展，OpenStack 必然也需要不断地完善。OpenStack 已经逐渐成为市场上主流的一个云计算平台解决方案。结合业界的一般观点和调查中关于 OpenStack 用户的意见，OpenStack 需要完善的部分大体上可以归纳为以下几个方面。

1. 增强动态迁移

虽然 OpenStack 的 Nova 组件支持动态迁移，但实质上 OpenStack 尚未实现真正意义上的动态迁移。在 OpenStack 中因为没有共存储只能做块迁移，共享迁移只能在有共享存储的情况下才被使用。

2. 数据安全

安全问题一直是整个云计算行业的问题，尽管 OpenStack 中存在对用户身份信息的验证等安全措施，甚至划分出可以单独或合并表征安全信任等级的域，但随着用户需求的变化和发展，安全问题仍然不可小觑。

拓展阅读
AI 和边缘计算

3. 计费和数据监控

随着 OpenStack 在公有云平台中的进一步部署，计费和监控成为公有云运营中的一个重要环节。云平台的管理者和云计算服务的提供者必然会进一步开发 OpenStack 的商业价值。尽管 OpenStack 中已经有 Ceilometer 计量组件，通过它提供的 API 接口可以实现收集云计算里面的基本数据和其他信息，但这项工程目前尚处于需要完善和测试阶段，还需要大量的技术人员予以维护和支持。

云计算技术的快速发展以及所带来的巨大效益的提升，使得各个行业都开始把云计算技术引入到行业中，在降低软硬件成本的同时，也提升行业的服务质量。在整个云平台的使用周期中，部署环节是不可或缺的重要一部分。部署过程的优劣直接影响到云平台运行的性能与效率。在大规模的云平台部署中，由于现实物理硬件设备存在差异性，使得部署过程变得烦琐而复杂，整个云平台的运行风险变得更加显著。使用传统方式部署云平台过程中，为保证后续云平台具有较高的运行性能，需要投入大量的人力、物力和财力作为后盾。基于 Ansible 的云平台自动化部署系统，能够实现云平台的自动化部署，在减少云平台部署过程中的枯燥性的同时，也减少对人力、物力的浪费，让每次部署的操作有据可查，并明确平台部署中的责任。

5.3.7　OpenStack 系统架构

为了实现云计算的各项功能，OpenStack 实现每个项目的既定目标，将存储、计算、监控和网络服务划分为几个项目来进行开发，每个项目也是对应的 OpenStack 中的一个或多个组件。图 5-3-3 所示为 OpenStack 的整体架构。

OpenStack 各个组件之间的耦合是非常松的。其中，Keystone 是各个组件之间的通信核心，它依赖自身 REST（基于 Identity API）对所有的 OpenStack 组件提供认证和访问策略服务，每个组件都需要向 Keystone 进行注册，主要目的是对云平台各个组件进行认证与授权，对云平台用户进行管理，注册完成后才能获取相对应的组件通信的地址，其中包括通信的端口和 IP 地址，然后实现组件之间和内部子服务之间的通信。

1. Nova

Nova 是 OpenStack 计算的弹性控制器，也是整个云平台最重要的组件，其功能包括运行虚拟机实例、管理网络，以及通过用户和项目来控制对云的访问。OpenStack 云实例生命期所需的各种动作都将由 Nova 进行处理和支撑，这就意味着 Nova 以管理平台的身份登场，负责管理整个云的计算资源、网络、授权及测度。虽然 Nova 本身并不提供任何虚拟能力，但是它将使用 Libvirt API 与虚拟机的宿主机进行交互。Nova 通过自身的 API 对外提供处理接口，而且这些接口与 Amazon 的 Web 服务接口是兼容的。

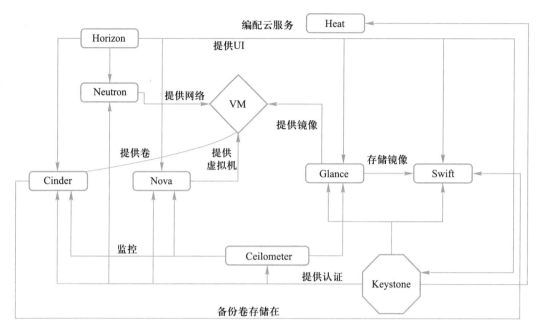

图 5-3-3   OpenStack 整体架构

计算服务（Nova）是云平台的工作负载的核心。如果有些云服务的工作中不包括计算，那么它们充其量只代表静态存储，所有动态活动都会涉及一些计算元素。OpenStack 的其他组件依托 Nova，与 Nova 协同工作，组成了整个 OpenStack 云平台。

2. Glance

OpenStack 镜像服务器是一套虚拟机镜像发现、注册和检索系统，用户可以将镜像存储到以下任意一种存储中。

- 本地文件系统（默认）。
- S3 直接存储。
- S3 对象存储（作为 S3 访问的中间渠道）。
- OpenStack 对象存储。

镜像服务 Glance 主要提供以下两个服务。

① Glance-API：主要负责接收响应镜像管理命令的 Restful 请求，分析消息请求信息并分发其所带的命令（如新增、删除、更新等）。默认绑定端口是 9292。

② Glance-Registry：主要负责接收响应镜像元数据命令的 Restful 请求，分析消息请求信息并分发其所带的命令（如获取元数据、更新元数据等）。默认绑定端口是 9191。

3. Neutron

Neutron 网络的目的是为 OpenStack 云更灵活地划分物理网络，在多租户环境下提供给每个租户独立的网络环境。另外，Neutron 提供 API 来实现这种目标。Neutron 中用户可以创建自己的网络对象，如果要和物理环境下的概念映射，那么这个网络对象相当于一个巨大的交换机，可以拥有无限多个动态可创建和销毁的虚拟端口。

4. Horizon

Horizon 是一个用以管理、控制 OpenStack 服务的 Web 控制面板，可以管理实例、镜像、创建密钥对，对实例添加卷、操作 Swift 容器等。除此之外，用户还可以在控制面板中使用终端（console）或 VNC 直接访问实例。

5. Cinder

Cinder 是 OpenStack Block Storage（OpenStack 块存储）的项目名称。Cinder 的核心功能是对卷的管理，允许对卷、卷的类型、快照进行处理。然而，它并没有实现对块设备的管理和实际服务（提供逻辑卷），而是通过后端的统一存储接口，支持不同块设备厂商的块存储服务，实现其驱动支持并与 OpenStack 进行整合。Cinder 可以支持如 NetAPP、SolidFire、华为、EMC 和 IBM 等知名存储厂商以及众多开源块存储系统。

6. Swift

Swift 为 OpenStack 提供一种分布式、持续虚拟对象存储，它类似于 Amazon Web Service 的 S3 简单存储服务。Swift 具有跨节点百级对象的存储能力。Swift 内建冗余和失效备援管理，也能够处理归档和媒体流，特别是对大数据（千兆字节）和大容量（多对象数量）的测度非常高效。

Swift 构筑在比较便宜的标准硬件存储基础设施之上，无需采用 RAID（磁盘冗余阵列），通过在软件层面引入一致性散列技术提高数据冗余性、高可用性和可伸缩性，支持多租户模式、容器和对象读写操作，适合解决互联网的应用场景下非结构化数据存储问题。在 OpenStack 中，Swift 主要用于存储虚拟机镜像，用于 Glance 的后端存储。在实际运用中，Swift 的典型运用是网盘系统，代表是"Dropbox"，存储类型大多为图片、邮件、视频和存储备份等静态资源。

另外，还有 Heat 和 Ceilometer 组件，读者可以参考本书的中级教程或自学。

5.4 实战案例——使用脚本部署 OpenStack 平台

5.4.1 案例目标

① 了解 OpenStack 平台部署方法。
② 了解脚本部署方式。

微课 5.3
实战案例——使用脚本部署 OpenStack平台

③ 使用脚本部署 OpenStack 平台。

5.4.2   案例分析

1. 部署架构

一台控制节点和一台计算节点组成简单架构 OpenStack 平台，控制节点安装 MySQL、Keystone、Glance、Nova、Neutron、Dashboard 等服务，主要作为认证、镜像管理节点，以及提供 Nova 和 Neutron 服务的管理节点、Dashboard 界面服务。

计算节点主要安装 nova-compute 和 Neutron 服务，Nova 服务提供云主机服务，Neutron 提供网络服务。

通过 Shell 脚本进行 OpenStack 平台部署，脚本分为控制节点脚本和计算节点脚本，对应节点执行部署脚本。

2. 规划节点

安装 OpenStack 平台的两个节点规划见表 5-4-1。

表 5-4-1   节点规划

IP	主 机 名	节 点
192. 168. 10. 10	controller	控制节点
192. 168. 10. 20	compute	计算节点

准备两台 VMware 虚拟机，手动最小化安装两台 CentOS 7.2 系统，作为 OpenStack 节点，第一张网卡为仅主机模式，第二张网卡为 NAT 模式，以及配置 CPU 虚拟化，计算节点至少使用 4 GB 内存，硬盘不小于 50 GB。第一张网卡的网段为 192.168.10.0/24，第二张网卡的网段为 192.168.20.0/24，并将 compute 节点分为 sda3 与 sda4 两个区。

5.4.3   案例实施

1. 基础环境配置

（1）IP 地址配置

安装最小化 CentOS 7.2 操作系统，配置控制节点和计算节点的 IP 地址，并使用 secureCRT 进行连接。

控制节点修改部分如下：

```
[root@ localhost ~]# cat /etc/sysconfig/network-scripts/ifcfg-eno16777736
TYPE=Ethernet
BOOTPROTO=static
DEFROUTE=yes
PEERDNS=yes
PEERROUTES=yes
IPV4_FAILURE_FATAL=no
IPV6INIT=yes
IPV6_AUTOCONF=yes
IPV6_DEFROUTE=yes
IPV6_PEERDNS=yes
IPV6_PEERROUTES=yes
IPV6_FAILURE_FATAL=no
NAME=eno16777736
DEVICE=eno16777736
ONBOOT=yes
IPADDR=192.168.10.10
NETMASK=255.255.255.0
```

计算节点修改部分如下：

```
[root@ localhost ~]# cat /etc/sysconfig/network-scripts/ifcfg-eno16777736
TYPE=Ethernet
BOOTPROTO=static
DEFROUTE=yes
PEERDNS=yes
PEERROUTES=yes
IPV4_FAILURE_FATAL=no
IPV6INIT=yes
IPV6_AUTOCONF=yes
IPV6_DEFROUTE=yes
IPV6_PEERDNS=yes
IPV6_PEERROUTES=yes
IPV6_FAILURE_FATAL=no
NAME=eno16777736
DEVICE=eno16777736
ONBOOT=yes
IPADDR=192.168.10.20
NETMASK=255.255.255.0
```

（2）上传基础镜像

上传 XianDian-IaaS-v2.2.iso 和 CentOS-7-x86_64-DVD-1511.iso 两个镜像包至 con-
troller 节点/root 目录中，并将 ISO 文件挂载至/opt/目录中，命令如下：

```
[root@ localhost ~]# ll
total 7012772
-rw-------. 1 root root         1319 Oct 31 13:17 anaconda-ks.cfg
-rw-r--r--. 1 root root 4329570304 Jan 16  2017 CentOS-7-x86_64-DVD-1511.iso
-rw-r--r--. 1 root root 2851502080 Nov  5  2017 XianDian-IaaS-v2.2.iso
[root@ localhost ~]# mkdir /opt/centos7.2
[root@ localhost ~]# mkdir /opt/iaas
[root@ localhost ~]# mount /root/CentOS-7-x86_64-DVD-1511.iso /opt/centos7.2/
[root@ localhost ~]# mount /root/XianDian-IaaS-v2.2.iso /opt/iaas/
```

（3）配置 YUM 源文件

控制节点命令如下：

```
[root@ localhost ~]# rm -rf /etc/yum.repos.d/CentOS-*
[root@ localhost ~]# cat > /etc/yum.repos.d/local.repo <<EOF
> [centos]
> name=centos
> baseurl=file:///opt/centos7.2
> gpgcheck=0
> enabled=1
> [iaas]
> name=iaas
> baseurl=file:///opt/iaas/iaas-repo
> gpgcheck=0
> enabled=1
> EOF
```

计算节点命令如下：

```
[root@ localhost ~]# rm -rf /etc/yum.repos.d/CentOS-*
[root@ localhost ~]# cat > /etc/yum.repos.d/local.repo <<EOF
> [centos]
> name=centos
> baseurl=ftp://192.168.10.10/centos7.2
> gpgcheck=0
> enabled=1
> [iaas]
```

```
> name=iaas
> baseurl=ftp://192.168.10.10/iaas/iaas-repo
> gpgcheck=0
> enabled=1
> EOF
```

（4）控制节点安装 FTP 服务

控制节点安装 vsftpd 服务，提供计算节点 FTP 访问方式，命令如下：

```
[root@localhost ~]# yum install vsftpd-y
```

在/etc/vsftpd/vsftpd.conf 配置中添加一行代码：

```
anon_root=/opt
```

重启 vsftpd 服务，命令如下：

```
[root@localhost ~]# systemctl restart vsftpd
```

（5）配置防火墙策略

在控制节点和计算节点中关闭防火墙，命令如下：

```
[root@localhost ~]# setenforce 0
[root@localhost ~]# iptables -F
[root@localhost ~]# iptables -X
[root@localhost ~]# iptables -Z
[root@localhost ~]# systemctl stop firewalld
```

（6）安装 iaas-xiandian 服务

在控制节点和计算节点安装 iaas-xiandian 软件包，命令如下：

```
yum install iaas-xiandian-y
```

（7）配置环境变量

控制节点和计算节点配置环境变量的配置文件/etc/xiandian/openrc.sh，配置参数说明如下：

```
HOST_IP=192.168.10.10
HOST_NAME=controller
HOST_IP_NODE=192.168.10.20
HOST_NAME_NODE=compute
RABBIT_USER=openstack
RABBIT_PASS=000000
DB_PASS=000000
DOMAIN_NAME=demo
```

```
ADMIN_PASS = 000000
DEMO_PASS = 000000
KEYSTONE_DBPASS = 000000
GLANCE_DBPASS = 000000
GLANCE_PASS = 000000
NOVA_DBPASS = 000000
NOVA_PASS = 000000
NEUTRON_DBPASS = 000000
NEUTRON_PASS = 000000
METADATA_SECRET = 000000
INTERFACE_NAME = eno33554960
##节点第二块网卡名称
CINDER_DBPASS = 000000
CINDER_PASS = 000000
BLOCK_DISK = sda3
##计算节点 cinder 服务使用空分区
SWIFT_PASS = 000000
OBJECT_DISK = sda4
##计算节点 swift 服务使用空分区
STORAGE_LOCAL_NET_IP = 192. 168. 10. 20
##计算节点地址
```

2. 使用脚本安装 OpenStack 平台

（1）安装基础服务

控制节点和计算节点通过脚本安装基础服务，命令如下：

```
[ root@ localhost ~ ]# iaas-pre-host. sh
```

控制节点安装完成后，按 Ctrl＋D 键退出并重新登录，使主机名生效，如图 5-4-1 所示。

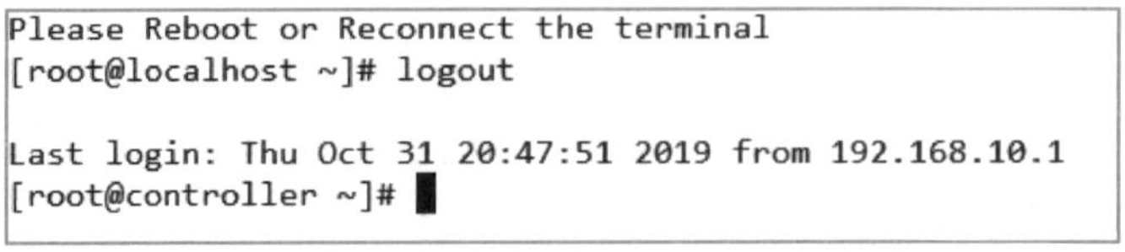

```
Please Reboot or Reconnect the terminal
[root@localhost ~]# logout

Last login: Thu Oct 31 20:47:51 2019 from 192.168.10.1
[root@controller ~]#
```

图 5-4-1　控制节点生效主机名

计算节点安装完成后，按 Ctrl＋D 键退出并重新登录，使主机名生效，如图 5-4-2 所示。

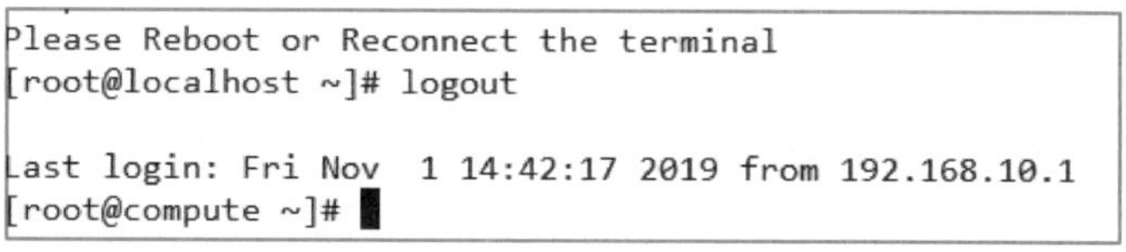

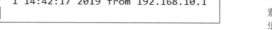

图 5-4-2　计算节点生效主机名

（2）安装 MySQL 数据库服务

控制节点通过脚本安装 MySQL 数据库服务，命令如下：

```
[root@ controller~ ]# iaas-install-mysql.sh
```

（3）安装 Keystone 认证服务

控制节点通过脚本安装 Keystone 认证服务，命令如下：

```
[root@ controller ~ ]# iaas-install-keystone.sh
```

（4）安装 Glance 镜像服务

控制节点通过脚本安装 Glance 镜像服务，命令如下：

```
[root@ controller ~ ]# iaas-install-glance.sh
```

（5）安装 Nova 计算服务

控制节点通过脚本安装计算服务，命令如下：

```
[root@ controller ~ ]# iaas-install-nova-controller.sh
```

计算节点通过脚本安装计算服务，命令如下：

```
[root@ compute~ ]# iaas-install-nova-compute.sh
```

（6）安装 Neutron 网络服务

控制节点通过脚本安装网络服务，命令如下：

```
[root@ controller ~ ]# iaas-install-neutron-controller.sh
[root@ controller ~ ]# iaas-install-neutron-controller-gre.sh
```

计算节点通过脚本安装网络服务，命令如下：

```
[root@ compute~ ]# iaas-install-neutron-compute.sh
[root@ compute~ ]# iaas-install-neutron-compute-gre.sh
```

（7）安装 Dashboard 服务

控制节点通过脚本安装 Dashboard 服务，命令如下：

```
[root@ controller ~ ]# iaas-install-dashboard.sh
```

（8）安装 Cinder 块存储服务

控制节点通过脚本安装块存储服务，命令如下：

```
[root@ controller ~]# iaas-install-cinder-controller. sh
```

计算节点通过脚本安装块存储服务，命令如下：

```
[root@ compute~ ]# iaas-install-cinder-compute. sh
```

（9）安装 Swift 对象存储服务

控制节点通过脚本安装对象存储服务，命令如下：

```
[root@ controller ~ ]# iaas-install-swift-controller. sh
```

计算节点通过脚本安装对象存储服务，命令如下：

```
[root@ compute ~ ]# iaas-install-swift-compute. sh
```

（10）访问 Dashboard 服务

打开浏览器，访问地址 http://192.168.10.10/dashboard，输入在环境变量文件中填写的密码，域为 demo，用户名为 admin，密码为 000000，然后单击"连接"按钮，如图 5-4-3 所示。

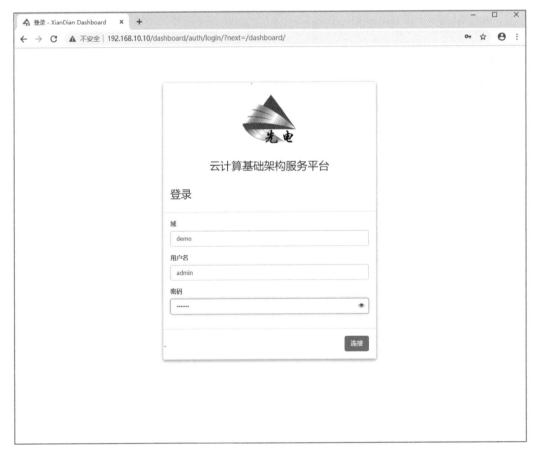

图 5-4-3　访问 Dashboard 服务

登录后即可访问到 Dashboard 系统，如图 5-4-4 所示。

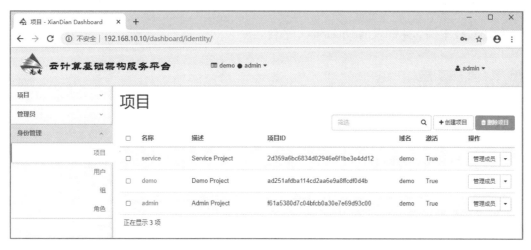

图 5-4-4 登录 Dashboard

5.5 实战案例——OpenStack 平台使用

微课 5.4
实战案例——Open-
Stack 平台使用

5.5.1 案例目标

① 了解 OpenStack 平台的使用。
② 使用 OpenStack 平台创建镜像。
③ 使用 OpenStack 平台创建网络。
④ 使用 OpenStack 平台创建云主机。

5.5.2 案例分析

1. 规划节点

OpenStack 平台的两个节点规划见表 5-5-1。

表 5-5-1 规 划 节 点

IP	主 机 名	节 点
192. 168. 10. 10	controller	控制节点
192. 168. 10. 20	compute	计算节点

2. 基础准备

使用实战案例 5.4 部署的 OpenStack 平台。

5.5.3 案例实施

1. 创建镜像

（1）复制镜像至控制节点
在 OpenStack 的控制节点找到 qcow2 镜像，命令如下：

```
[root@ controller iaas]# cd  /opt/iaas/images/
[root@ controller images]# ls
CentOS_6.5_x86_64_XD. qcow2   CentOS_7.2_x86_64_XD. qcow2   MySQL_5.6_XD. qcow2
```

（2）上传镜像至 Glance 服务
在控制节点中，通过 glance 命令，将 qcow2 镜像上传至平台：

```
[root@ controller images]# source /etc/keystone/admin-openrc. sh
[root@ controller images]# glance image-create --name "centos7.2" --disk-format qcow2 --container-
format bare --progress < CentOS_7.2_x86_64_XD. qcow2
[===============================>] 100%
+------------------+------------------------------------+
| Property         | Value                              |
+------------------+------------------------------------+
| checksum         | ea197f4c679b8e1ce34c0aa70ae2a94a   |
| container_format | bare                               |
| created_at       | 2019-11-01T03:00:31Z               |
| disk_format      | qcow2                              |
| id               | 81ec2073-4ae8-4bac-83ab-b84ca3d45f1d |
| min_disk         | 0                                  |
| min_ram          | 0                                  |
| name             | centos7.2                          |
| owner            | f61a5380d7c04bfcb0a30e7e69d93c00   |
| protected        | False                              |
| size             | 400752640                          |
| status           | active                             |
| tags             | []                                 |
| updated_at       | 2019-11-01T03:00:41Z               |
| virtual_size     | None                               |
```

```
| visibility        | private                                               |
+-------------------+-------------------------------------------------------+
```

2. 创建外部网络

（1）创建网络

选择"项目"→"网络"→"网络"命令，单击右侧的"创建网络"按钮，创建虚拟机网络，如图 5-5-1 所示。

图 5-5-1　创建虚拟机网络

（2）设置网络

在弹出的对话框中，输入网络名称"net-gre"，管理状态选择 UP，再单击"前进"按钮，如图 5-5-2 所示。

图 5-5-2　根据需要创建网络

（3）创建子网

在弹出的对话框中填写子网信息，最后单击"前进"按钮，如图 5-5-3 所示（网关为 VMware 中 NAT 模式对应网关）。

图 5-5-3   创建子网

（4）设置 DHCP 地址池

勾选"激活 DHCP"复选框，添加"114.114.114.114"的 NDS 服务器，单击"已创建"按钮，如图 5-5-4 所示。

图 5-5-4   设置 DHCP 地址池

（5）选择外部网络

选择"管理员"→"系统"→"网络"命令，在已创建的外部网络中，选择"操作"下拉列表中的"编辑网络"选项，如图 5-5-5 所示。

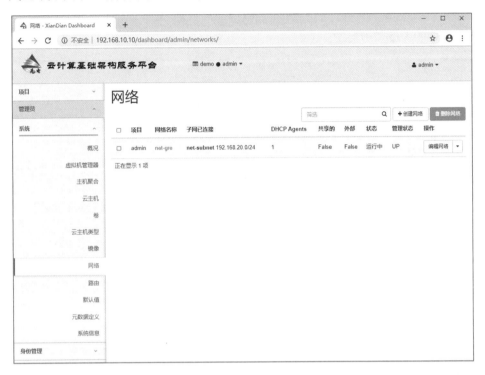

图 5-5-5 选择"编辑网络"

在弹出的对话框中，勾选"外部网络"复选框，单击"保存"按钮，如图 5-5-6 所示。

图 5-5-6 选择"外部网络"

3. 创建内部网络

（1）创建网络

选择"项目"→"网络"→"网络"命令，在右侧单击"创建网络"按钮，创建虚拟机网络，如图 5-5-7 所示。

图 5-5-7 创建网络

（2）设置网络

在弹出的对话框中设置网络名称，然后单击"前进"按钮，如图 5-5-8 所示。

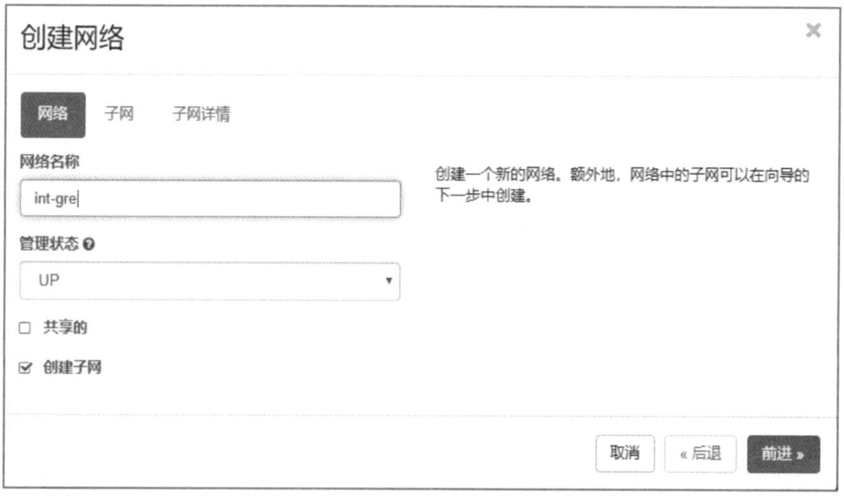

图 5-5-8 设置网络

（3）设置子网

设置子网名称为 int-subnet，网络地址为 10.10.0.0/24，网关 IP 地址为 10.10.0.1，单击"前进"按钮，如图 5-5-9 所示。

图 5-5-9　设置子网

（4）设置 DHCP

在弹出的对话框中，勾选"激活 DHCP"复选框，并单击"已创建"按钮，如图 5-5-10 所示。

图 5-5-10　设置 DHCP

4. 创建路由器

（1）创建路由

选择"项目"→"网络"→"路由"命令，在右侧单击"新建路由"按钮，创建路由，如图 5-5-11 所示。

图 5-5-11   创建路由

（2）设置路由

在弹出的对话框中输入路由名称"route"，在"外部网络"下拉列表中，选择外部网络"net-gre"，单击"新建路由"按钮，如图 5-5-12 所示。

图 5-5-12   设置路由

（3）添加内部网络端口

单击新创建的路由名称，进入路由编辑页面，如图 5-5-13 所示。

图 5-5-13 编辑路由

选择"接口"标签，单击"增加接口"按钮，如图 5-5-14 所示。

图 5-5-14 增加接口

在弹出的对话框中，选择"int-gre"内部网络，然后单击"提交"按钮，如图 5-5-15 所示。

图 5-5-15　增加内部网络接口

5. 管理安全组

（1）管理 default 默认安全组

选择"项目"→"计算"→"访问 & 安全"命令，管理 default 默认规则，如图 5-5-16 所示。

图 5-5-16　访问 & 安全

（2）添加放行策略

单击右侧的"添加规则"按钮，放行通信策略，如图 5-5-17 所示。

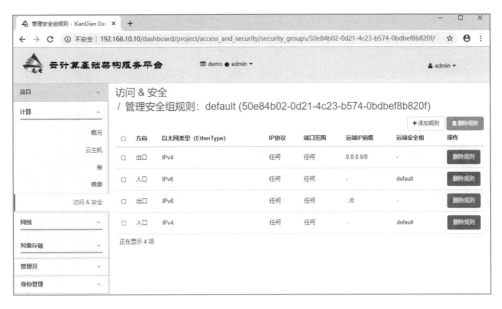

图 5-5-17 放行通信策略

放行所有 ICMP 协议，单击"添加"按钮，如图 5-5-18 所示。

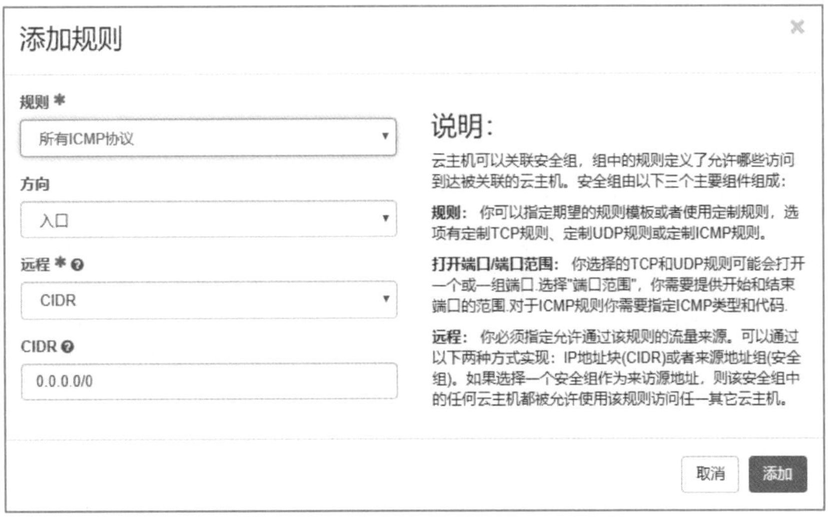

图 5-5-18 添加规则

放行所有 TCP 协议，单击"添加"按钮，如图 5-5-19 所示。
放行所有 UDP 协议，单击"添加"按钮，如图 5-5-20 所示。

6. 创建云主机

（1）创建云主机
选择"项目"→"计算"→"云主机"命令，单击右侧的"创建云主机"按钮，如

图 5-5-21 所示。

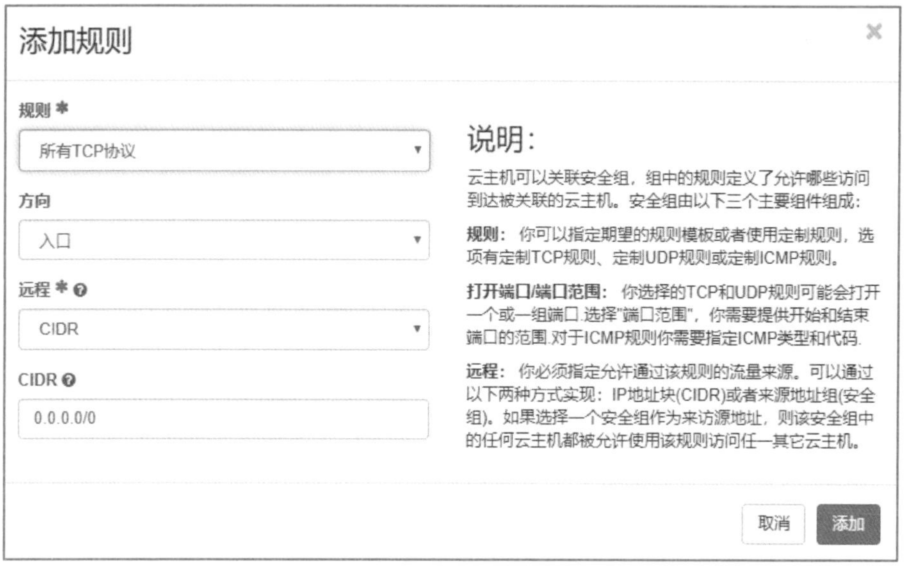

图 5-5-19   放行所有 TCP

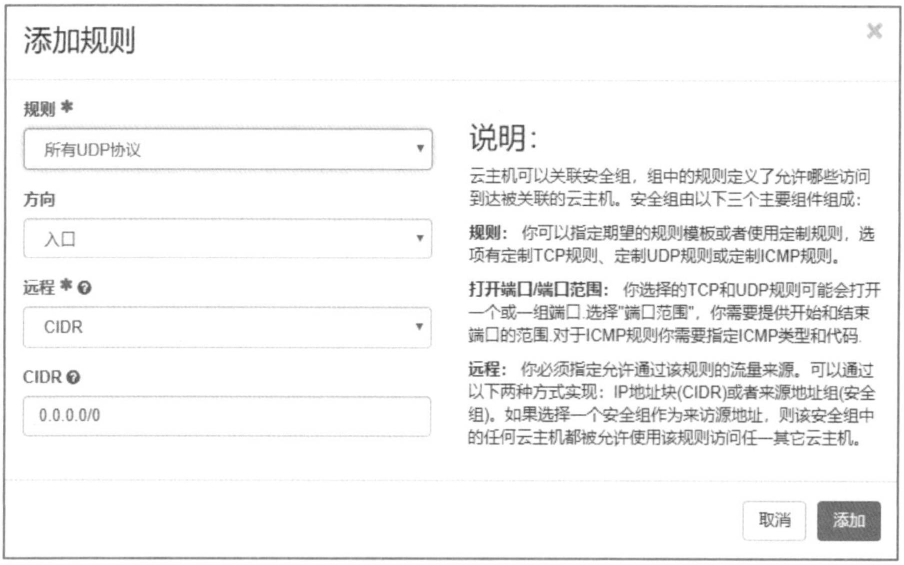

图 5-5-20   放行所有 UDP 协议

（2）设置云主机名称

在弹出的对话框中，输入创建的云主机名称及数量，然后单击"下一步"按钮，如图 5-5-22 所示。

图 5-5-21　创建云主机

图 5-5-22　启动实例

（3）选择云主机镜像

在"源"中选择所要使用的镜像文件，单击对应镜像后的"+"按钮，然后单击"下一步"按钮，如图 5-5-23 所示。

（4）选择云主机资源类型

在"flavor"中选择所需云主机的资源类型，选择"m1. small"资源类型，单击对应的"+"按钮，然后单击"下一步"按钮，如图 5-5-24 所示。

图 5-5-23   选择云主机镜像

图 5-5-24   选择所需云主机的资源类型

（5）选择云主机网络

在"网络"中使云主机使用创建的 int-gre 内部网络，单击对应的"+"按钮，然后单击"启动实例"按钮，如图 5-5-25 所示。

图 5-5-25　启动实例

（6）绑定浮动 IP 地址

选择"项目"→"计算"→"云主机"命令，在"操作"下拉列表中选择"绑定浮动 IP"选项，如图 5-5-26 所示。

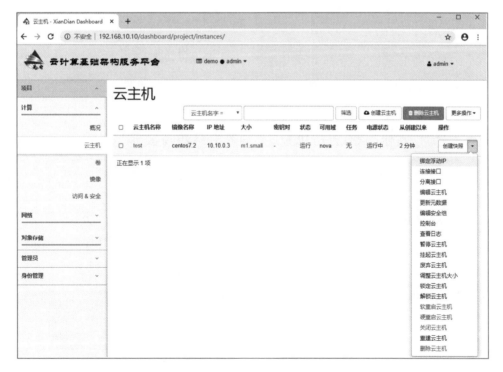

图 5-5-26　绑定浮动 IP 地址

在弹出的对话框中单击"＋"按钮，分配一个 IP 地址，如图 5-5-27 所示。

图 5-5-27　管理浮动 IP 地址

单击"分配 IP"按钮，如图 5-5-28 所示。

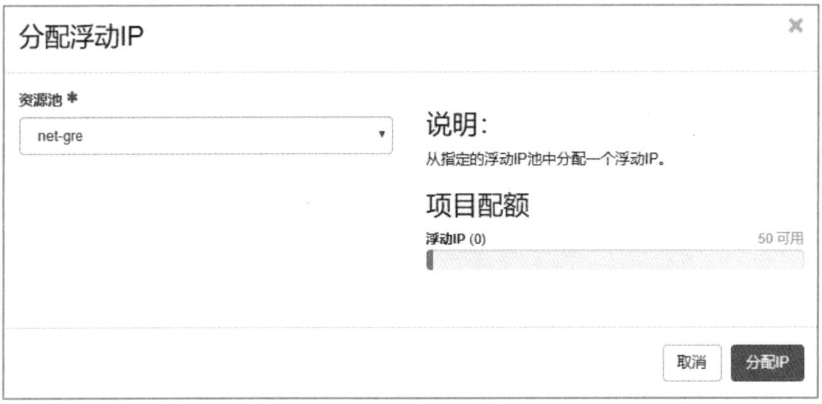

图 5-5-28　分配浮动 IP 地址

单击"关联"按钮，关联浮动 IP 地址，如图 5-5-29 所示。

图 5-5-29　关联 IP 地址

（7）查看云主机创建状态

创建完成后，可以在"云主机"页面中显示云主机列表，可查看到创建的云主机状态为"运行"，如图 5-5-30 所示。

图 5-5-30　云主机信息

（8）测试云主机连通性

打开 CMD 窗口，通过以下 ping 命令进行测试，可以连通云主机。通过 secureCRT 工具，连接云主机，查看云主机 IP 地址，用户名为 root，密码为 00000。

```
ping 192.168.20.4
正在 ping 192.168.20.4 具有 32 字节的数据：
来自 192.168.20.4 的回复：字节 = 32 时间 = 18ms TTL = 63
```

5.6　实战案例——Keystone 服务运维

微课 5.5
实战案例——Key-
stone 服务运维

5.6.1　案例描述

① 了解 Keystone 服务的功能。
② 学习 Keystone 服务的基础命令。
③ 使用 Keystone 命令完成相应运维任务。

5.6.2　案例分析

1. 规划节点

使用 OpenStack 平台的节点规划见表 5-6-1。

表 5-6-1　节 点 规 划

IP	主 机 名	节　　　点
192. 168. 10. 10	controller	控制节点
192. 168. 10. 20	compute	计算节点

2. 基础准备

使用实战案例 5.4 部署的 OpenStack 平台。

5.6.3　案例实施

在 OpenStack 框架中，Keystone（OpenStack Identity Service）的功能是负责验证身份、校验服务规则和发布服务令牌等，它实现了 OpenStack 的 Identity API。Keystone 可分解为两个功能，即权限管理和服务目录。其中，权限管理主要用于用户的管理授权；服务目录，类似一个服务总线，或者说是整个 OpenStack 框架的注册表。认证模块提供 API 服务、Token 令牌机制、服务目录、规则和认证发布等功能。

1. Keystone 运维命令

（1）创建用户

创建一个名称为 alice 的账户，密码为 mypassword123，邮箱为 alice@ example. com，命令如下：

```
[ root@ controller ~ ]# source /etc/keystone/admin-openrc. sh
[ root@ controller ~ ]# openstack user create --password mypassword123 --email alice@ example. com --
domain demo alice
+------------+------------------------------------+
| Field      | Value                              |
+------------+------------------------------------+
| domain_id  | 5cf2b1fbdc9e4f799187625e743a8be2 |
| email      | alice@ example. com                |
| enabled    | True                               |
```

```
| id       | a49a222f8e194342a5a113193897d915 |
| name     | alice                            |
+----------+----------------------------------+
```

从上面的操作可以看出，创建用户需要用户名称、密码和邮箱等信息。具体格式如下：

```
$openstack user create[--domain <domain>]
[--password <password>]
[--email <email-address>]
[--enable | --disable]
<name>
```

其中，参数<name>代表新建用户名。

（2）创建项目

一个 Project 就是一个项目、团队或组织，当请求 OpenStack 服务时，必须定义一个项目。例如，查询计算服务正在运行的云主机实例列表。

创建一个名为"acme"项目，命令如下：

```
[root@ controller ~]# openstack project create --domain demo acme
+-------------+----------------------------------+
| Field       | Value                            |
+-------------+----------------------------------+
| description |                                  |
| domain_id   | 5cf2b1fbdc9e4f799187625e743a8be2 |
| enabled     | True                             |
| id          | c6ddd5dfbd4b42ee8b2591681898faa1 |
| is_domain   | False                            |
| name        | acme                             |
| parent_id   | 5cf2b1fbdc9e4f799187625e743a8be2 |
+-------------+----------------------------------+
```

从上面操作可以看出，创建项目需要项目名等相关信息。具体操作格式如下：

```
$openstack project create [--domain <domain>]
                          [--description <description>]
                          [--enable | --disable]
<project-name>
```

其中，参数<project-name>代表新建项目名，参数<description>代表项目描述名。

（3）创建角色

角色限定了用户的操作权限。例如，创建一个角色"compute-user"，命令如下：

```
[root@ controller ~]# openstack role create compute-user
+------------+-----------------------------------+
| Field      | Value                             |
+------------+-----------------------------------+
| domain_id  | None                              |
| id         | a1f46d3cbe0d49c1bf619839bdb432e9  |
| name       | compute-user                      |
+------------+-----------------------------------+
```

从上面操作可以看出，创建角色需要角色名称信息。具体命令格式如下：

```
$ openstack user create <name>
```

其中参\<name\>代表角色名称。

（4）绑定用户和项目权限

需要为添加的用户分配一定的权限，这就需要把用户关联绑定到对应的项目和角色。例如，给用户 alice 分配 acme 项目下的 compute-user 角色，命令如下：

```
[root@ controller ~]# openstack role add --user alice  --project acme   compute-user
```

从上面操作可以看出，绑定用户权限需要用户名称、角色名称和项目名称等信息。具体命令格式如下：

```
$ openstack role add--user <user>--project <project><role>
```

其中，参数\<user\>代表需要绑定的用户名称；参数\<role\>代表用户绑定的角色名称；参数\<project\>代表用户绑定的项目名称。

2. Keystone 基础查询命令

（1）用户列表查询

OpenStack 平台所使用的用户可以通过 Keystone 组件进行查询。可以查询当前所有用户列表信息，命令如下：

```
[root@ controller ~]# openstack user list
+----------------------------------+---------+
| ID                               | Name    |
+----------------------------------+---------+
| 1ecbb92b750f4a1a99a917ee5cb802f4 | swift   |
| 32cb9c3c47f445f79108fcdfde214a8d | glance  |
| 501447f036f449f0885a0d85f457a6c1 | neutron |
| 6119916d7a6f4b77b214ec5b8c712f4a | admin   |
| 68e98243b2a9431081957563a74dce74 | nova    |
```

```
| 7d1cfc1d4a2948b0a9b0261ba41fbc14 | demo   |
| 8d1508eed92e4cbebf09b13f343e24ce | cinder |
| a49a222f8e194342a5a113193897d915 | alice  |
+----------------------------------+--------+
```

可以查询到具体用户的详细信息，查看用户当前的状态，命令如下：

```
[root@ controller ~]# openstack user show alice
+-----------+----------------------------------+
| Field     | Value                            |
+-----------+----------------------------------+
| domain_id | 5cf2b1fbdc9e4f799187625e743a8be2 |
| email     | alice@ example. com              |
| enabled   | True                             |
| id        | a49a222f8e194342a5a113193897d915 |
| name      | alice                            |
+-----------+----------------------------------+
```

（2）项目列表查询

可以查询所创建的项目 acme，也可以查询当前 OpenStack 平台中所有存在项目的列表，命令如下：

```
[root@ controller ~]# openstack project list
+----------------------------------+---------+
| ID                               | Name    |
+----------------------------------+---------+
| 2d359a6bc6834d02946e6f1be3e4dd12 | service |
| ad251afdba114cd2aa6e9a8ffcdf0d4b | demo    |
| c6ddd5dfbd4b42ee8b2591681898faa1 | acme    |
| f61a5380d7c04bfcb0a30e7e69d93c00 | admin   |
+----------------------------------+---------+
```

可以查询 acme 项目的详细信息内容，命令如下：

```
[root@ controller ~]# openstack project show acme
+-------------+----------------------------------+
| Field       | Value                            |
+-------------+----------------------------------+
| description |                                  |
| domain_id   | 5cf2b1fbdc9e4f799187625e743a8be2 |
| enabled     | True                             |
| id          | c6ddd5dfbd4b42ee8b2591681898faa1 |
```

```
| is_domain   | False                              |
| name        | acme                               |
| parent_id   | 5cf2b1fbdc9e4f799187625e743a8be2   |
+-------------+------------------------------------+
```

（3）角色列表查询

查询创建的角色 compute-user，通过 Keystone 组件查询角色列表信息，命令如下：

```
[root@ controller ~]# openstack role list
+------------------------------------+---------------+
| ID                                 | Name          |
+------------------------------------+---------------+
| 84a9ed8975a548e8ba62afab3a03abcf   | user          |
| a1f46d3cbe0d49c1bf619839bdb432e9   | compute-user  |
| c44163d83f6c4b37a6f930bfbf36db55   | admin         |
+------------------------------------+---------------+
```

查询 compute-user 角色的详细信息，命令如下：

```
[root@ controller ~]# openstack role show compute-user
+-----------+------------------------------------+
| Field     | Value                              |
+-----------+------------------------------------+
| domain_id | None                               |
| id        | a1f46d3cbe0d49c1bf619839bdb432e9   |
| name      | compute-user                       |
+-----------+------------------------------------+
```

（4）端点地址查询

Keystone 组件管理 OpenStack 平台中所有服务端点信息，可以查询平台中所有服务所使用的端点地址信息，命令如下：

```
[root@ controller ~]# openstack endpoint list
+------------+-----------+--------------+--------------+---------+-----------+----------+
| ID         | Region    | Service Name | Service Type | Enabled | Interface | URL      |
+------------+-----------+--------------+--------------+---------+-----------+----------+
| 049c92a079ee41 | RegionOne | keystone | identity | True    | admin     | http://control |
| .........  |           |              |              |         |           |          |
| 5ddc       |           |              |              |         |           |          |
| %(tenant_id)s |        |              |              |         |           |          |
+------------+-----------+--------------+--------------+---------+-----------+----------+
```

5.7 实战案例——Glance 服务运维

5.7.1 案例描述

① 了解 Glance 服务的功能。
② 学习 Glance 服务的基础命令。
③ 使用 Glance 命令完成相应运维任务。

5.7.2 案例分析

1. 规划节点

使用 OpenStack 平台的节点规划见表 5-7-1。

表 5-7-1 规 划 节 点

IP	主 机 名	节 点
192.168.10.10	controller	控制节点
192.168.10.20	compute	计算节点

2. 基础准备

使用实战案例 5.4 部署的 OpenStack 平台。

5.7.3 案例实施

Glance 镜像服务用于实现发现、注册、获取虚拟机镜像和镜像元数据。镜像数据支持多种存储系统，可以是简单文件系统、对象存储系统等。Glance 镜像服务是典型的 C/S 架构，主要包括 REST API、数据库抽象层（DAL）、域控制器（Glance Domain Controller）和注册层（Registry Layer）。Glance 使用集中数据库（Glance DB）在 Glance 各组件间直接共享数据。

1. Glance 管理镜像

（1）创建镜像

创建一个名称为 cirros 的镜像，镜像文件使用提供的 cirros-0.3.4-x86_64-disk.img，命令如下：

```
[root@ controller ~]# glance image-create --name "cirros" --disk-format qcow2 --container-format
bare --progress < cirros-0.3.4-x86_64-disk.img
[=============================>] 100%
+------------------+-----------------------------------+
| Property         | Value                             |
+------------------+-----------------------------------+
| checksum         | ee1eca47dc88f4879d8a229cc70a07c6  |
| container_format | bare                              |
| created_at       | 2019-11-01T06:13:49Z              |
| disk_format      | qcow2                             |
| id               | bdd8d652-7d10-4a77-8a9b-b8563df42d5a |
| min_disk         | 0                                 |
| min_ram          | 0                                 |
| name             | cirros                            |
| owner            | f61a5380d7c04bfcb0a30e7e69d93c00  |
| protected        | False                             |
| size             | 13287936                          |
| status           | active                            |
| tags             | []                                |
| updated_at       | 2019-11-01T06:14:00Z              |
| virtual_size     | None                              |
| visibility       | private                           |
+------------------+-----------------------------------+
```

（2）查看镜像列表

查询镜像列表命令及结果如下：

```
[root@ controller ~]# glance image-list
+--------------------------------------+-----------+
| ID                                   | Name      |
+--------------------------------------+-----------+
| 81ec2073-4ae8-4bac-83ab-b84ca3d45f1d | centos7.2 |
| bdd8d652-7d10-4a77-8a9b-b8563df42d5a | cirros    |
+--------------------------------------+-----------+
```

2. Glance 镜像运维

（1）查看镜像详情

通过 glance image-show 命令查看镜像的详细信息（id 参数可以是对应镜像 id 或者镜像名称）如下：

```
# glance image-show bdd8d652-7d10-4a77-8a9b-b8563df42d5a
```

查询结果如下：

```
+------------------+-------------------------------------+
| Property         | Value                               |
+------------------+-------------------------------------+
| checksum         | ee1eca47dc88f4879d8a229cc70a07c6    |
| container_format | bare                                |
| created_at       | 2019-11-01T06:13:49Z                |
| disk_format      | qcow2                               |
| id               | bdd8d652-7d10-4a77-8a9b-b8563df42d5a |
| min_disk         | 0                                   |
| min_ram          | 0                                   |
| name             | cirros                              |
| owner            | f61a5380d7c04bfcb0a30e7e69d93c00    |
| protected        | False                               |
| size             | 13287936                            |
| status           | active                              |
| tags             | []                                  |
| updated_at       | 2019-11-01T06:14:00Z                |
| virtual_size     | None                                |
| visibility       | private                             |
+------------------+-------------------------------------+
```

（2）更改镜像

可以使用 glance image-update 命令更新镜像信息，使用 glance image-delete 命令删除镜像信息。如果需要改变镜像启动硬盘最低要求值（min-disk）时，min-disk 默认单位为 GB。使用 glance image-update 命令更新镜像信息的操作如下：

```
# glance image-update --min-disk=1  bdd8d652-7d10-4a77-8a9b-b8563df42d5a
```

查询结果如下：

```
+------------------+-------------------------------------+
| Property         | Value                               |
+------------------+-------------------------------------+
| checksum         | ee1eca47dc88f4879d8a229cc70a07c6    |
| container_format | bare                                |
| created_at       | 2019-11-01T06:13:49Z                |
| disk_format      | qcow2                               |
| id               | bdd8d652-7d10-4a77-8a9b-b8563df42d5a |
```

```
| min_disk       | 1                                           |
| min_ram        | 0                                           |
| name           | cirros                                      |
| owner          | f61a5380d7c04bfcb0a30e7e69d93c00            |
| protected      | False                                       |
| size           | 13287936                                    |
| status         | active                                      |
| tags           | [ ]                                         |
| updated_at     | 2019-11-01T06:16:55Z                        |
| virtual_size   | None                                        |
| visibility     | private                                     |
+----------------+---------------------------------------------+
```

（3）删除镜像

通过命令删除镜像 cirros 操作和执行结果如下：

```
[ root@ controller ~ ]# glance image-delete bdd8d652-7d10-4a77-8a9b-b8563df42d5a
[ root@ controller ~ ]# glance image-list
+--------------------------------------+------------+
| ID                                   | Name       |
+--------------------------------------+------------+
| 81ec2073-4ae8-4bac-83ab-b84ca3d45f1d | centos7.2  |
+--------------------------------------+------------+
```

5.8 实战案例——Nova 服务运维

微课 5.7
实 战 案 例——Nova
服务运维

5.8.1 案例描述

① 了解 Nova 服务的功能。
② 学习 Nova 服务的基础命令。
③ 使用 Nova 命令完成相应运维任务。

5.8.2 案例分析

1. 规划节点

使用 OpenStack 平台的节点规划见表 5-8-1。

表 5-8-1　节 点 规 划

IP	主 机 名	节 点
192.168.10.10	controller	控制节点
192.168.10.20	compute	计算节点

2. 基础准备

使用实战案例 5.4 部署的 OpenStack 平台。

5.8.3　案例实施

1. Nova 运维命令

（1）Nova 管理安全组规则

安全组（Security Group）是一些规则的集合，用来对虚拟机的访问流量加以限制，这反映到底层，就是使用 iptables，给虚拟机所在的宿主机添加 iptables 规则。可以定义 n 个安全组，每个安全组可以有 n 个规则，可以给每个实例绑定 n 个安全组。Nova 中总是有一个 default 安全组，这个组是不能被删除的。创建实例时，如果不指定安全组，会默认使用这个 default 安全组。现在 Nova 中的安全组应该会移到 Neutron 中，并且会增加对虚拟机外出流量的控制。

注意：Nova 中的安全组只是对进入虚拟机的流量加以控制，对虚拟机外出流量没有加以限制。

常用的安全组命令如下：

```
# nova secgroup-create
```

功能：创建安全组。

创建一个名为 test 的安全组，描述为'test the nova command about the rules'，命令及执行结果如下：

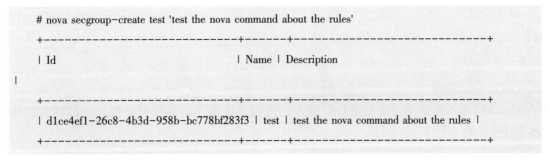

```
# nova secgroup-create test 'test the nova command about the rules'
+--------------------------------------+------+----------------------------------+
| Id                                   | Name | Description                      |
|
+--------------------------------------+------+----------------------------------+
| d1ce4ef1-26c8-4b3d-958b-bc778bf283f3 | test | test the nova command about the rules |
+--------------------------------------+------+----------------------------------+
```

（2）Nova 管理虚拟机类型

虚拟机类型是在创建实例时，分配给实例的资源情况。接下来介绍 Nova 对虚拟机类型的管理，命令如下：

```
# nova flavor-create
```

功能：创建一个虚拟机类型。

使用命令创建一个名为 test，ID 为 6，内存为 2048 MB，磁盘容量为 20 GB，vCPU 数量为 2 的云主机类型。具体命令及执行结果如下：

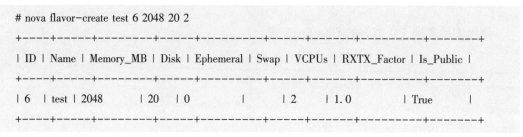

```
# nova flavor-create test 6 2048 20 2
+----+------+-----------+------+-----------+------+-------+-------------+-----------+
| ID | Name | Memory_MB | Disk | Ephemeral | Swap | VCPUs | RXTX_Factor | Is_Public |
+----+------+-----------+------+-----------+------+-------+-------------+-----------+
| 6  | test | 2048      | 20   | 0         |      | 2     | 1.0         | True      |
+----+------+-----------+------+-----------+------+-------+-------------+-----------+
```

查看 test 云主机类型的详细信息如下：

```
# nova flavor-show test
+----------------------------+-------+
| Property                   | Value |
+----------------------------+-------+
| OS-FLV-DISABLED:disabled   | False |
| OS-FLV-EXT-DATA:ephemeral  | 0     |
| disk                       | 20    |
| extra_specs                | {}    |
| id                         | 6     |
| name                       | test  |
| os-flavor-access:is_public | True  |
| ram                        | 2048  |
| rxtx_factor                | 1.0   |
| swap                       |       |
| vcpus                      | 2     |
+----------------------------+-------+
```

2. Nova 实例管理

（1）启动实例

Nova 可对云平台中的实例进行管理，包括创建实例、启动实例、删除实例和实例迁移等操作，命令如下：

```
# nova boot
```

功能：启动实例。

格式：

```
nova boot [--flavor <flavor>] [--image <image>]
                 [--image-with <key=value>] [--boot-volume <volume_id>]
                 [--snapshot <snapshot_id>] [--min-count <number>]
                 [--max-count <number>] [--meta <key=value>]
                 [--file <dst-path=src-path>] [--key-name <key-name>]
                 [--user-data <user-data>]
                 [--availability-zone <availability-zone>]
                 [--security-groups <security-groups>]
                 [--block-device-mapping <dev-name=mapping>]
                 [--block-device key1=value1[,key2=value2...]]
                 [--swap <swap_size>]
                 [--ephemeral size=<size>[,format=<format>]]
                 [--hint <key=value>]
                 [--nic <net-id=net-uuid,net-name=network-name,v4-fixed-ip=ip-addr,v6-
fixed-ip=ip-addr,port-id=port-uuid>]
                 [--config-drive <value>] [--poll] [--admin-pass <value>]
                 [--access-ip-v4 <value>] [--access-ip-v6 <value>]
                 [--description <description>]
<name>
```

其中，固定参数说明如下。

<name>：实例名称。

可选参数说明如下。

[--flavor <flavor>]：虚拟机类型。

[--image <image>]：选用的镜像。

[--image-with <key=value>]：镜像的元数据属性。

[--boot-volume <volume_ id>：启动逻辑卷的 ID。

[--snapshot <snapshot_ id>]：快照。

[--num-instances <number>]：实例数量。

[--meta <key=value>]：元数据。

[--file <dst-path=src-path>]：文件。

[--key-name <key-name>]：密钥名称。

[--user-data <user-data>]：注入的用户数据。

[--availability-zone <availability-zone>]：可用域。

[--security-groups <security-groups>]：安全组。

[--block-device-mapping <dev-name=mapping>]：块存储格式化。

[--block-device key1＝value1 ［, key2＝value2...］］：块设备参数。

[--swap <swap_ size>]：交换分区大小。

[--ephemeral size＝<size> ［, format＝<format>］]：连接块存储大小。

[--hint <key＝value>]：自定义数据。

[--nic]：配置 IP。

[--config-drive <value>]：驱动使能。

[--poll]：显示创建进度。

（2）删除实例

命令如下：

nova delete

功能：删除实例。

格式如下：

usage：nova delete ［--all-tenants］ <server> ［<server> ...］

Immediately shut down and delete specified server(s).

Positional arguments：

<server>   Name or ID of server(s).

Optional arguments：

　--all-tenants   Delete server(s) in another tenant by name (Admin only).

5.9 实战案例——Neutron 服务运维

微课 5.8
实战案例——Neu-
tron 服务运维

5.9.1 案例描述

① 了解 Neutron 服务的功能。

② 学习 Neutron 服务的基础命令。

③ 使用 Neutron 命令完成相应运维任务。

5.9.2 案例分析

1. 规划节点

使用 OpenStack 平台的节点规划见表 5-9-1。

表 5-9-1　规 划 节 点

IP	主 机 名	节 点
192. 168. 10. 10	controller	控制节点
192. 168. 10. 20	compute	计算节点

2. 基础准备

使用实战案例 5.4 部署的 OpenStack 平台。

5.9.3　案例实施

Neutron 组件可以灵活地划分物理网络，在多租户环境下提供给每个租户独立的网络环境。它是可以被用户创建的对象，如果要和物理环境下的概念映射，那么这个对象相当于一个巨大的交换机，可以拥有无限多个动态可创建和销毁的虚拟端口。

1. Neutron 查询

使用 Neutron 相关命令查询网络服务列表信息中的"binary"一列，命令如下：

```
[ root@ xiandian ~]#　neutron agent-list -c binary
+----------------------------+
| binary                     |
+----------------------------+
| neutron-l3-agent           |
| neutron-openvswitch-agent  |
| neutron-dhcp-agent         |
| neutron-metadata-agent     |
+----------------------------+
```

2. 查询网络详情

查询网络详细信息的命令和执行结果如下：

```
[ root@ xiandian ~]# neutron net-list
+--------------------------------------+-----------+---------+
| id                                   | name      | subnets |
+--------------------------------------+-----------+---------+
| bd923693-d9b1-4094-bd5b-22a038c44827 | sharednet1|         |
+--------------------------------------+-----------+---------+
# neutron net-show bd923693-d9b1-4094-bd5b-22a038c44827
```

```
+----------------------------+-------------------------------------+
| Field                      | Value                               |
+----------------------------+-------------------------------------+
| admin_state_up             | True                                |
| availability_zone_hints    |                                     |
| availability_zones         |                                     |
| created_at                 | 2017-02-23T04:58:17                 |
| description                |                                     |
| id                         | bd923693-d9b1-4094-bd5b-22a038c44827|
| ipv4_address_scope         |                                     |
| ipv6_address_scope         |                                     |
| mtu                        | 1500                                |
| name                       | sharednet1                          |
| port_security_enabled      | True                                |
| provider:network_type      | flat                                |
| provider:physical_network  | physnet1                            |
| provider:segmentation_id   |                                     |
| router:external            | False                               |
| shared                     | True                                |
| status                     | ACTIVE                              |
| subnets                    |                                     |
| tags                       |                                     |
| tenant_id                  | 20b1ab08ea644670addb52f6d2f2ed61    |
| updated_at                 | 2017-02-23T04:58:17                 |
+----------------------------+-------------------------------------+
```

3. 查询 Neutron 相关组件服务

使用 Neutron 相关命令查询网络服务 DHCP agent 的详细信息（id 为查询到 DHCP agent 服务对应 id），命令如下：

```
[root@ xiandian ~]# neutron agent-list
+--------------------------------------+----------------+----------+-------------------+-------+----------------+---------------------+
| id                                   | agent_type     | host     | availability_zone | alive | admin_state_up | binary              |
+--------------------------------------+----------------+----------+-------------------+-------+----------------+---------------------+
| 7dd3ea38-c6fc-4a73-a530-8b007afeb778 | L3 agent       | xiandian | nova              | :-)   | True           | neutron-l3-agent    |
```

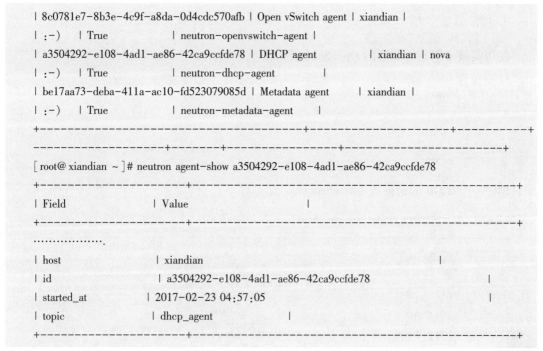

```
| 8c0781e7-8b3e-4c9f-a8da-0d4cdc570afb | Open vSwitch agent | xiandian |
| :-)    | True             | neutron-openvswitch-agent |
| a3504292-e108-4ad1-ae86-42ca9ccfde78 | DHCP agent         | xiandian | nova
| :-)    | True             | neutron-dhcp-agent        |
| be17aa73-deba-411a-ac10-fd523079085d | Metadata agent     | xiandian |
| :-)    | True             | neutron-metadata-agent    |
+--------------------------------------+--------------------+----------+
-----------------+-------+-------+---------------------------+
[root@xiandian ~]# neutron agent-show a3504292-e108-4ad1-ae86-42ca9ccfde78
+--------------------+---------------------------------------------------+
| Field              | Value                                             |
+--------------------+---------------------------------------------------+
.................
| host               | xiandian                                          |
| id                 | a3504292-e108-4ad1-ae86-42ca9ccfde78              |
| started_at         | 2017-02-23 04:57:05                               |
| topic              | dhcp_agent                                        |
+--------------------+---------------------------------------------------+
```

5.10　实战案例——Cinder 服务运维

微课 5.9
实战案例——Cinder
服务运维

5.10.1　案例描述

① 了解 Cinder 服务的功能。
② 学习 Cinder 服务的基础命令。
③ 使用 Cinder 命令完成相应运维任务。

5.10.2　案例分析

1. 规划节点

使用 OpenStack 平台的节点规划见表 5-10-1。

表 5-10-1　规　划　节　点

IP	主 机 名	节　　点
192.168.10.10	controller	控制节点
192.168.10.20	compute	计算节点

2. 基础准备

使用实战案例 5.4 部署的 OpenStack 平台。

5.10.3　案例实施

1. 创建云硬盘

创建一个 2 GB 的云硬盘 extend-demo，命令如下：

```
# cinder create --name cinder-volume-demo2
+--------------------------------+--------------------------------------+
|           Property             |                Value                 |
+--------------------------------+--------------------------------------+
..................
|           status               |               creating               |
|         updated_at             |      2019-09-28T18:59:14.000000       |
|          user_id               |    53a1cf0ad2924532aa4b7b0750dec282   |
|        volume_type             |                 None                 |
+--------------------------------+--------------------------------------+
```

通过 cinder-list 命令查看云硬盘信息：

```
# cinder list
```

执行结果如下：

```
+--------------------------------------+-----------+---------------------
+------+--------------+-----------+--------------+
|                 ID                   |  Status   |       Name       | Size | Volume
Type | Bootable | Attached to |
+--------------------------------------+-----------+---------------------
+------+--------------+-----------+--------------+
| 5df3295d-3c92-41f5-95af-c371a3e8b47f | available | cinder-volume-demo |  2   |              -
|  false   |              |
+--------------------------------------+-----------+---------------------
+------+--------------+-----------+--------------+
```

2. 创建云硬盘卷类型

可以通过 cinder type-create 命令创建 type 标识的卷类型。例如，创建一个名为"lvm"的卷类型，命令如下：

```
# cinder type-create lvm
+--------------------------------------+------+-------------+-----------+
|                 ID                   | Name | Description | Is_Public |
+--------------------------------------+------+-------------+-----------+
| b247520f-84dd-41cb-a706-4437e7320fa8 | lvm  |      -      |   True    |
+--------------------------------------+------+-------------+-----------+
```

可以通过 cinder type-list 命令来查看现有的卷类型：

```
# cinder type-list
+--------------------------------------+------+-------------+-----------+
|                 ID                   | Name | Description | Is_Public |
+--------------------------------------+------+-------------+-----------+
| b247520f-84dd-41cb-a706-4437e7320fa8 | lvm  |      -      |   True    |
+--------------------------------------+------+-------------+-----------+
```

3. 创建带标识云硬盘

下面以 type 标识为例，创建一块带"lvm"标识的云硬盘，命令如下：

```
# cinder create --name type_test_demo --volume-type lvm 1
+---------------------------------+----------------------------------+
|            Property             |              Value               |
+---------------------------------+----------------------------------+
..............
|            status               |             creating             |
|          updated_at             |               None               |
|           user_id               |  53a1cf0ad2924532aa4b7b0750dec282 |
|         volume_type             |               lvm                |
+---------------------------------+----------------------------------+
```

创建成功后通过命令查看结果，可以看到该卷的 volume_type 字段已修改为"lvm"，查询命令如下：

```
# cinder show type_test_demo
+---------------------------------+----------------------------------+
|            Property             |              Value               |
+---------------------------------+----------------------------------+
.................
|            status               |            available             |
|          updated_at             |    2019-09-28T19:15:15.000000    |
|           user_id               |  53a1cf0ad2924532aa4b7b0750dec282 |
|         volume_type             |               lvm                |
+---------------------------------+----------------------------------+
```

可以使命令删除指定的 Cinder 卷。删除 Cinder 卷的方法比较简单，用户可以通过命令"cinder delete <volume> [<volume> ...]"删除一个或多个 Cinder 卷，删除命令如下：

```
# cinder delete cinder-volume-demo
Request to delete volume cinder-volume-demo has been accepted.
```

5.11　实战案例——Swift 服务运维

微课 5.10
实战案例——Swift
服务运维

5.11.1　案例描述

① 了解 Swift 服务的功能。
② 学习 Swift 服务的基础命令。
③ 使用 Swift 命令完成相应运维任务。

5.11.2　案例分析

1. 规划节点

使用 OpenStack 平台的节点规划见表 5-11-1。

表 5-11-1　节点规划

IP	主 机 名	节　　点
192.168.10.10	controller	控制节点
192.168.10.20	compute	计算节点

2. 基础准备

使用实战案例 5.4 部署的 OpenStack 平台。

5.11.3　案例实施

1. Swift 查询命令

（1）创建容器
通过命令行实现对 Swift 上数据的操作，首先需要创建一个名称为"test"的容器，命令如下：

```
# swift post test
```

（2）查询容器

查看"test"容器里面的内容，命令如下：

```
# swift list test
```

通过显示结果可以看出目前 test 容器里面的内容是空的，这时用户希望将本地的 file 目录内容递归上传到 test 容器内。首先创建 file 目录，并同时新建 3 个文件 one. txt、two. doc 和 three. png。具体命令如下：

```
# mkdir file
# touch one. txt
# touch two. doc
# touch three. png
```

2. Swift 上传和下载

（1）上传文件至容器

上传时首先需要上传一个空白的 file 目录，命令如下：

```
# swift upload test file/
```

将 one. txt 文件上传到 test 容器内 file 目录内，命令和执行结果如下：

```
# swift upload test/file one. txt
```

换一种方式将剩下的 two. doc 和 three. png 递归上传到 test 容器下的 file 目录内，命令和执行结果如下：

```
# mv two. doc three. png file/
# swift upload test file/
file/three. png
file/two. doc
```

（2）从容器中下载文件

数据在 Swift 集群内保存，随时供用户下载使用，现在下载 three. png 文件，命令和执行结果如下：

```
# swift download test file/three. png
file/three. png [ auth 0. 445s, headers 0. 870s, total 0. 871s, 0. 000 MB/s]
```

（3）从容器中删除文件

目前磁盘容量有限，需要删除一些相对价值低的数据，以空出更多的空间。这时已经将 three. png 下载到本地，所以暂时将 three. png 从对象存储服务器中删除，命令和执行结果如下：

```
# swift delete test file/three. png
file/three. png
```

（4）查看容器服务状态

用户还可以通过 swift stat 命令来查看整个 Account 账户下的 Swift 状态，命令和执行结果如下：

```
# swift stat
                        Account：AUTH_0ab2dbde4f754b699e22461426cd0774
                Containers：1
                   Objects：3
                     Bytes：0
Containers in policy "policy-0"：1
   Objects in policy "policy-0"：3
     Bytes in policy "policy-0"：0
     X-Account-Project-Domain-Id：3ac89594c8e944a9b5bb567fca4e75aa
                 X-Timestamp：1569699525. 96576
                  X-Trans-Id：txe80d8e2c7285497895340-005d8fc0fb
                Content-Type：text/plain；charset=utf-8
               Accept-Ranges：bytes
```

5. 12   本章习题

1. OpenStack 从（   ）版本增加了 Glance 模板模块。

   A. Austin   B. Bexar   C. Cactus   D. Diablo

2. OpenStack 中的计算模块是（   ）模块。

   A. Nova   B. Glance   C. Swift   D. Cinder

3. 下列不属于项目的 Quota 信息的是（   ）。

   A. 块存储的限制（数目和总大小）   B. 虚拟机数目的限制

   C. 浮动 IP 地址和静态 IP 地址的限制   D. 用户权限的限制

4. Horirzon 组件的主要功能是（   ）。

   A. Web 接口   B. 计算服务   C. 镜像服务   D. 网络服务

5. Keystone 服务主要创建了（   ）。

   A. role   B. user   C. Token   D. nova-conductor

6. Neutron 完成网络连接需要的硬件有（   ）。

　　A. 路由　　　　　　B. 交换机　　　　C. 子网　　　　　　D. 端口

7. 以下功能中，Keystone 模块所包含的有（　　　）。

　　A. 负责身份验证、服务规则和令牌管理

　　B. 模块通过 Keystone 以服务的形式将自己注册为 endpoint

　　C. 访问目标服务需要经过 Keystone 的身份验证

　　D. 对模板访问权限的控制

8. 在一个 OpenStack 的生产环境中，下列中需要考虑的部署规范是（　　　）。

　　A. 控制网络、计算网络、存储网络分离的网络架构

　　B. 控制节点的 HA 功能

　　C. 存储节点和网络节点的分布式部署

　　D. 采用状态分离的架构

9. 下列不属于 Nginx 特性的是（　　　）。

　　A. 反向代理

　　B. 嵌入式 Perl 解释器

　　C. 动态二进制升级

　　D. 不可用于重新编写 URL

10. Nginx 服务器的最佳用途是（　　　）。

　　A. 数据库管理

　　B. 网络存储

　　C. 网络上部署动态 HTTP 内容

　　D. 高性能运算

11. 哪种模块负责 OpenStack 中的镜像管理？

12. 简述 OpenStack 中 Cinder 的基本功能。

13. Nginx 使用什么模式来处理 HTTP 请求的？

第6章 公有云技术

6.1 引言

微课 6.1
引言

PPT 公有云
技术

PPT

公有云通常指第三方供应商为用户提供的能够通过 Internet 使用的云端基础设施和服务，其核心属性是共享资源服务。常见的公有云服务有阿里云、华为云、腾讯云等，为人们学习云计算、中小企业业务上云提供了更多的选择。

本章主要面向云计算的初学者，结合专业教学，能够让读者快速掌握公有云的基本使用和应用场景。本章主要介绍了公有云基本技术，阐述了云服务器、云数据库、云存储等云产品的概念及相关知识点，并给出了相关云产品的案例实战。最后，通过综合案例，帮助读者能够独立完成业务上云操作和配置。针对初学者，本书给出了关于公有云的学习路线图，如图 6-1-1 所示。

素质目标
第 6 章

图 6-1-1　公有云学习路线图

6.2　云服务器及相关技术

6.2.1　云服务器简介

　　云服务器的业内名称叫作计算单元。计算单元，即该服务器就像一个人的大脑，相当于普通 PC（个人计算机）的 CPU，里面的资源是有限的。用户要获得更好的性能，解决办法有以下两种：一是升级云服务器；二是将其他耗费计算单元资源的软件部署在对应的云服务上。例如，数据库有专门的云数据库服务，静态网页和图片有专门的文件存储服务。

　　云服务器是云计算服务的重要组成部分，是面向各类互联网用户提供综合业务能力的服务平台。平台整合了传统意义上的互联网应用三大核心要素——计算、存储、网络，面向用户提供公用化的互联网基础设施服务。云服务器创建成功后，用户可以像使用自己的本地 PC 或物理服务器一样，在云上使用云服务器。云服务器的开通是自助完成的，用户只需要指定 CPU、内存、操作系统、规格、登录鉴权方式即可，同时也可以根据自己的需求随时调整云服务器规格。它能为用户打造一个高效、可靠、安全、灵活的计算环境。

　　云服务器是一种简单高效、安全可靠、处理能力可弹性伸缩的计算服务。其管理方式比物理服务器更简单高效。用户无须提前购买硬件，即可迅速创建或释放任意多台云服务器。

　　云服务器能够帮助用户快速构建更稳定、安全的应用，降低开发运维的难度和整体 IT 成本，使用户能够更专注于核心业务的创新。云服务器主要包含以下功能组件：

　　① 实例。实例等同于一台虚拟服务器，包含 CPU、内存、操作系统、网络配置、磁盘等基础的计算组件。

　　② 镜像。镜像，即向实例提供的操作系统，系统内可预装软件和初始化应用数据。

　　③ 安全组。安全组是一种虚拟防火墙，用于设置实例的网络访问控制，例如端口的开放与关闭。

　　④ 网络。云服务器网络可以建立在通用的公共基础网络上，也可以建立在逻辑上彻底隔离的云上私有网络，用户可以自行分配私有网络 IP 地址范围，配置路由表和网关等。

6.2.2　云服务器的优势

　　云服务器可以根据业务需求和伸缩策略，自动调整计算资源，可以根据自身需要自定义服务器配置，灵活地选择所需的内存、CPU、带宽等配置。具有稳定可靠、多方位的安全保障、弹性伸缩等优势。相对 IDC（互联网数据中心）机房，云服务器具有高可用性、安全性和弹性的优势。云服务器与传统 IDC 的优势对比见表 6-2-1。

表 6-2-1　云服务器与传统 IDC 的优势对比

对比项	传统 IDC	云 服 务 器
投入成本	高额的综合信息化成本投入	按需付费，有效降低综合成本
产品性能	难以确保获得持续可控的产品性能	硬件资源的隔离+独享带宽
管理能力	日趋复杂的业务管理难度	集中化的远程管理平台+多级业务备份
扩展能力	服务环境缺乏灵活的业务弹性	快速的业务部署与配置、规模的弹性扩展能力

6.2.3　云服务器的相关技术

1. 虚拟化技术

云服务器在一定程度上是一种通过虚拟化技术实现的虚拟服务器。它作为一种虚拟化的方案，主要分为全虚拟化、半虚拟化、操作系统虚拟化 3 种。虚拟化平台将 1000 台以上的服务器集群虚拟为多个性能可配的虚拟机（KVM），对整个集群系统中所有 KVM 进行监控和管理，并根据实际资源使用情况灵活分配和调度资源池。

2. 分布式存储

分布式存储用于将大量服务器整合为一台超级计算机，提供大量的数据存储和处理服务。分布式文件系统、分布式数据库允许访问共同存储资源，实现应用数据文件的 I/O 共享。

3. 资源调度

虚拟机可以突破单个物理机的限制，动态地资源调整与分配，消除服务器及存储设备的单点故障，实现高可用性。当一个计算节点的主机需要维护时，可以将其上运行的虚拟机通过热迁移技术在不停机的情况下迁移至其他空闲节点，用户会毫无感觉。在计算节点物理损坏的情况下，也可以在 3 min 左右将其业务迁移至其他节点运行，具有十分高的可靠性。

6.2.4　AWS 介绍

全球各地的互联网公司都在转向基于云的基础设施，以提高 IT 敏捷性，获得无限的可扩展性，提高可靠性并降低成本。它们希望能够灵活、快速地扩展其运营，而无须担心构建新的 IT 基础设施，并希望最大程度地减少延迟和数据包传输所需的时间，以避免延迟和中断，从而改进最终用户和客户的体验。因此，客户希望能够轻松支持任何特定国家或地区的数据主权要求。也就是说，客户需要能够灵活地选择广泛的数据中心地理区域来部署应用程序以满足工作负载。

Amazon Web Services（AWS）是全球最全面、应用最广泛的云平台之一，从全球数据中心提供超过 165 项功能齐全的服务。全球有数百万客户（包括增长最快速的初创公司、最大型企业和政府领导机构）选择 AWS 为他们的基础设施提供技术支持，提高他们的敏捷性并降低成本。

无论公司的规模、不断变化的需求或面临的挑战如何，AWS 都为公司提供可以依赖的面向全球的云基础设施。AWS 全球基础设施的设计和构建旨在提供灵活可靠、可扩展且安全的云计算环境，以及高质量的全球网络性能。AWS 基础设施的每个组件都经过精心设计和构建，以实现从区域到网络链路、到负载均衡器，再到路由器和固件的冗余和可靠性。

（1）功能强大

AWS 为一系列应用程序提供服务，包括计算、存储、数据库、联网、分析、机器学习和人工智能（AI）、物联网（IoT）、安全及应用程序开发、部署和管理。

除了提供的服务范围广之外，AWS 还拥有这些服务中的深度功能。例如，Amazon EC2 提供了丰富的计算实例类型，其中包括用于机器学习工作负载的强大 GPU 实例。AWS 的数据库服务数量众多，其中包括 11 项关系和非关系数据库服务，而且 AWS 有很多方式来运行容器，包括 Amazon Elastic Container Service（ECS）、Amazon Elastic Container Service for Kubernetes（EKS）和 AWS Fargate。

借助广泛的服务选择及深度功能，用户可以更加轻松、快速且经济高效地将现有的应用程序迁移到云中。

（2）庞大的客户和合作伙伴社区

AWS 拥有庞大且极具活力的生态系统，在全球拥有数百万活跃客户和数万个合作伙伴。几乎所有行业的客户，包括初创公司、企业和公共部门组织，都在 AWS 上运行所有可能的使用案例。

AWS 合作伙伴网络包括专注于 AWS 服务的数千个系统集成商和成千上万个将其技术应用到 AWS 中的独立软件供应商（ISV）。

AWS Marketplace 是在 AWS 上运行的 ISV 的软件数字目录，它提供来自 1400 多个 ISV 的 35 种类别和超过 4500 个软件列表。

（3）安全性高

AWS 是当今市场上最灵活、最安全的云计算环境之一。

AWS 使用相同的安全硬件与软件来构建和运行在每个区域，因此所有的客户都能受益于唯一的商业云，经审查，该商业云中的服务产品和相关的服务为绝密的工作提供了足够的安全。其中，深度云安全工具对此提供支持，包括 203 项安全、合规性和管理服务及主要功能。

此外，AWS 还支持 85 个安全标准和合规性认证，而且存储客户数据的全部 116 项 AWS 服务均具有加密该数据的能力。

（4）创新速度快

2018 年，AWS 发布了 1957 项新服务和功能，以无与伦比的速度践行着创新，尤其是在机器学习和人工智能、物联网和无服务器计算等新领域。借助 AWS，用户可以利用最新的技术进行创新、提供差别服务及快速交付解决方案。

例如，2014 年，随着 AWS Lambda 的推出，AWS 开创了事件驱动型无服务器计算空间。AWS Lambda 让开发人员可以在不预置管理服务的情况下运行其代码，且无须担心任何底层服务器的预置、扩展、修补或管理。

拓展阅读
华为云介绍

2018 年，AWS 开始使用 C5nEC2 实例类型提供 100 Gbit/s 网络带宽。这种更高的网络性能可以加速各种分析、机器学习、大数据和数据湖应用程序的结果。

（5）成熟的运营专业能力

AWS 在经验、成熟度、可靠性、安全性和性能方面都名列前茅，并已经为全球数百万运行各种使用案例的客户提供云服务超过 12 年，拥有丰富的运营经验。

同时，AWS 在听取客户的意见和学习中不断迭代，在此帮助下，为客户提供出卓越的操作性能，使得客户可以依赖它执行最重要的工作负载。

6.3　实战案例——公有云云服务器的申请与使用

6.3.1　案例目标

微课 6.3
实战案例——公有
云云服务器的申请
与使用

① 了解 AWS 公有云平台。
② 了解如何在 AWS 公有云平台申请云服务器。
③ 在 AWS 公有云平台成功申请云服务器。

6.3.2　案例分析

使用 AWS 公有云平台完成申请云主机的操作。

6.3.3　案例实施

1. 申请云服务器

（1）登录 AWS

打开浏览器，访问 AWS 云平台地址 https://www.amazonaws.cn/，AWS 首页如图 6-3-1 所示。

图 6-3-1　AWS 云平台

选择"我的账户"→"AWS 管理控制台"菜单命令，进入登录界面，如图 6-3-2 所示。

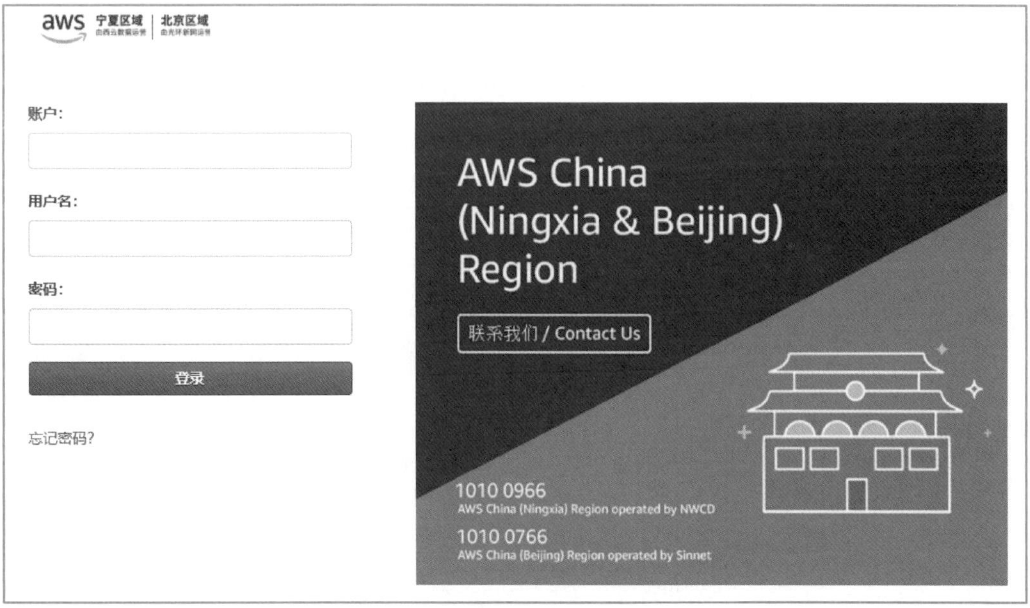

图 6-3-2　AWS 云平台登录界面

输入 AWS 账户、用户名和密码，进入 AWS 控制台，如图 6-3-3 所示。

（2）登录 EC2 控制台

Elastic Compute Cloud（EC2）在 AWS 云中提供可扩展的计算容量。使用 EC2 可避免前期的硬件投入，因此能够快速开发和部署应用程序。通过使用 Amazon EC2，用户可以根据自身需要启动任意数量的虚拟服务器，配置安全和网络以及管理存储。Amazon EC2 允许用户根据需要进行伸缩以应对需求变化或流行高峰，降低流量预测需求。

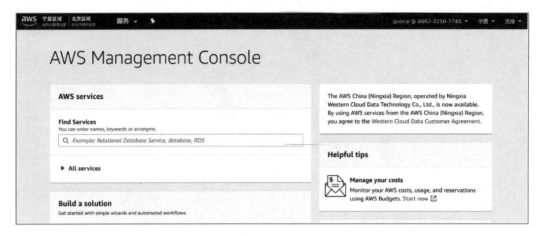

图 6-3-3   AWS 控制台

打开 Amazon EC2 控制台 https：//console. amazonaws. cn/ec2/，如图 6-3-4 所示。

图 6-3-4   EC2 控制台

（3）启动实例

从 EC2 控制台中，单击"启动实例"按钮，如图 6-3-5 所示。

图 6-3-5   启动实例

（4）选择镜像

AMI 是一种模板，其中包含启动实例所需的软件配置（操作系统、应用程序服务器和应用程序）。如图 6-3-6 所示，AWS 提供了多种 AMI，可以选择 AWS、社区或 AWS Marketplace 提供的 AMI，也可以选择自定义 AMI。部分最新镜像由于权限原因无法使用，建议不要选择最新镜像。

图 6-3-6 AMI 列表

（5）选择实例类型

EC2 提供多种适用于不同使用案例且优化过的实例类型，如图 6-3-7 所示。实例实际就是可以运行应用程序的虚拟服务器，由 CPU、内存、存储和网络容量等组成，可以灵活地为实例选择合适的资源组合。

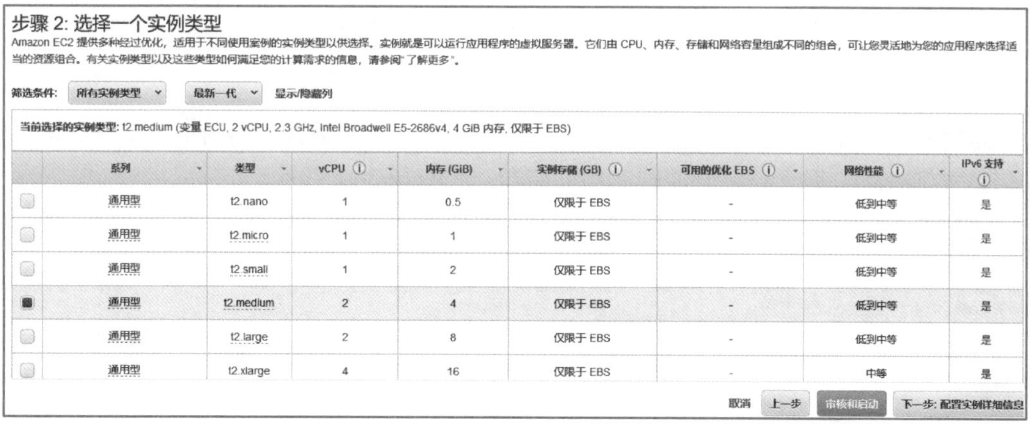

步骤 2：选择一个实例类型

Amazon EC2 提供多种经过优化，适用于不同使用案例的实例类型以供选择。实例就是可以运行应用程序的虚拟服务器。它们由 CPU、内存、存储和网络容量组成不同的组合，可让您灵活地为您的应用程序选择适当的资源组合。有关实例类型以及这些类型如何满足您的计算需求的信息，请参阅"了解更多"。

筛选条件：　所有实例类型　最新一代　显示/隐藏列

当前选择的实例类型：t2.medium（变量 ECU, 2 vCPU, 2.3 GHz, Intel Broadwell E5-2686v4, 4 GiB 内存，仅限于 EBS）

	系列	类型	vCPU ⓘ	内存 (GiB)	实例存储(GB) ⓘ	可用的优化 EBS ⓘ	网络性能 ⓘ	IPv6 支持 ⓘ
☐	通用型	t2.nano	1	0.5	仅限于 EBS	-	低到中等	是
☐	通用型	t2.micro	1	1	仅限于 EBS	-	低到中等	是
☐	通用型	t2.small	1	2	仅限于 EBS	-	低到中等	是
☑	通用型	t2.medium	2	4	仅限于 EBS	-	低到中等	是
☐	通用型	t2.large	2	8	仅限于 EBS	-	低到中等	是
☐	通用型	t2.xlarge	4	16	仅限于 EBS	-	中等	是

取消　上一步　审核和启动　下一步：配置实例详细信息

图 6-3-7 实例类型列表

（6）配置实例详细信息

本步骤主要用于配置实例详细信息，如从同一 AMI 上启动多个实例、请求 Spot 实例以及向实例分配访问管理角色等，如图 6-3-8 所示。

图 6-3-8   实例详细配置信息

（7）添加存储

指定实例将使用何种存储设备，可以将其他 EBS 卷和实例存储卷附加到实例，也可以在启动实例后附加其他 EBS 卷而非实例存储卷，如图 6-3-9 所示。

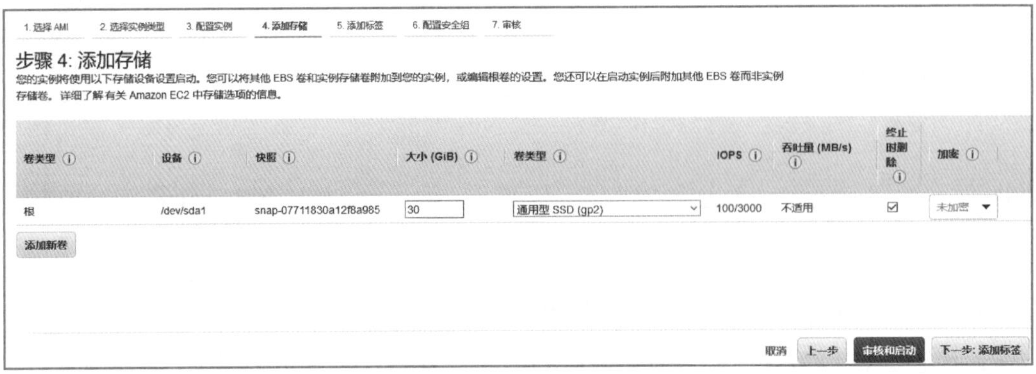

图 6-3-9   添加存储

（8）添加标签

标签由一个区分大小写的键值对组成。例如，可以定义一个键为"name"且值为"Webserver"的标签，可将标签副本应用于卷或实例，标签将应用于所有实例和卷，如图6-3-10所示。

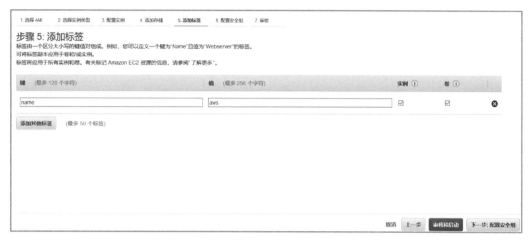

图 6-3-10　添加标签

（9）配置安全组

安全组是一组防火墙规则，用于控制实例的流量。向导创建并选择了默认安全组，也可以选择在设置时创建新的安全组，如图6-3-11所示。

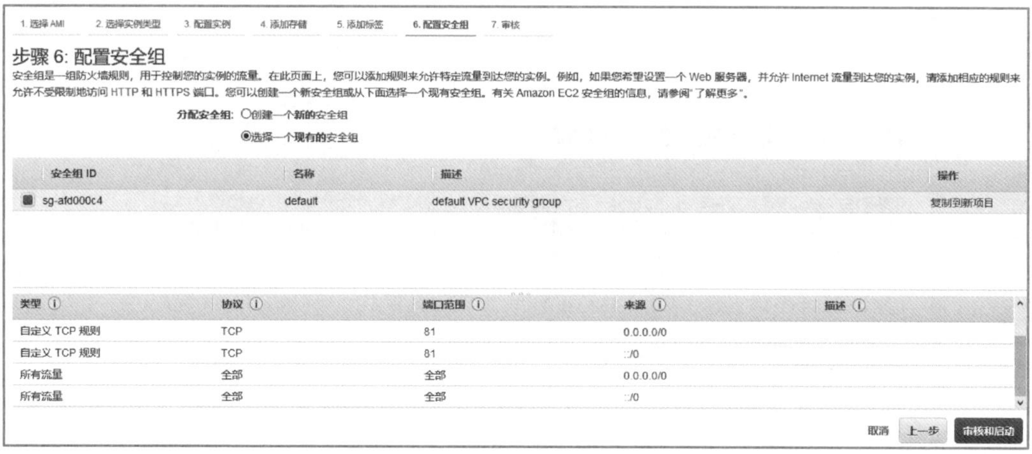

图 6-3-11　配置安全组

（10）审核实例

检查实例启动的详细信息，可返回对每个部分进行编辑和更改，如图6-3-12所示。

（11）配置密钥

如图6-3-13所示，新建密钥对，在下拉列表中选择"创建新密钥对"命令，在下方文本框中输入密钥对名称，然后单击"下载密钥对"按钮将密钥对保存至本地。这是保存私有密钥文件的唯一机会，请务必进行下载。将私有密钥文件保存在安全位置，每次连接到实例时需要提供此私有密钥。

图 6-3-12　审核实例

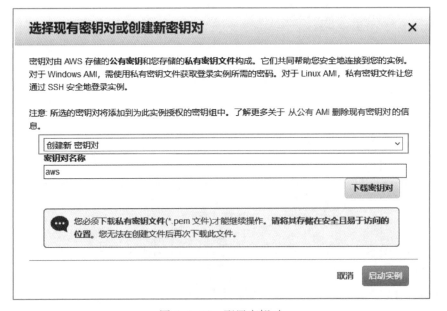

图 6-3-13　配置密钥对

注意：请勿选择在没有密钥对的情况下继续启动实例，如果启动的实例没有密钥对，就不能连接到该实例。

（12）启动状态

"启动状态"界面会显示实例正在启动，如图 6-3-14 所示。

素质提升
阿里云盘古存储
系统

图 6-3-14　实例启动状态

（13）查看实例列表

返回 EC2 控制台，可以查看实例的启动状态。启动实例只需很短的时间，其初始状态为 pending，启动后其状态变为 running，并且会获得一个公有 DNS，如图 6-3-15 所示。

图 6-3-15　实例列表

2. 连接云服务器

连接 EC2 的主要方式见表 6-3-1。

表 6-3-1　EC2 连接方式

本地计算机	连接方法
Linux 或 Mac OS X	SSH 客户端
	EC2 Instance Connect
	AWS Systems Manager 会话管理器
Windows	PuTTY
	适用于 Linux 的 Windows 子系统
	SSH 客户端
	AWS Systems Manager 会话管理器

下面以 SecureCRT 工具为例讲解 EC2 实例的远程连接。

（1）获取实例 IP

在实例列表界面，选中需要连接的实例，在"描述"中将看到实例的 IPv4 公有 IP，如图 6-3-16 所示。

图 6-3-16　获取实例的 IPv4 公有 IP

（2）使用 SecureCRT 连接实例

打开 SecureCRT 工具，协议选择 SSH2，在"主机名"文本框中输入获取到的公有 IP，端口号默认使用 22 端口，在"用户名"文本框中输入用户名称，在"鉴权"选项组中选中"公钥"，单击"属性"按钮，将下载的密钥导入（在"使用身份或证书文件"文本框中输入 PEM 公钥文件路径）并确定，如图 6-3-17 所示。最后单击"连接"按钮完成连接设置，连接成功后如图 6-3-18 所示。

EC2 实例常见的用户名如下：

● 对于 Amazon Linux2 或 Amazon Linux AMI，用户名称是 ec2-user。

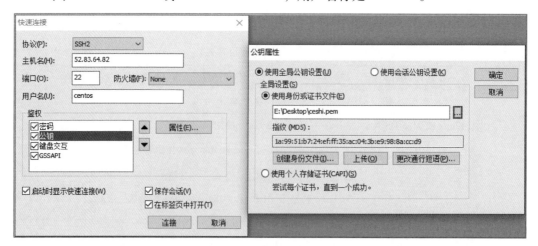

图 6-3-17　配置连接信息

```
52.83.64.82  ×
Last login: Sat Jul  6 14:13:10 2019 from 183.14.133.239
[centos@ip-172-31-46-131 ~]$ ip a
1: lo: <LOOPBACK,UP,LOWER_UP> mtu 65536 qdisc noqueue state UNKNOWN group default qlen 1000
    link/loopback 00:00:00:00:00:00 brd 00:00:00:00:00:00
    inet 127.0.0.1/8 scope host lo
       valid_lft forever preferred_lft forever
    inet6 ::1/128 scope host
       valid_lft forever preferred_lft forever
2: eth0: <BROADCAST,MULTICAST,UP,LOWER_UP> mtu 9001 qdisc mq state UP group default qlen 1000
    link/ether 0a:70:73:f3:7e:14 brd ff:ff:ff:ff:ff:ff
    inet 172.31.46.131/20 brd 172.31.47.255 scope global dynamic eth0
       valid_lft 3085sec preferred_lft 3085sec
    inet6 fe80::870:73ff:fef3:7e14/64 scope link
       valid_lft forever preferred_lft forever
[centos@ip-172-31-46-131 ~]$
[centos@ip-172-31-46-131 ~]$
```

图 6-3-18 连接成功

- 对于 CentOS AMI，用户名称是 centos。
- 对于 Debian AMI，用户名称是 admin 或 root。
- 对于 Fedora AMI，用户名为 ec2-user 或 fedora。
- 对于 RHEL AMI，用户名称是 ec2-user 或 root。
- 对于 SUSE AMI，用户名称是 ec2-user 或 root。
- 对于 Ubuntu AMI，用户名称是 ubuntu。

拓展阅读
华为云服务器的
申请

3. EC2 基本操作

（1）停止和启动

AWS 只能停止由 Amazon EBS 支持的实例。要验证实例的根设备类型，请查看 "实例详情" 检查其根卷的设备类型是 ebs（由 Amazon EBS 支持的实例）还是 instance store。

在 EC2 控制台中，选择要停止的实例。在 "操作" 下拉菜单中选择 "实例状态" → "停止" 命令，如图 6-3-19 所示。停止实例可能需要几分钟时间，当实例停止时，可以修改特定的实例属性。

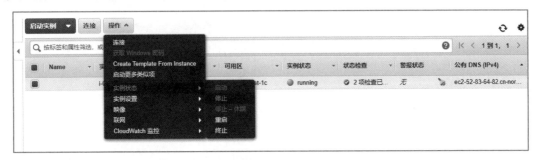

图 6-3-19 停止实例

注意：当停止某个实例时，任何实例存储卷上的数据都将被擦除。要保留实例存储卷中的数据，请确保将其备份到持久性存储中。

（2）重启

实例重启相当于操作系统重启。在许多情况下，只需要几分钟时间即可重启实例。重

启实例时，其仍驻留在相同的物理主机上，因此，实例将保留其公有 DNS 名称、私有
IPv4 地址、IPv6 地址及其实例存储卷上的任何数据。

重启实例与停止并重新启动实例不同，重启实例不会启动新的实例计费周期。

在 EC2 控制台中，选择要停止的实例。在"操作"下拉菜单中选择"实例状态"→
"重启"命令，即可重启实例，如图 6-3-20 所示。

图 6-3-20　重启实例

（3）停用

实例计划在 AWS 检测到托管实例的基础硬件发生无法弥补的故障时停用。当实例到
达其计划的停用日期时，AWS 会将其停止或终止。如果实例的根设备是 Amazon EBS 卷，
将停止实例，可随时重新启动它。启动停止的实例会将其迁移到新的硬件。如果实例的根
设备是实例存储卷，实例将终止，且无法再次使用。

在 EC2 控制台中，选择"事件"菜单选项，可看到与 EC2 实例和卷相关的事件，这
些事件按区域划分，如图 6-3-21 所示。

图 6-3-21　计划事件

（4）终止

当不再需要某个实例时，可将其删除，这称为终止实例。在终止实例之后，将无法连
接或重新启动实例，但是可以使用同一 AMI 启动其他实例。

在实例终止后，标签和卷等资源会逐步与实例取消关联，需要过一小段时间后，它们
在实例列表上不再可见。

当实例终止时，与该实例关联的所有实例存储卷上的数据都会被删除。默认情况下，
当实例终止时，Amazon EBS 根设备卷将自动删除，但是附加的所有额外 EBS 卷会保留。

在 EC2 控制台中，选择要停止的实例。在"操作"下拉菜单中选择"实例状态"→
"终止"命令，即可终止实例，如图 6-3-22 所示。

图 6-3-22 终止实例

6.4 云数据库及相关技术

微课 6.4
云数据库及相关技术

6.4.1 云数据库简介

云数据库是指被优化或部署到一个虚拟计算环境中的数据库，可以实现按量付费、按需扩展、高可用性以及存储整合等。数据库类型一般分为关系数据库（如 MySQL）和非关系数据库（如 NoSQL）。

云数据库的特性：实例创建快速、支持只读实例、读写分离、故障自动切换、数据备份、Binlog 备份、SQL 审计、访问白名单、监控与消息通知等。

将一个现有的数据库优化到云环境有以下好处：

① 可以使用户按照存储容量和带宽的需求付费。

② 可以将数据库从一个地方移到另一个地方（云的可移植性）。

③ 可实现按需扩展。

④ 高可用性（HA）。

将数据库部署到云，可以简化可用信息通过 Web 网络连接业务进程，支持和确保云中的业务应用程序作为软件即服务（SaaS）部署的一部分。另外，将企业数据库部署到云还可以实现存储整合。比如，一个有多个部门的大公司肯定也有多个数据库，可以把这些数据库在云环境中整合成一个数据库管理系统（DBMS）。

6.4.2 云数据库的优点

1. 轻松部署

用户能够在云上轻松完成数据库申请和创建，云数据库实例在几分钟内就可以准备就绪并投入使用。用户通过云数据库提供功能完善的控制台，对所有实例进行统一管理。

2. 高可靠

在业务高负载情况下，社区版主备延时较大；云数据库增加主键功能，在并行高速复制下主备延时几乎忽略不计，保证数据不丢失。

3. 超高性能

在业务高并发场景下，内核线程优化特性确保业务性能稳定，解决因高并发资源消耗过大而导致性能下降的问题。

4. 低成本

云数据库支付的费用远低于自建数据库所需的成本，用户可以根据自己的需求选择不同套餐，使用很低的价格得到一整套专业的数据库支持服务。

5. 完全托管

即开即用，完全托管软硬件部署、补丁升级、自动备份、监控告警、弹性扩容、故障转移等功能，不需要额外的安装和维护工作。

6. 高速扩展

业务流量突发情况下，几分钟可完成存储 1TB 的只读实例扩展，轻松应对流量高峰。

6.4.3 云数据库的应用场景

1. Web 网站

LAMP 是常见的网站开发架构，有了云数据，用户不用再为数据库的优化、管理劳神费力，云数据库的优异性能为网站的发展壮大提供了强有力的保证。

2. 数据分析

随着大数据时代的到来，云数据库将成为用户在大数据时代把握时代数据脉搏、进行高效数据分析的得力助手。

3. 数据管理

关系云数据库通过控制台进行简单、方便的数据管理，并通过高可靠的架构确保用户的数据安全。

4. 学习研究

关系云数据库使用简单、容易上手，无论是用于数据库应用教学，还是做相关研究都是不错的选择。

6.5 实战案例——公有云数据库服务的申请与使用

6.5.1 案例目标

① 了解公有云申请 MySQL 云数据库流程。

② 了解公有云数据库创建过程。

③ 了解如何管理云数据库。

微课 6.5
实战案例——公有
云数据库服务的申
请与使用

6.5.2 案例分析

使用 AWS 公有云平台完成申请 MySQL 云数据库的操作，安全组已放开 3306 端口。

6.5.3 案例实施

Amazon Relational Database Service（Amazon RDS）是一项 Web 服务，让用户能够在云中更轻松地设置、操作和扩展关系数据库。它可以经济有效地为用户提供一个容量可调的行业标准的关系数据库，并承担常见的数据库管理任务。

RDS 当前支持 MySQL、MariaDB、PostgreSQL、Oracle 和 Microsoft SQL Server 数据库引擎。每个数据库引擎有其自己支持的功能，并且每个版本的数据库引擎可能包括一些特定的功能。此外，每个数据库引擎在数据库参数组中均有一组参数，用于控制所管理的数据库的行为。

本节以申请 MySQL 为例讲解 AWS RDS 的申请与基本使用。

拓展阅读
使用华为公有云申
请 MySQL 云数据库

1. 申请 MySQL 云数据库

（1）登录 RDS 控制台

登录 Amazon RDS 控制台 https://console. amazonaws. cn/rds/，如图 6-5-1 所示。

（2）选择数据库引擎

在 Amazon RDS 控制台的右上角，选择要在其中创建数据库实例的 AWS 区域。单击图 6-5-1 中的"创建数据库"按钮，选择数据库进入数据库引擎选择界面，如图 6-5-2 所示。

（3）配置使用案例

选择数据库的使用案例，此处选中"开发/测试-MySQL"单选按钮，如图 6-5-3 所示。

素质提升
阿里云仁和数据
中心

图 6-5-1 Amazon RDS 控制台

图 6-5-2 数据库引擎选项

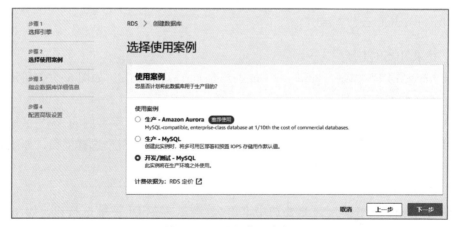

图 6-5-3 选择使用案例

（4）配置数据库详细信息

配置数据库的详细信息，包括数据库名、数据库引擎版本、数据库实例类、存储类型、用户名和密码等信息，具体配置如图 6-5-4 所示。

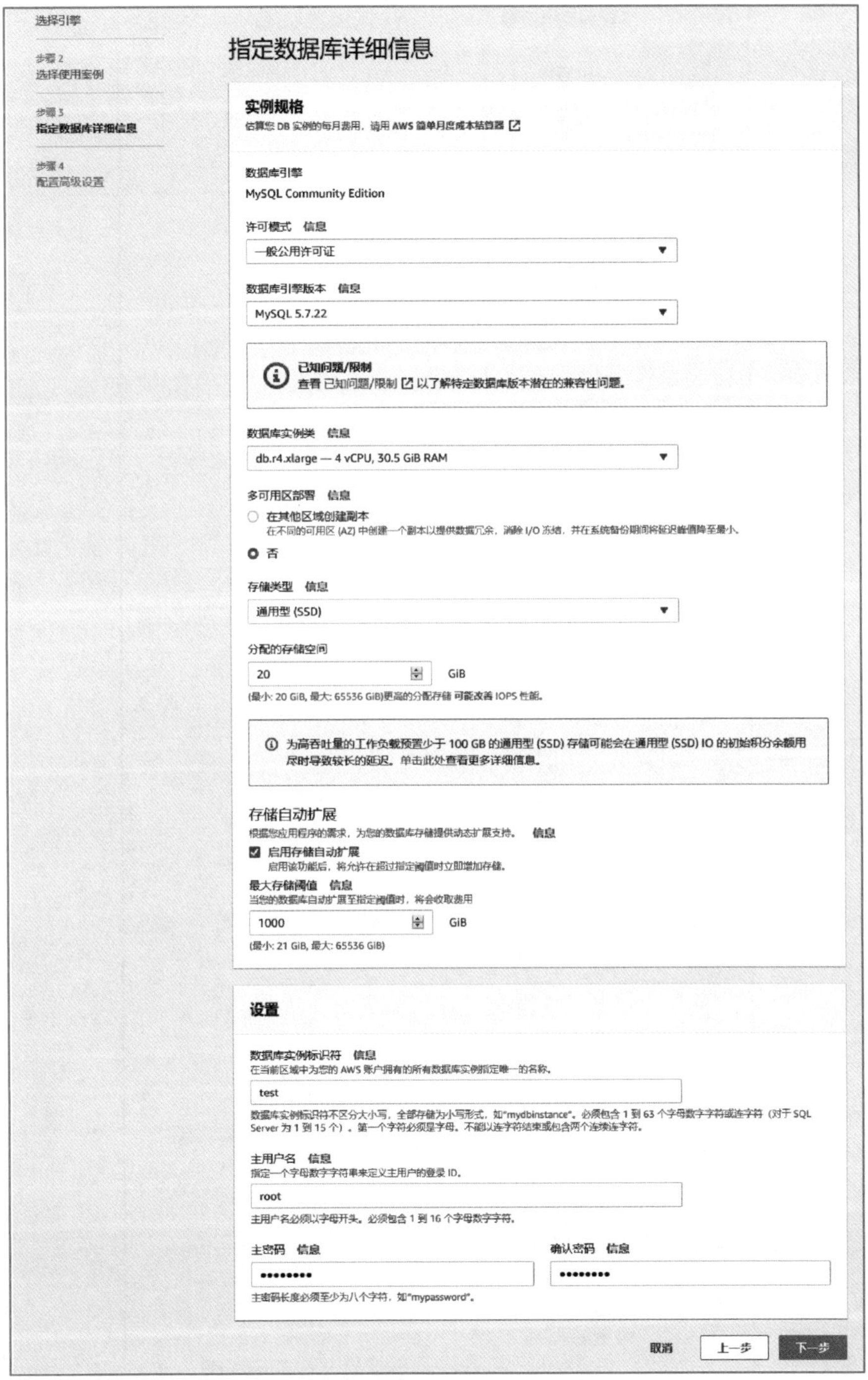

图 6-5-4 数据库详细信息

（5）数据库高级配置

数据库的高级配置，包括 VPC、子网组、开放性、数据库名称、端口、加密、备份、监控等信息，具体配置如图 6-5-5、图 6-5-6 所示。

素质提升
阿里智慧高速路

图 6-5-5　数据库高级配置 1

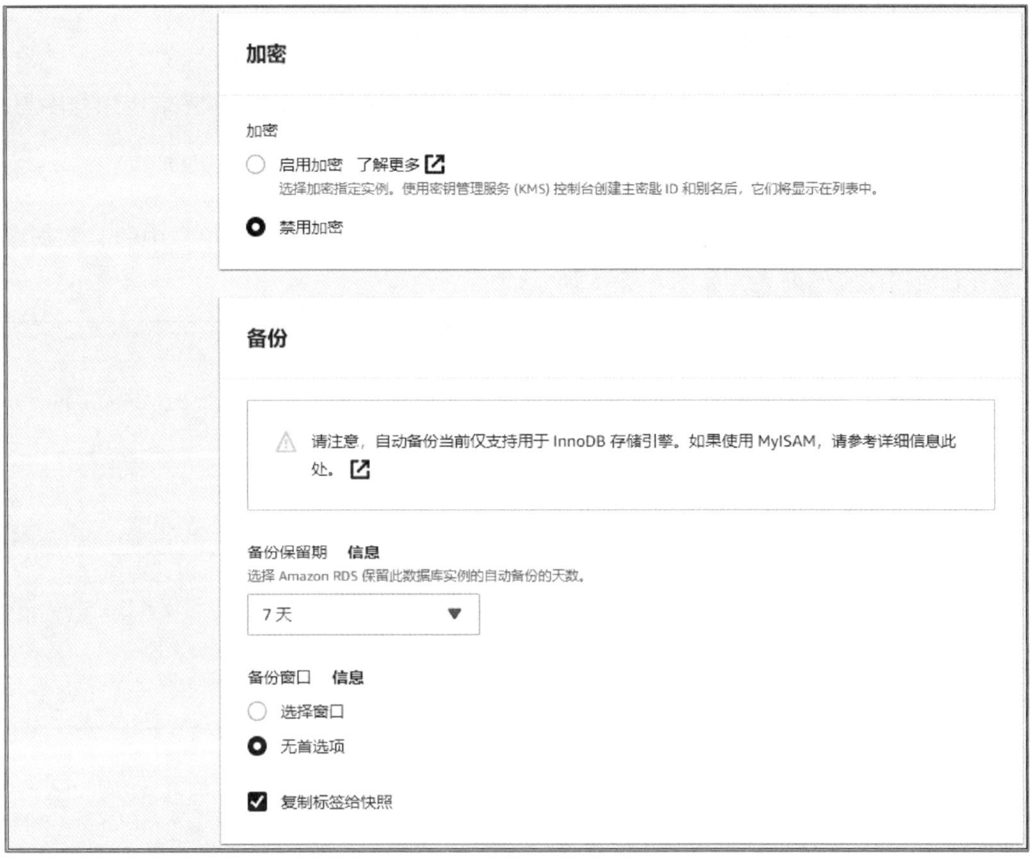

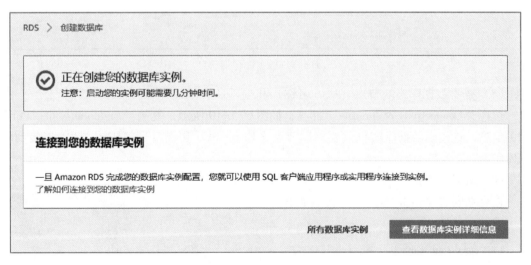

图 6-5-6　数据库高级配置 2

（6）查看数据库

数据库创建完成后如图 6-5-7 所示。

图 6-5-7　数据库创建结果

2. 连接 MySQL 云数据库

在 Amazon RDS 预配置了数据库实例后，即可使用任何标准 SQL 客户端应用程序与该数据库实例上的数据库连接。

（1）查看数据库列表

登录 RDS 控制台 https://console.amazonaws.cn/rds/，选择左侧菜单栏中的"数据库"命令查看数据库实例列表，如图 6-5-8 所示。

图 6-5-8　数据库实例列表

（2）查看数据库详细信息

单击数据库实例名称查看其详细信息，如图 6-5-9 所示。

图 6-5-9　数据库详细信息

（3）查看数据库终端节点（DNS 名称）和端口号

选择"Connectivity & security"标签，如图 6-5-10 所示，复制"Endpoint"和"Port"相关信息，连接到数据库实例需要终端节点（Endpoint）和端口号（Port）才能连接到数据库实例。

（4）连接数据库

在终端安装 MySQL 客户端，代码如下：

```
# yum install -y mariadb-server
# systemctl start mariadb
# systemctl enable mariadb
```

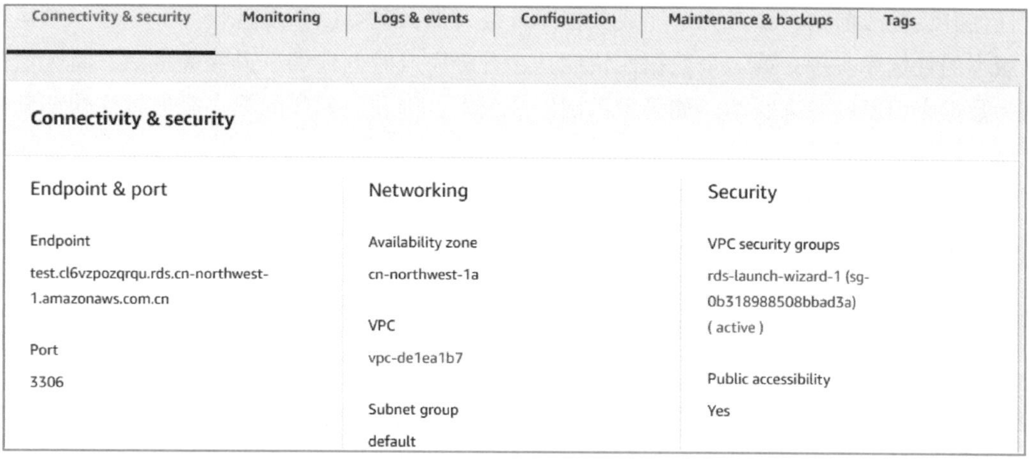

图 6-5-10　连接与安全性信息

　　输入"mysql -h <endpoint> -P 3306 -u <my_user>-p"命令即可连接到 MySQL 数据库实例。将<endpoint>替换为数据库实例的 DNS 名称，将<my_user>替换为数据库主用户名，并在系统提示输入密码时，输入所用的主密码，连接成功后如图 6-5-11 所示。

```
[root@mysql ~]# mysql -h test.cl6vzpozqrqu.rds.cn-northwest-1.amazonaws.com.cn -P 3306 -u root -p
Enter password:
Welcome to the MariaDB monitor.  Commands end with ; or \g.
Your MySQL connection id is 29
Server version: 5.7.22-log Source distribution

Copyright (c) 2000, 2018, Oracle, MariaDB Corporation Ab and others.

Type 'help;' or '\h' for help. Type '\c' to clear the current input statement.

MySQL [(none)]> status
--------------
mysql  Ver 15.1 Distrib 5.5.64-MariaDB, for Linux (x86_64) using readline 5.1

Connection id:          29
Current database:
Current user:           root@172.31.46.131
SSL:                    Not in use
Current pager:          stdout
Using outfile:          ''
Using delimiter:        ;
Server:                 MySQL
Server version:         5.7.22-log Source distribution
Protocol version:       10
Connection:             test.cl6vzpozqrqu.rds.cn-northwest-1.amazonaws.com.cn via TCP/IP
```

图 6-5-11　连接数据库

3. 升级数据库引擎

　　如果 RDS 支持数据库引擎的新版本，可以将现有的数据库实例升级到新版本。有两种升级方式：主要版本升级和次要版本升级。一般而言，主引擎版本升级可能引入与现有应用程序不兼容的更改。相比之下，次要版本升级仅包含与现有应用程序向后兼容的更改。

　　要执行主要版本升级，需要手动修改数据库实例。如果要在数据库实例上启用自动次要版本升级，则次要版本升级将自动进行。在所有其他情况下，则需要手动修改数据库实例以执行次要版本升级。

　　在升级流程期间，RDS 会创建两个数据库快照：第一个数据库快照是数据库实例在进行任何升级更改前的，如果无法完成数据库升级，那么就可以恢复此快照，创建一个运行旧版本的数据库实例；第二个数据库快照是在升级完成时创建的，升级完成后，将无法恢复为数据库引擎的原来版本。如果要返回以前版本，则利用创建的第一个数据库快照新建数据库实例。

RDS 支持 MySQL 数据库引擎的以下主要版本就地升级：

- MySQL 5.5 到 MySQL 5.6。
- MySQL 5.6 到 MySQL 5.7。
- MySQL 5.7 到 MySQL 8.0。

（1）创建副本

登录 RDS 控制台 https://console.amazonaws.cn/rds/，创建 MySQL 5.7 数据库实例的只读副本。该过程可创建数据库的可升级副本。选中要升级的数据库，在"Actions"下拉菜单中选择"Create read replica"命令，如图 6-5-12 所示。

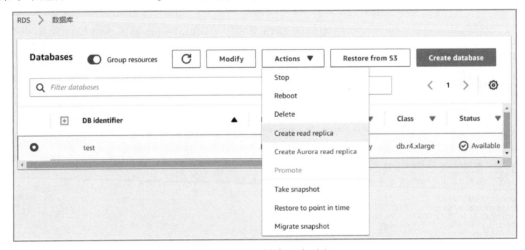

图 6-5-12　创建只读副本

为只读副本提供数据库实例标识符的值，并确保数据库实例类和其他设置与现有 MySQL 5.7 数据库实例匹配，如图 6-5-13 所示。

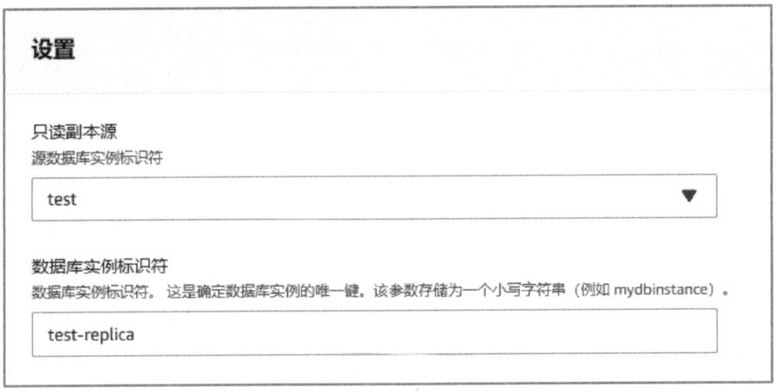

图 6-5-13　设置副本信息

（2）升级副本

当创建的只读副本状态显示为 available 之后，可对只读副本进行升级操作。在控制台上，选中创建的只读副本，单击"Modify"按钮，如图 6-5-14 所示。

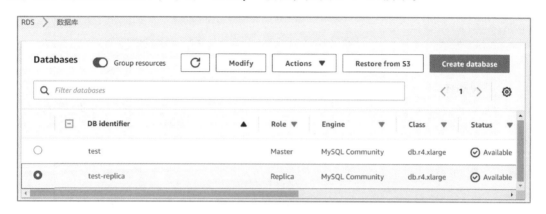

图 6-5-14　修改副本

对于数据库引擎版本，选择升级目标版本 MySQL 8.0.11，如图 6-5-15 所示，然后继续。

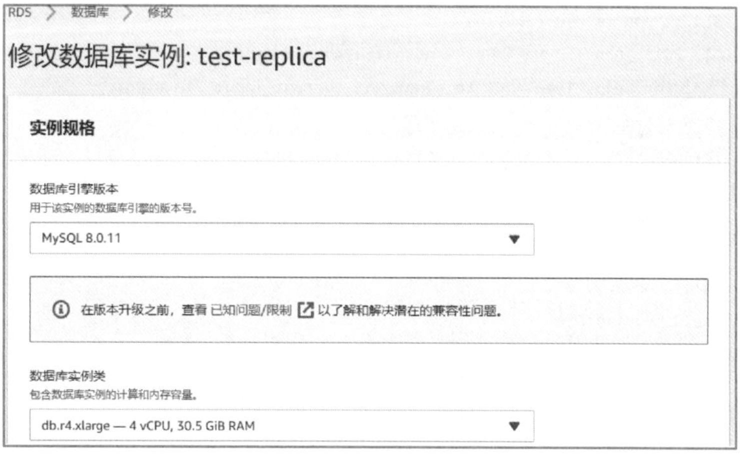

图 6-5-15　设置升级目标版本信息

对于修改计划，选中"立即应用"单选按钮，如图 6-5-16 所示。

（3）设置只读副本为主数据库

副本升级完成并且状态显示为 available 之后，验证升级的只读副本是否随主数据库实例保持最新。连接到只读副本，使用 show slave status 命令查看 Seconds_Behind_Master 字段，如图 6-5-17 所示，如果字段为 0，则副本保持最新。

登录 RDS 控制台，选择升级后的只读副本，选择"Actions"下拉菜单中的"Promote"菜单选项，为只读副本实例启用自动备份，如图 6-5-18 所示。

图 6-5-16 升级计划

```
[root@mysql ~]# mysql -h test-replica.cl6vzpozqrqu.rds.cn-northwest-1.amazonaws.com.cn -P 3306 -u root
-p
Enter password:
Welcome to the MariaDB monitor.  Commands end with ; or \g.
Your MySQL connection id is 15
Server version: 8.0.11 Source distribution

Copyright (c) 2000, 2018, Oracle, MariaDB Corporation Ab and others.

Type 'help;' or '\h' for help. Type '\c' to clear the current input statement.

MySQL [(none)]> show slave status \G;
*************************** 1. row ***************************
               Slave_IO_State: Waiting for master to send event
                  Master_Host: 10.4.2.150
                  Master_User: rdsrepladmin
                  Master_Port: 3306
                Connect_Retry: 60
              Master_Log_File: mysql-bin-changelog.000037
          Read_Master_Log_Pos: 154
               Relay_Log_File: relaylog.000023
                Relay_Log_Pos: 275
        Relay_Master_Log_File: mysql-bin-changelog.000037
             Slave_IO_Running: Yes
            Slave_SQL_Running: Yes
              Replicate_Do_DB:
          Replicate_Ignore_DB:
           Replicate_Do_Table:
       Replicate_Ignore_Table: innodb_memcache.cache_policies,innodb_memcache.config_options,mysql.plu
gin,mysql.rds_configuration,mysql.rds_history,mysql.rds_monitor,mysql.rds_replication_status,mysql.rds
_sysinfo
      Replicate_Wild_Do_Table:
  Replicate_Wild_Ignore_Table:
                   Last_Errno: 0
                   Last_Error:
                 Skip_Counter: 0
          Exec_Master_Log_Pos: 154
              Relay_Log_Space: 709
              Until_Condition: None
               Until_Log_File:
                Until_Log_Pos: 0
           Master_SSL_Allowed: No
           Master_SSL_CA_File:
           Master_SSL_CA_Path:
              Master_SSL_Cert:
            Master_SSL_Cipher:
               Master_SSL_Key:
        Seconds_Behind_Master: 0
Master_SSL_Verify_Server_Cert: No
                Last_IO_Errno: 0
                Last_IO_Error:
```

图 6-5-17 验证升级

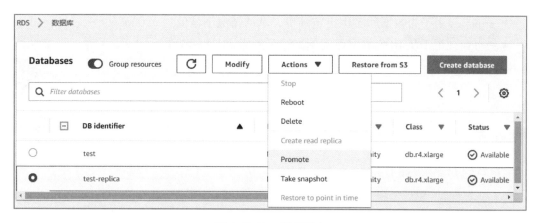

图 6-5-18　提升副本

4. 导入数据

AWS 支持将数据从现有 MySQL 或 MariaDB 数据库导入到 RDS MySQL 或 MariaDB 数据库实例。使用 mysqldump 命令复制数据库，然后通过管道将其直接传输到 RDS MySQL 或 MariaDB 数据库实例。mysqldump 命令行实用程序通常用于创建备份以及将数据从一个 MySQL 或 MariaDB 服务器传输到另一个 MySQL 或 MariaDB 服务器。该实用程序包含在 MySQL 和 MariaDB 客户端软件中。

以 Linux 系统为例，以下示例将本地主机上的 world 示例数据库复制到 RDS MySQL 数据库实例中，导入数据前需创建相应的数据库。示例代码如下：

```
#mysqldump -u localuser --databases world --single-transaction --compress
--order-by-primary -p localpassword | mysql -u rdsuser --port = 3306
--host = myinstance. 123456789012. us-east-1. rds. amazonaws. com -p rdspassword
```

参数说明如下。

- -u：用于指定用户名，在第一次使用该参数时，指定本地数据库的用户名。
- --databases：用于指定本地实例上要导入 Amazon RDS 的数据库的名称。
- --single-transaction：用于确保从本地数据库加载的所有数据都与单一时间点保持一致。如果在 mysqldump 读取数据期间有其他进程更改数据，使用该选项有助于保持数据完整性。
- --compress：用于降低网络带宽消耗，在数据从本地发送到 RDS 前压缩数据。
- --order-by-primary：用于减少加载时间，根据主键对每个表中的数据进行排序。
- -p：用于指定密码。在第二次使用该参数时，为第二个-u 参数确定的用户账户指定密码。
- -u：用于指定用户名。在第二次使用该参数时，指定 RDS 数据库实例中的默认数据库的用户账户名称。

- --port：用于为数据库实例指定端口，默认情况下该值为 3306。
- --host：用于从 RDS 数据库实例终端节点指定 DNS 名称。

6.6　块存储及相关技术

微课 6.6
块存储及相关技术

6.6.1　块存储服务简介

块存储指在一个 RAID（独立磁盘冗余阵列）集中，一个控制器加入一组磁盘驱动器，然后提供固定大小的 RAID 块作为 LUN（逻辑单元号）的卷。

块存储主要是将裸磁盘空间整个映射给主机使用。例如，磁盘阵列里面有 5 块硬盘（假设每个硬盘为 1GB），然后可以通过划分逻辑盘、做 RAID 或者 LVM（逻辑卷）等方式逻辑划分出 N 个逻辑的硬盘。假设划分完的逻辑硬盘也是 5 个，每个也是 1GB 空间，但这 5 个 1GB 的逻辑硬盘已经与原来的 5 个物理硬盘意义完全不同了。例如，第一个逻辑硬盘 A 中，可能第一个 200MB 是来自物理硬盘 1，第二个 200MB 是来自物理硬盘 2，所以逻辑硬盘 A 是由多个物理硬盘逻辑虚构出来的硬盘。

块存储会采用映射的方式将这几个逻辑硬盘映射给主机，主机上面的操作系统会识别到有 5 块硬盘，但是操作系统是区分不出该硬盘到底是逻辑的还是物理的，它一概认为只是 5 块裸的物理硬盘而已，跟直接将一块物理硬盘挂载到操作系统没有区别，至少操作系统感知上没有区别。

此种方式下，操作系统还需要对挂载的裸硬盘进行分区、格式化后才能使用，与平常主机内置硬盘的方式完全无异。

块存储的典型设备主要有磁盘阵列、硬盘、虚拟硬盘等。

6.6.2　块存储的优缺点及分类

1. 块存储的优点

① 通过 RAID 与 LVM 等手段，对数据提供了保护。

② 可以将多块廉价的硬盘组合起来，成为一个大容量的逻辑硬盘对外提供服务，提高了容量。

③ 写入数据时，由于是多块磁盘组合出来的逻辑硬盘，所以几块磁盘可以并行写入，提升了读写效率。

④ 块存储通常采用 SAN 架构组网，由于数据传输速率以及封装协议的原因，使数据传输速率与读写速度得到提升。

2. 块存储的缺点

① 采用 SAN 架构组网时，需要额外为主机配备光纤通道卡和光纤交换机，造价成本高。

② 主机之间的数据无法共享，在服务器不做集群的情况下，块存储裸盘映射给主机，再格式化并使用后，对于主机来说相当于本地盘，那么主机 A 的本地盘根本不能给主机 B 使用，无法共享数据。

③ 不同操作系统主机间的数据无法共享。因为操作系统使用不同的文件系统，格式化之后，不同文件系统间的数据是共享不了的。例如一台主机装了 Windows 7 或 Windows XP 操作系统，文件系统是 FAT32 或 NTFS，而 Linux 操作系统的文件系统 EXT4 是无法识别 NTFS 文件系统的。就像一只 NTFS 格式的 U 盘，插进 Linux 操作系统的便携式计算机，根本无法被识别出来，所以不利于文件共享。

3. 块存储分类

（1）云硬盘

云硬盘是基于分布式存储架构的数据块级别的块存储服务，可以为云服务器提供高可靠、高性能、规格丰富并且可弹性扩展的块存储服务，可满足不同场景的业务需求，适用于分布式文件系统、开发测试、数据仓库以及高性能计算等场景。

根据用途，云硬盘可分为系统盘和数据盘。

根据性能，云硬盘主要分为以下几种。

① ESSD 云硬盘：超高性能。

② SSD 云硬盘：高随机读取性能。

③ 高效云硬盘：中等随机读取性能。

④ 普通云硬盘：一般随机读取性能。

（2）共享块存储

共享块存储支持多个云服务器并发读写访问，适用于 shared-everything 架构下对块存储设备的共享访问。根据性能，共享块存储可分为 SSD 共享块存储和高效共享块存储。

（3）本地盘

本地盘是指基于 ECS 实例所在物理机上的本地硬盘设备，适用于对存储的读写性能有极高要求的用户。本地盘能够为实例提供本地存储访问。

6.6.3　块存储相关技术介绍

1. 云硬盘三副本技术

云硬盘的存储系统采用三副本机制来保证数据的可靠性，即针对某份数据，默认将数据分为 1 MB 大小的数据块，每一个数据块被复制为 3 个副本，然后按照一定的分布式存储算法将这些副本保存在集群中的不同节点上。

（1）云硬盘三副本技术的特点

存储系统自动确保 3 个数据副本分布在不同服务器的不同物理磁盘上，单个硬件设备的故障不会影响业务。存储系统确保 3 个数据副本之间的数据强一致性。

例如，如图 6-6-1 所示，对于服务器 A 的物理磁盘 A 上的数据块 P1，系统将它的数据备份为服务器 B 的物理磁盘 B 上的 P1'' 和服务器 C 的物理磁盘 C 上的 P1'。P1、P1' 和 P1'' 共同构成了同一个数据块的 3 个副本。若 P1 所在的物理磁盘发生故障，则 P1' 和 P1'' 可以继续提供存储服务，确保业务不受影响。

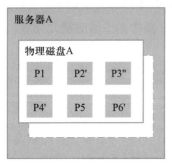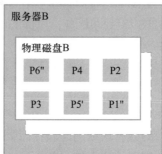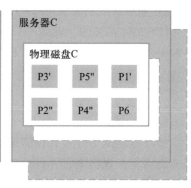

图 6-6-1   数据块存储示意图

（2）三副本技术和云备份、快照的区别

三副本技术是云硬盘存储系统为了确保数据高可靠性提供的技术，主要用来应对硬件设备故障导致的数据丢失或不一致的情况。

云硬盘备份、快照不同于三副本技术，主要应对人为误操作、病毒以及黑客攻击等导致数据丢失或不一致的情况。建议用户在日常操作中，采用云备份、快照功能，定期备份云硬盘中数据。

2. 磁盘模式

根据是否支持高级的 SCSI 命令来划分云硬盘的磁盘模式，可以分为 VBD（Virtual Block Device，虚拟块存储设备）类型和 SCSI（Small Computer System Interface，小型计算机系统接口）类型。

① VBD 类型。云硬盘的磁盘模式默认为 VBD 类型，该类型的云硬盘只支持简单的 SCSI 读写命令。

② SCSI 类型。SCSI 类型的云硬盘支持 SCSI 指令透传，允许云服务器操作系统直接访问底层存储介质。除了简单的 SCSI 读写命令，SCSI 类型的云硬盘还可以支持更高级的 SCSI 命令。

3. SCSI 云硬盘的常见使用场景和建议

① SCSI 云硬盘。BMS 仅支持使用 SCSI 云硬盘，用作系统盘和数据盘。

② SCSI 共享云硬盘。当用户使用共享云硬盘时，需要结合分布式文件系统或者集群软件使用。由于多数常见集群（如 Windows MSCS 集群、Veritas VCS 集群和 CFS 集群）需要使用 SCSI 锁，因此建议用户结合 SCSI 使用共享云硬盘。

4. 云硬盘备份与快照

（1）云硬盘备份

云硬盘备份是指可以通过云备份（Cloud Backup and Recovery，CBR）中的云硬盘备份功能为云硬盘创建在线备份，无须关闭云服务器。针对病毒入侵、人为误删除、软硬件故障等导致数据丢失或者损坏的场景，可通过任意时刻的备份恢复数据，以确保用户数据的正确和安全。

（2）云硬盘快照

云硬盘快照（简称快照）指的是云硬盘数据在某个时刻的完整拷贝或镜像，是一种重要的数据容灾手段，当数据丢失时，可通过快照将数据完整地恢复到快照时间点。

通过创建快照可快速保存指定时刻云硬盘的数据。同时，还可以通过快照创建新的云硬盘，这样云硬盘在初始状态就具有快照中的数据。

（3）快照和备份的区别

快照和云硬盘备份均是重要的数据容灾手段，两者存储方案不同。快照数据与云硬盘数据存储在一起，可以支持快速备份和恢复。备份数据则存储在对象存储（OBS）中，可以实现在云硬盘存储损坏情况下的数据恢复。表 6-6-1 为快照和备份的区别的详细介绍。

表 6-6-1　快照和备份的区别

指标	存储方案	数据同步	容灾范围	业务恢复
云硬盘备份	与云硬盘数据分开存储，存储在对象存储（OBS）中，可以实现在云硬盘存储损坏情况下的数据恢复	保存云硬盘指定时刻的数据，可以设置自动备份。如果将创建备份的云硬盘删除，那么对应的备份不会被同时删除	与云硬盘位于同一个区域内，可以是不同可用区	通过恢复备份至云硬盘，或者通过备份创建新的云硬盘，找回数据，恢复业务
云硬盘快照	与云硬盘数据存储在一起	保存云硬盘指定时刻的数据。如果将创建快照的云硬盘删除，那么对应的快照也会被同时删除	与云硬盘位于同一个可用区	通过回滚快照至云硬盘，或者通过快照创建新的云硬盘，找回数据，恢复业务

6.6.4　Amazon EBS 卷介绍

EBS 是一种易于使用的高性能数据块存储服务，旨在与 EC2 一起使用，适用于任何规模的吞吐量和事务密集型工作负载。Amazon EBS 上部署着广泛的工作负载，例如关系数据库和非关系数据库、企业应用程序、容器化应用程序、大数据分析引擎、文件系统和媒体工作流。

AWS 提供 4 种不同的卷类型以取得最佳的价格和性能平衡。EBS 可以为高性能数据库工作负载实现单位数毫秒延迟，或为大型顺序工作负载实现吉字节每秒的吞吐量。EBS 支持在不中断关键应用程序的情况下更改卷类型、调整性能或增加卷大小，从而在需要时获得经济高效的存储。

拓展阅读
云硬盘 EVS

EBS 卷专为任务关键型系统而设计，在可用区内可进行复制，可轻松扩展至数拍字节（PB）级的容量。此外，还可以将 EBS 快照与自动生命周期策略配合使用，以备份 Amazon S3 中的卷，同时确保数据的地理保护和业务连续性。

EBS 卷适用于要求最苛刻的工作负载，包括 SAP、Oracle 和 Microsoft 产品等任务关键型应用程序。采用 SSD 的选项包括专为高性能应用程序设计的卷，以及可为大多数工作负载提供高性价比的通用卷。采用 HDD 的卷专为大型连续工作负载而设计，例如大数据分析引擎、日志处理和数据仓库。为了实现更高的每个实例的存储性能，可同时使用多个卷。

6.7   实战案例——公有云块存储服务的申请与使用

6.7.1   案例目标

① 了解如何在 AWS 公有云平台申请块存储服务。
② 在 AWS 公有云平台成功申请块存储服务。
③ 将申请的块存储绑定到 EC2。

微课 6.7
实战案例——公有云块存储服务的申请与使用

6.7.2   案例分析

使用 AWS 公有云平台完成申请云 EBS 卷的操作。

6.7.3   案例实施

1. 创建 EBS 卷

（1）登录 EC2 控制台

打开 Amazon EC2 控制台 https://console.amazonaws.cn/ec2/，在导航栏中选择创建卷的区域，相同区域之间 Amazon EC2 资源可共享，而其他资源无法共享，如图 6-7-1 所示。

图 6-7-1　EC2 控制台

（2）查看卷列表

在左侧导航菜单栏中，选择"ELASTIC BLOCK STORE"→"卷"命令，可以跳转到卷列表。

（3）创建卷

如图 6-7-2 所示，在左侧导航菜单栏中选择"ELASTIC BLOCK STORE"→"卷"命令，在右侧单击"创建卷"按钮，在跳转的页面配置"卷类型""大小"等信息，如图 6-7-3 所示。

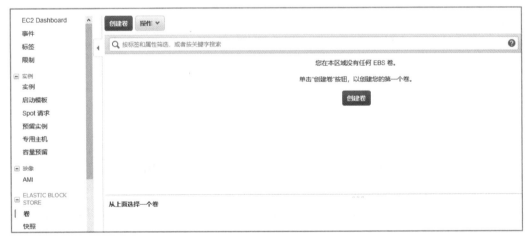

图 6-7-2　卷列表

配置说明如下

● 卷类型：在该下拉列表中，AWS 提供了支持 SSD 的和支持 HDD 的两种卷，此处以 SSD 为例。

● 大小：在该文本框中输入卷的大小，单位 GiB。

● IOPS：在该文本框中输入该卷应支持的每秒输入/输出操作数（IOPS）的最大值。

- 可用区域：在该下拉列表中选择可用区域。注意，EBS 卷只能附加到同一可用区域中的 EC2 实例。

图 6-7-3　配置卷

（4）创建完成

创建完成后如图 6-7-4 所示，当卷状态为 available 后，可以将卷附加到实例。

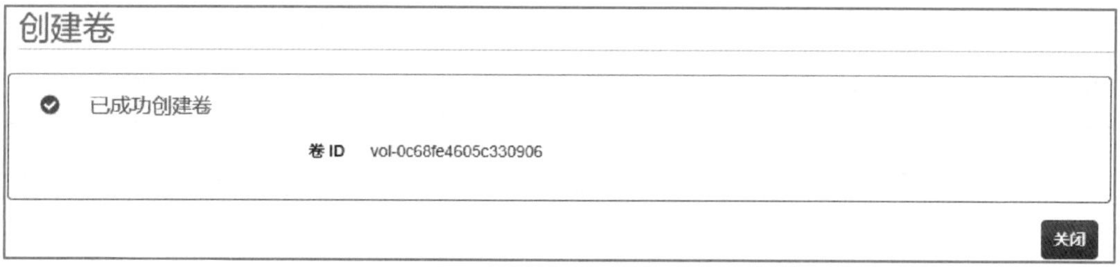

图 6-7-4　创建完成

2. 将 EBS 卷附加到实例

AWS 支持将可用的 EBS 卷附加到与该卷处于同一可用区域中的任一实例。

（1）查看卷列表

打开 Amazon EC2 控制台 https://console.amazonaws.cn/ec2/，进入卷列表界面即可看到新建的卷，如图 6-7-5 所示。

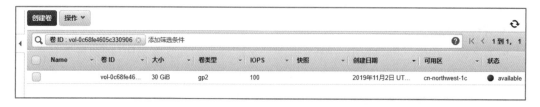

图 6-7-5　卷列表

（2）附加卷

选中新建卷，在"操作"下拉菜单中选择"连接卷"命令，如图 6-7-6 所示。

图 6-7-6　选择连接卷

进入连接卷配置页面，如图 6-7-7 所示。

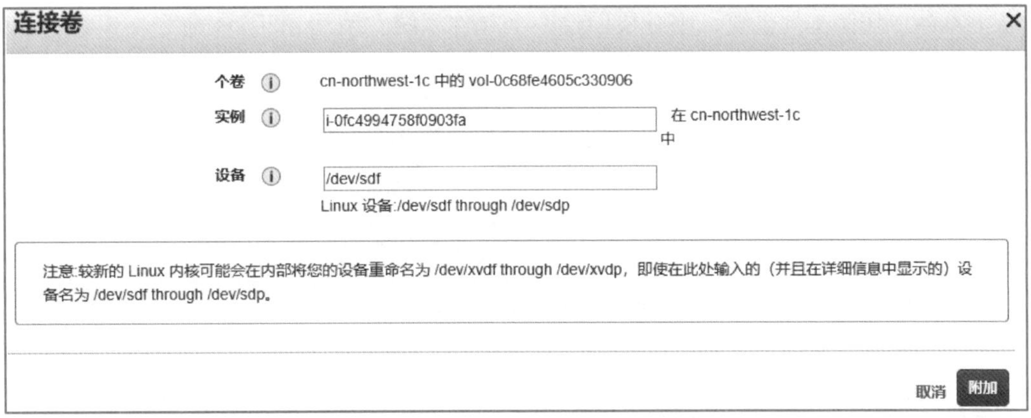

图 6-7-7　配置卷连接信息

- 实例：在该文本框中，可以输入实例的名称或 ID，也可以从选项列表中选择实例。选项列表中仅显示与卷位于同一可用区域中的实例。
- 设备：在该文本框中，可以选择默认的名称，也可以输入其他受支持的设备名称。

（3）查看卷

将卷附加到实例后，连接到实例，查看附加卷结果，如图 6-7-8 所示。

可以看到，新建卷已经成功附加到了实例。

拓展阅读
使用华为公有云申
请云硬盘服务

```
52.83.64.82  ×
Last login: Sat Nov  2 02:40:59 2019 from 125.82.6.40
[root@test ~]# lsblk
NAME    MAJ:MIN RM SIZE RO TYPE MOUNTPOINT
xvda    202:0    0  20G  0 disk
└─xvda1 202:1    0  20G  0 part /
xvdf    202:80   0  30G  0 disk
```

图 6-7-8 查看附加卷结果

3. 使 EBS 卷在 Linux 上可用

将 EBS 卷附加到实例后，该卷将显示为块储存设备。可以使用任何文件系统将卷格式化，然后进行挂载。EBS 卷可供使用后，任何写入此文件系统的数据均写入 EBS 卷，并且对使用该设备的应用程序是透明的。

（1）查看文件系统

查看卷上是否存在文件系统，新卷为原始的块储存设备，必须先在该设备上创建文件系统，然后才能够挂载并使用它们。从快照还原的卷，可能已经含有文件系统；如果在现有的文件系统上创建新的文件系统，则该操作将覆盖之前的数据。

使用 file –s 命令获取设备信息，例如其文件系统类型，如图 6-7-9 所示。

```
[root@test ~]# file -s /dev/xvdf
/dev/xvdf: data
[root@test ~]#
```

图 6-7-9 卷信息

（2）创建文件系统

在上一步的输出结果中仅显示 data，说明设备上没有文件系统，新建卷是一个空卷，设备上不存在任何文件系统，则必须创建一个文件系统。使用 mkfs –t 命令在该卷上创建一个文件系统，如图 6-7-10 所示。

```
[root@test ~]# mkfs -t xfs /dev/xvdf
meta-data=/dev/xvdf              isize=512    agcount=4, agsize=1966080 blks
         =                       sectsz=512   attr=2, projid32bit=1
         =                       crc=1        finobt=0, sparse=0
data     =                       bsize=4096   blocks=7864320, imaxpct=25
         =                       sunit=0      swidth=0 blks
naming   =version 2             bsize=4096   ascii-ci=0 ftype=1
log      =internal log          bsize=4096   blocks=3840, version=2
         =                       sectsz=512   sunit=0 blks, lazy-count=1
realtime =none                   extsz=4096   blocks=0, rtextents=0
[root@test ~]#
```

图 6-7-10 创建文件系统

（3）挂载卷

使用 mkdir 命令创建卷的挂载点目录，挂载点是卷在文件系统树中的位置，以及在安装卷之后读写文件的位置。创建一个名为/data 的目录，并使用创建的目录挂载卷，如图 6-7-11 所示。

```
[root@test ~]# mkdir /data
[root@test ~]# mount /dev/xvdf /data
```

图 6-7-11 挂载卷

检查新卷挂载的文件权限，确保系统用户和应用程序可以向该卷写入数据。重启实例后，挂载点不会自动保留，需要在重启后自动挂载此 EBS 卷。

4. 监控卷

AWS 支持自动提供可用于监控 EBS 卷的数据。

通过监控卷，可以更好地了解、追踪和管理 EBS 卷上数据的潜在不一致性，在需要确定 EBS 卷是否损坏时，提供帮助控制处理潜在不一致卷的方式。

卷状态检查为自动执行的测试，该测试每隔 5 min 运行一次并返回当前状态。如果所有的检查都通过，则卷的状态为 ok。如果任意一个检查返回故障，则卷的状态为 impaired。如果状态为 insufficient-data，那么该检查将在该卷上继续进行。可以通过查看卷状态检查的结果来识别任意受损卷并进行所需操作。

（1）查看卷详细信息

登录 EC2 控制台 https://console.amazonaws.cn/ec2/，在导航栏中，选择"ELASTIC BLOCK STORE"→"卷"命令，选中需要监控的卷即可查看该卷详细信息，如图 6-7-12 所示。

图 6-7-12　卷详细信息

（2）查看卷的运行状态

在卷详细信息界面中选择"状态检查"标签，即可查看卷的运行状态，如图 6-7-13 所示。

图 6-7-13　卷运行状态

5. 删除卷

（1）分离卷

登录 EC2 实例，卸载/dev/xvdf 设备，命令如下：

```
[ root@ test ~ ]# umount -d /dev/xvdf
```

在卷列表界面，选中要分离的卷，在"操作"下拉菜单中选择"断开卷"命令，即可将卷与 EC2 实例分离，如图 6-7-14 所示。

图 6-7-14　分离卷

（2）删除卷

将卷与 EC2 分离后，在卷列表界面，在"操作"下拉菜单中选择"删除卷"命令，即可将卷删除，如图 6-7-15 所示。

图 6-7-15　删除卷

6.8　对象存储及相关技术

微课 6.8
对象存储及相关技术

6.8.1　对象存储服务简介

对象存储服务（Object Storage Service，OBS）是一个基于对象的海量存储服务，为客户提供海量、安全、高可靠、低成本的数据存储能力。

OBS 的基本组成是桶和对象。桶是 OBS 中存储对象的容器，每个桶都有自己的存储类别、访问权限、所属区域等属性，用户在互联网上通过桶的访问域名来定位桶。对象是 OBS 中数据存储的基本单位，一个对象实际是一个文件的数据与其相关属性信息的集合体，包括 Key、Metadata、Data 这 3 部分。

- Key：键值，即对象的名称，为经过 UTF-8 编码的长度大于 0 且不超过 1024 的字符序列。一个桶中的每个对象必须拥有唯一的对象键值。
- Metadata：元数据，即对象的描述信息，包括系统元数据和用户元数据，这些元数据以键值对（Key-Value）的形式被上传到 OBS 中。系统元数据由 OBS 自动产生，在处理对象数据时使用，包括 Date、Content-length、Last-modify、Content-MD5 等。用户元数据由用户在上传对象时指定，是用户自定义的对象描述信息。
- Data：数据，即文件的数据内容。

6.8.2 对象存储的优点

在信息时代，企业数据直线增长，自建存储服务器存在的诸多劣势已无法满足企业日益强烈的存储需求。

① OBS 具有数据稳定，业务可靠的特性。在云上通过跨区域复制、数据容灾、设备和数据冗余、存储介质的慢盘、坏道检测等技术方案，保障数据持久性高达 99.9999999999%，业务连续性高达 99.995%，远高于传统架构。

② 多重防护，授权管理。OBS 通过可信云认证，保证数据安全；支持多版本控制、服务端加密、防盗链、VPC 网络隔离、访问日志审计和细粒度的权限控制，保障数据安全可信。

③ 千亿对象，千万并发。OBS 通过智能调度和响应，优化数据访问路径，并结合事件通知、传输加速、大数据垂直优化等，为各场景下用户的千亿对象提供千万级并发、超高带宽、稳定低时延的数据访问体验。

④ 简单易用，便于管理。OBS 支持标准 REST API、多版本 SDK 和数据迁移工具，让业务快速上云；无须事先规划存储容量，存储资源可线性无限扩展，不用担心存储资源扩容、减容问题。同时，提供全新的 POSIX 语言系统，应用接入更简便。

⑤ 数据分层，按需使用。提供按量计费和包年、包月两种支付方式，支持标准、低频访问、归档数据独立计量计费，降低存储成本。

OBS 与自建存储服务器的优劣势对比见表 6-8-1。

表 6-8-1 OBS 与自建存储服务器对比

对 比 项	OBS	自建存储服务器
数据存储量	提供海量的存储服务，在全球部署着 N 个数据中心，所有业务、存储节点采用分布式集群方式部署，各节点、集群都可以独立扩容，用户永远不必担心存储容量不够	数据存储量受限于搭建存储服务器时所使用的硬件设备，存储量不够时需要重新购买存储硬盘，进行人工扩容

续表

对　比　项	OBS	自建存储服务器
安全性	支持 HTTPS/SSL 安全协议，支持数据加密上传。同时 OBS 通过访问密钥（AK/SK）对访问用户的身份进行鉴权，结合 IAM 策略、桶策略、ACL、防盗链等多种方式和技术确保数据传输与访问的安全	需自行承担网络信息安全、技术漏洞、误操作等各方面的数据安全风险
可靠性	通过五级可靠性架构，保障数据持久性高达 99.9999999999%，业务连续性高达 99.995%，远高于传统架构	一般的企业自建存储服务器不会投入巨额的成本来同时保证介质、服务器、机柜、数据中心、区域级别的可靠性，一旦出现故障或灾难，很容易导致数据出现不可逆的丢失，给企业造成严重损失
成本	即开即用，免去了自建存储服务器前期的资金、时间以及人力成本的投入，后期设备的维护交由 OBS 处理。按使用量付费，用多少算多少。阶梯价格，用得越多越实惠	前期安装难、设备成本高、初始投资大、自建周期长、后期运维成本高，无法匹配快速变更的企业业务需求，且安全保障的费用还需额外考虑

6.8.3　对象存储的应用场景

1. 大数据分析

（1）场景描述

OBS 提供的大数据解决方案主要面向海量数据存储分析、历史数据明细查询、海量行为日志分析和公共事务分析统计等场景，向用户提供低成本、高性能、不断业务、无需扩容的解决方案。

① 海量数据存储分析的典型场景。例如，拍字节级的数据存储、批量数据分析、毫秒级的数据详单查询等。

② 历史数据明细查询的典型场景。例如，流水审计、设备历史能耗分析、轨迹回放、车辆驾驶行为分析、精细化监控等。

③ 海量行为日志分析的典型场景。例如，学习习惯分析、运营日志分析、系统操作日志分析查询等。

④ 公共事务分析统计的典型场景。例如，犯罪追踪、关联案件查询、交通拥堵分析、景点热度统计等。

用户通过 DES（数据快递服务）等迁移服务将海量数据迁移至 OBS，再基于云平台提供的 MRS（MapReduce 服务）等大数据服务或开源的 Hadoop、Spark 等运算框架，对存储在 OBS 上的海量数据进行大数据分析，最终将分析的结果呈现在 ECS（弹性云服务器）中的各类程序或应用上。

（2）建议搭配服务

建议搭配的服务有 MRS、ECS、DES。

2. 静态网站托管

（1）场景描述

OBS 提供低成本、高可用、可根据流量需求自动扩展的网站托管解决方案，结合 CDN（内容分发网络）和 ECS 快速构建动静态分离的网站或应用系统。

终端用户浏览器和 App 上的动态数据直接与搭建在云平台上的业务系统进行交互，动态数据请求发往业务系统处理后直接返回给用户。静态数据保存在 OBS 中，业务系统通过内网对静态数据进行处理，终端用户通过就近的高速节点，直接向 OBS 请求和读取静态数据。

（2）建议搭配服务

建议搭配的服务有 CDN 和 ECS。

3. 在线视频点播

（1）场景描述

OBS 提供高并发、高可靠、低时延、低成本的海量存储系统，结合 MPC（媒体处理中心）、内容审核（Content Moderation）和 CDN 可快速搭建极速、安全、高可用的视频在线点播平台。

OBS 作为视频点播的源站，一般的互联网用户或专业的创作主体将各类视频文件上传至 OBS 后，通过内容审核对视频内容进行审核，并通过 MPC 对视频源文件进行转码，最终通过 CDN 回源加速之后便可以在各类终端上进行点播。

（2）建议搭配服务

建议搭配的服务有 CDN 和 MPC 及内容审核。

4. 智能视频监控

（1）场景描述

OBS 为视频监控解决方案提供高性能、高可靠、低时延、低成本的海量存储空间，同时提供标准存储、低频访问存储和归档存储分类存储数据，降低存储成本，满足个人或企业等各类视频监控场景需求；提供设备管理、视频监控以及视频处理等多种能力的端到端解决方案。

摄像头拍摄的监控视频通过公网或专线传输到云平台，在由 ECS 和 ELB（弹性负载均衡）组成的视频监控处理平台，将视频流切片后存入 OBS，后续再将历史视频对象从 OBS 下载传输到观看视频的终端设备。

（2）建议搭配服务

建议搭配的服务有 ELB 和 ECS。

5. 备份归档

（1）场景描述

OBS 提供高并发、高可靠、低时延、低成本的海量存储系统，满足各种企业应用、数据库和非结构化数据的备份归档需求。

企业数据中心的各类数据通过使用同步客户端、主流备份软件、云存储网关或 DES，备份至云平台 OBS。OBS 提供生命周期功能，实现存储类别自动转换，以降低存储成本。在需要时，可将 OBS 中的数据恢复到云上的灾备主机或测试主机。

（2）建议搭配服务

建议搭配的服务有 DES 和 ECS。

6. 企业云盘（网盘）

（1）场景描述

OBS 配合 ECS、ELB、关系数据库 RDS 和云硬盘备份 VBS 为企业云盘提供高并发、高可靠、低时延、低成本的存储系统，存储容量可随用户数据量的提高而自动扩容。

用户手机、PC、PAD 等终端设备上的动态数据与搭建在云平台上的企业云盘业务系统进行交互，动态数据请求发送到企业云盘业务系统处理后，直接返回给终端设备。静态数据保存在 OBS 中，业务系统通过内网对静态数据进行处理，用户终端直接向 OBS 请求和取回静态数据。同时，OBS 提供生命周期功能，实现不同存储类别之间的自动转换，以节省存储成本。

（2）建议搭配服务

建议搭配的服务有 ECS、ELB、关系数据库 RDS 和云硬盘备份 VBS。

6.9　实战案例——公有云对象存储服务的申请与使用

6.9.1　案例目标

① 了解如何在 AWS 公有云平台申请对象存储服务。

② 在 AWS 公有云平台成功申请对象存储服务。

微课 6.9
实战案例——公有
云对象存储服务的
申请与使用

6.9.2　案例分析

使用 AWS 公有云平台完成申请对象存储服务的操作。

6.9.3　案例实施

Amazon Simple Storage Service（Amazon S3）是一项面向 Internet 的存储服务。通过 Amazon S3 可以实现在 Web 上随时随地存储和检索任意大小的数据。

S3 将数据存储为存储桶中的对象，对象由文件和描述该文件的任何可选元数据组成。要将对象存储到 S3 中，需要将要存储的文件上传到存储桶中。上传文件时，可以设置对对象以及任何元数据的权限。

存储桶是存储对象的容器。S3 中可以有一个或多个存储桶。对于每个存储桶，都可以控制其访问权限（哪些用户可以在存储桶中创建、删除和列出对象）、访问日志以及区域。

1. 创建 S3 存储桶

（1）登录 S3 控制台

登录 Amazon S3 控制台 https://console.amazonaws.cn/s3/，如图 6-9-1 所示。

图 6-9-1　S3 控制台

（2）名称和区域

单击"创建存储桶"按钮，进入"创建存储桶"对话框。在"名称和地区"界面的"存储桶名称"文本框中，为新存储桶输入一个符合 DNS 标准的唯一名称。存储桶名称命名规则如下：

① 名称在 Amazon S3 中的所有现有存储桶名称中必须是唯一的。

② 名称不得包含大写字符。

③ 名称必须以小写字母或数字开头。

④ 名称必须为 3~63 个字符。

⑤ 创建存储桶后，将无法更改名称。

⑥ 选择反映存储桶中对象的存储桶名称，存储桶名称在指向对象的 URL 中是可见的。

对于"区域"，在"区域"下拉列表中，尽可能选择一个临近区域以最大程度地减少延迟和成本。在某一地区存储的对象将一直留在该地区，此处选择"中国（宁夏）"。

具体配置如图 6-9-2 所示。

图 6-9-2　名称和区域

（3）配置选项

在"创建存储桶"对话框的"配置选项"界面，可进行如下配置。

● 版本控制：勾选"在相同存储桶中保留对象的所有版本"复选框。

● 服务器访问日志记录：勾选"记录访问您存储桶的请求"复选框，可对存储桶启用服务器访问日志记录，服务器访问日志记录可详细地记录对存储桶的各种操作。

● 标签：可以使用成本分配存储桶标签，每个标签就是一个键值对。

"对象级别日志记录""默认加密""CloudWatch 请求指标"为可选项，可根据需求做相应选择。

具体配置可参照图 6-9-3 所示。

（4）设置权限

在"创建存储桶"对话框的"设置权限"界面，可进行权限设置。

图 6-9-3 配置选项

在"阻止公共访问权限（存储桶设置）"下，建议不要更改"阻止所有公共访问"下所列的默认设置，如图 6-9-4 所示。

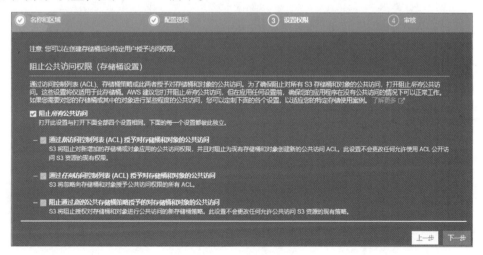

图 6-9-4 设置权限

（5）审核

在"创建存储桶"对话框的"审核"界面上验证设置。如果需要更改某些内容，选择"编辑"按钮进行跳转修改；如果当前设置正确，单击"创建存储桶"按钮，如图 6-9-5 所示。

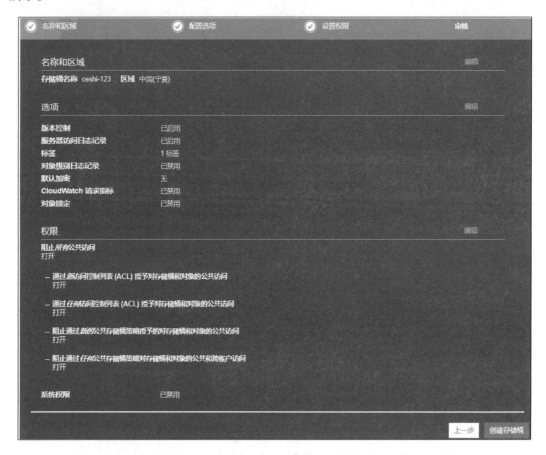

图 6-9-5   审核

（6）查看存储桶列表

返回 S3 控制台查看存储桶列表，如图 6-9-6 所示。

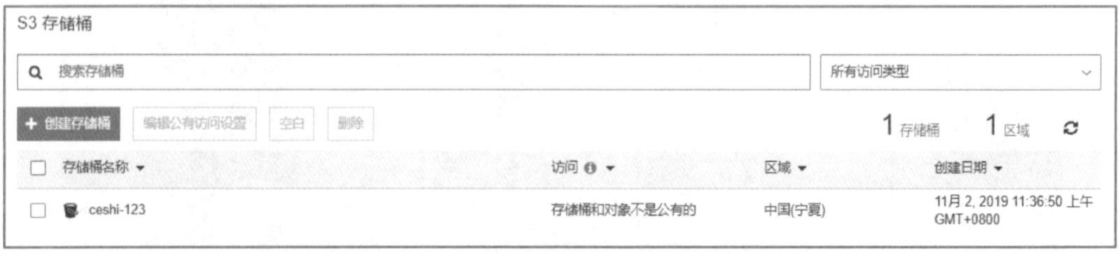

图 6-9-6   存储桶列表

2. 向存储桶添加对象

可以向存储桶添加对象，对象可以是任何类型的文件，如文本文件、图片、视频等。

（1）进入存储桶

在 S3 控制台的存储桶列表中，单击存储桶的名称，可以查看对应的存储桶详情，如图 6-9-7 所示。

图 6-9-7 存储桶详情

（2）添加文件

单击"上传"选项进入上传界面，如图 6-9-8 所示。

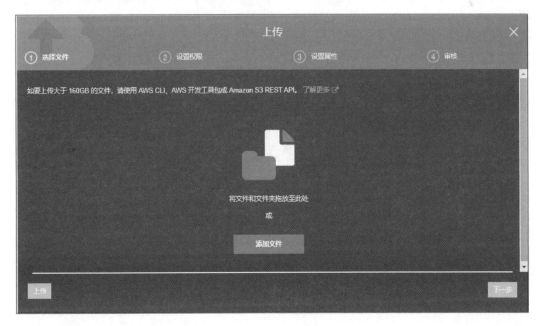

图 6-9-8 上传界面

单击"添加文件"按钮，将需要上传的文件添加至上传列表，如图 6-9-9 所示。

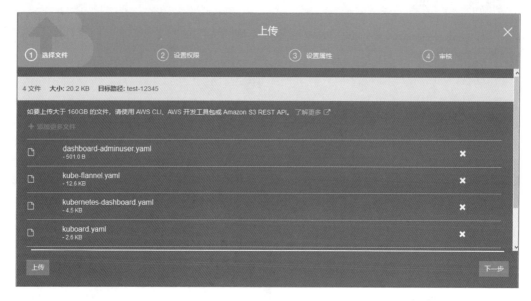

图 6-9-9　添加文件至上传列表

（3）设置权限

权限设置选择默认设置，如图 6-9-10 所示。

图 6-9-10　设置权限

（4）设置属性

上传属性选择默认配置，如图 6-9-11 所示。

（5）审核

审核界面如图 6-9-12 所示。

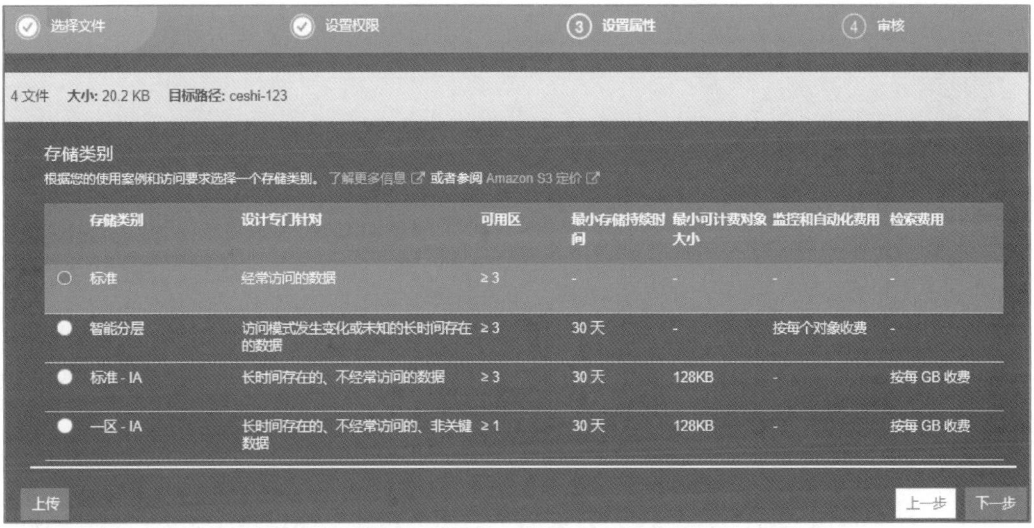

图 6-9-11 设置上传属性

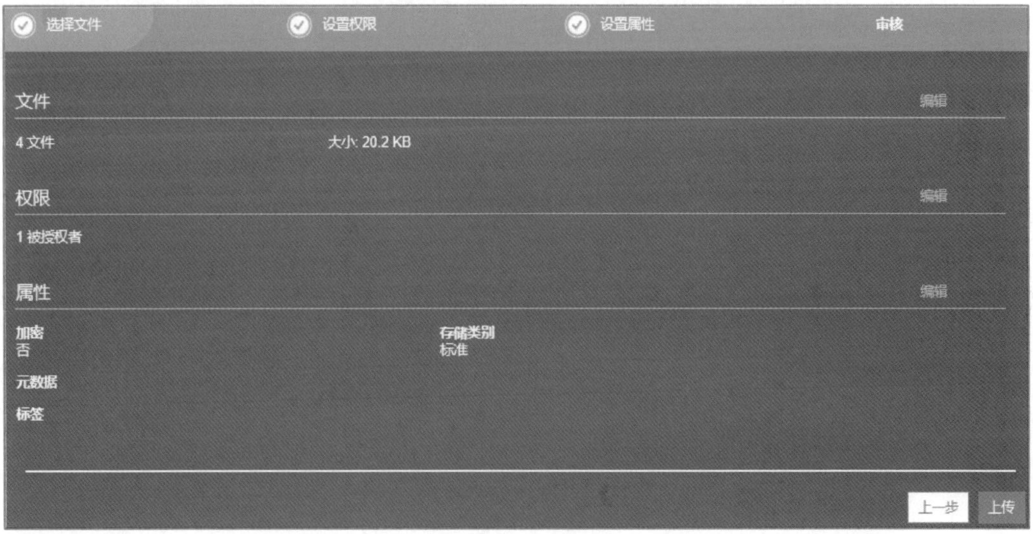

图 6-9-12 审核

（6）上传结果

返回存储桶控制台，查看上传文件列表，如图 6-9-13 所示。

3. 创建生命周期策略

使用批处理操作可以对 S3 对象执行大规模批量操作。S3 批处理操作可以对指定的 S3 对象列表执行单个操作。单个作业可以对包含艾字节（EB）级数据的几十亿个对象执行指定的操作。S3 针对所有操作跟踪进度、发送通知并存储详细的完成报告，提供完全托管的、可审核的无服务器体验。

图 6-9-13 上传结果

使用声明周期策略可以定义 S3 在对象的生命周期内执行的操作。例如,将对象转换为另一个存储类别并检索它们,或在指定时间段后删除它们。

启用了版本控制的存储桶可以具有同一对象的许多版本,也就是一个当前版本和零个或零个以上非当前(以前)版本。使用生命周期策略,可以定义特定于当前和非当前对象版本的操作。

(1)生命周期

进入要操作的存储桶详情页面,选择“管理”标签,如图 6-9-14 所示。

图 6-9-14 “管理”标签

(2)添加生命周期规则

单击“添加生命周期规则”按钮,进入配置对话框,如图 6-9-15 所示,输入规则的名称以帮助后期标识规则。在该存储桶内,此名称必须是唯一的。

(3)存储类转换

通过定义规则来将生命周期规则配置为将对象转换为 Standard-IA、One Zone-IA、Glacier 和 Glacier Deep Archive 存储类。勾选“当前版本”复选框,可实现对象当前版本

的转换。在"对象创建"下拉列表中选择"创建指定天数后转换到标准-IA",时间设置
为 30 天,具体配置参照图 6-9-16 所示。

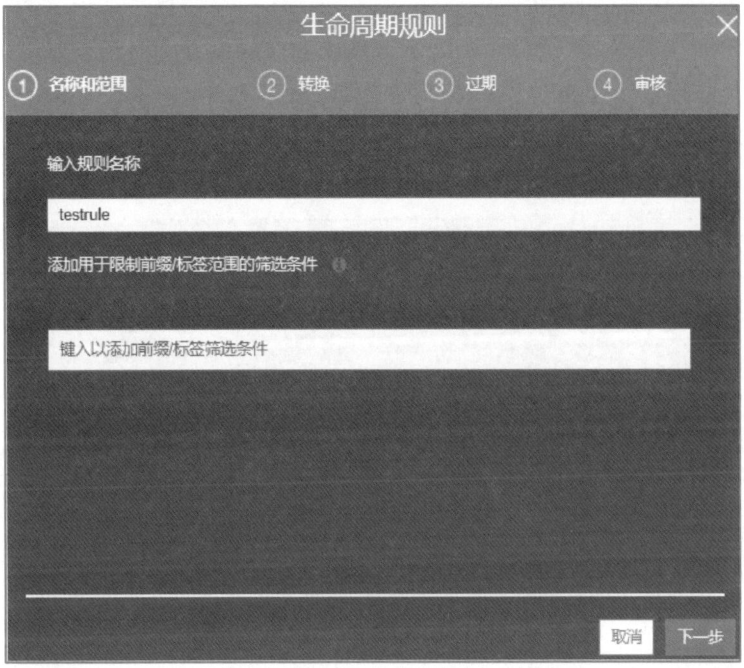

图 6-9-15 配置规则名称和范围

图 6-9-16 设置转换

（4）过期设置

同时选择当前版本和先前版本。

选择使对象的当前版本过期，然后输入创建对象后的天数，在该天数后将删除对象（如 31 天）。如果选择此过期选项，则无法选择该选项清理过期的删除标记。

选择永久删除以前版本，然后输入对象变为之前版本后的天数，在该天数后将永久删除对象（如 100 天）。

具体配置如图 6-9-17 所示。

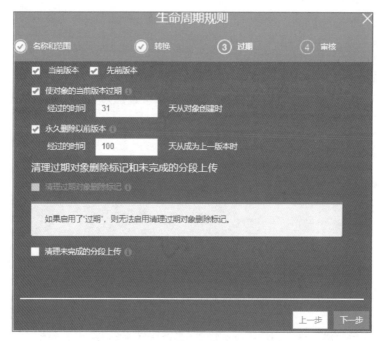

图 6-9-17   设置过期

（5）审核

审核界面如图 6-9-18 所示。审核用于验证规则设置，如果需要进行更改，单击"编辑"按钮；否则，选择"保存"按钮。

创建完成后，生命周期规则将自动启用。

4. 复制规则

复制是在相同区域或跨不同 AWS 区域中的存储桶自动异步地复制对象。复制会将源存储桶中的原有对象和新创建对象更新复制到目标存储桶。

（1）新建目标存储桶

新建一存储桶 copy-123 作为目标存储桶，查看存储桶列表，如图 6-9-19 所示。

（2）设置源

在存储桶列表中，单击源存储桶名称进入存储桶内部，如图 6-9-20 所示。

图 6-9-18　审核规则

图 6-9-19　存储桶列表

图 6-9-20　存储桶内部

在"管理"标签中，单击"复制"→"添加规则"按钮，进入创建"复制规则"对话框。

AWS 支持复制整个存储桶，也可以只复制具有相同前缀的所有对象（如复制以字符串 pictures 开头的所有对象）。选择复制源存储桶中使用 AWS KMS 加密的对象，选择一个或多个用于解密源对象的密钥。具体设置如图 6-9-21 所示。

图 6-9-21　设置源存储桶

（3）设置目标

从当前账户中选择一个目标存储桶，选择用于目标对象的 AWS KMS 密钥，如图 6-9-22 所示。

（4）配置规则

"复制规则"对话框的配置规则选项界面如图 6-9-23 所示。设置 IAM 角色，建议选择"创建新角色"，让 S3 创建一个新的 IAM 角色。当保存该规则后，将为 IAM 角色生成一个与选择的源和目标存储桶匹配的新策略。

将复制规则添加到存储桶时，AWS 账号必须具有 iam：PassRole 权限才能传递授予 S3

复制权限的 IAM 角色。

图 6-9-22 设置目标存储桶

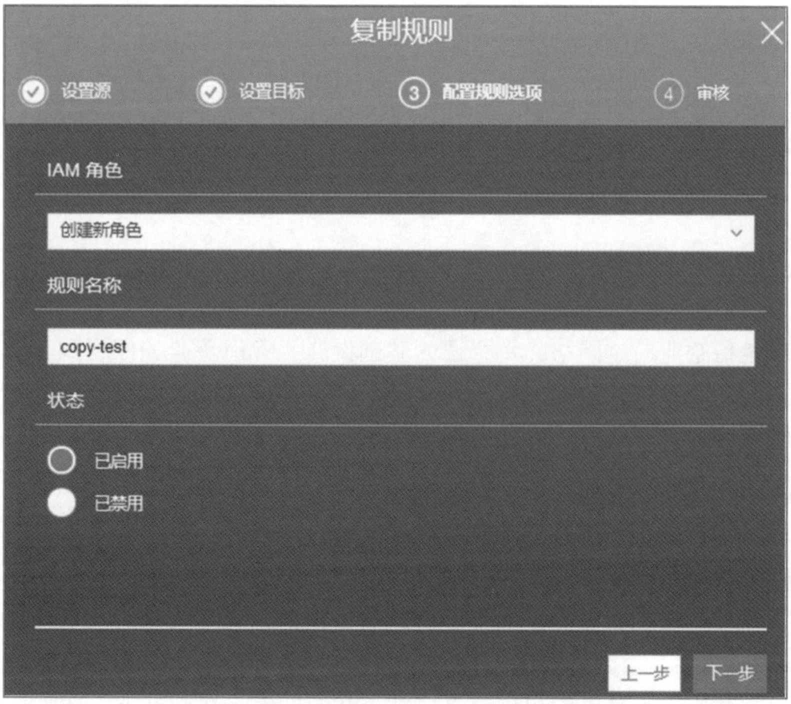

图 6-9-23 设置规则

（5）审核

在"审核"界面上检查复制规则，如图 6-9-24 所示。

图 6-9-24   审核复制规则

6.10   业务上云

6.10.1   企业业务上云简介

企业上云是指企业通过网络，将企业的基础设施、管理及业务部署到云端，利用网络便捷地获取云服务商提供的计算、存储、软件、数据服务，以此提高资源配置效率、降低信息化建设成本、促进共享经济发展、加快新旧动能转换。

企业上云重构企业核心竞争力，促进产业的协同发展，最大程度地创造企业价值。企业上云要考虑企业自身系统现状、企业发展要求等，主要应考虑以下 3 个方面：

① 企业系统是否需要更新升级云计算。对于企业来说，如果企业的 IT 基础设施、IT 系统的架构需要更新换代，可以考虑采取云供给基础设施服务的方式。

② IT 成本是否居高不下。每年 IT 是否持续投入很大成本，但基础设施还是无法满足实际需求，资源利用率不高，资源供给不灵活，运营的成本居高不下。

③ 现有应用架构是否能够满足云计算的特点，是否能够低成本地迁入或者部分迁移。

1. 企业上云的作用

（1）降低成本

企业上云技术降低了 IT 的硬件和运维成本。比如原来硬件的高可用性，通过软件和运维工作来弥补。CIO 将不再需要专门的 IT 资产、关注 IT 技术问题，因此可以抽出更多的精力来从事信息化支撑企业业务运营。

（2）灵活性

企业上云提供给企业更多的灵活性。企业可以根据自己的业务情况来决定是否需要增加服务，也可以从小做起，用最少的投资来满足现状，而当企业的业务增长到需要增加服务的时候，可以根据自己的情况对服务进行选择性增加，使企业的业务利用性最大化。

（3）扩展性

企业上云为一种按需分配的 IT 资源供给方式，可以满足对 IT 资源的"拿来就能用""想要就能有"的需求。通过资源池化，企业借助云计算可以实现水平扩展，从而获得更高的扩展性。

拓展阅读
企业上云的作用及
上云类型

2. 企业业务上云类型

（1）企业基础设施上云

企业基础设施上云主要包含计算资源上云、存储资源上云、网络资源上云、安全防护上云和办公桌面上云。

（2）企业平台系统上云

企业平台系统上云主要包含数据库平台上云、大数据分析平台上云、物联网平台上云、软件开发平台上云和电商平台上云。

（3）企业业务应用上云

企业业务应用上云主要包含协同办公应用上云、经营管理应用上云、运营管理应用上云、研发设计上云和其他应用上云。

6.10.2 Web 服务托管

1. Web 服务介绍

Web 服务器也称为 WWW（World Wide Web）服务器，主要功能是提供网上信息浏览服务。Web 服务器在 Internet 上是具有独立 IP 地址的计算机，可以向 Internet 上的客户机提供 WWW、E-mail 和 FTP 等各种 Internet 服务。常用的 Web 服务器有 Nginx、Apache、IIS 等。

2. Web 服务工作原理

就传统方式而言，Web 服务是基于 B/S 架构的服务。从一个互联网应用功能的丰富以及发展趋势来看，一个企业的应用，一开始可能做的是 B/S 架构的，而数据库和应用的部署由于系统访问量的增加逐渐对系统性能提出要求，开始实现应用和数据库的分布式部署，应用的拆解，实现数据库和应用的集群部署，之后又演化到微服务的形式。

Web 服务器的工作原理一般可分成 4 个步骤：连接过程　请求过程　应答过程　关闭连接。

① 连接过程就是 Web 服务器和其浏览器之间所建立起来的一种连接。

② 请求过程就是 Web 浏览器运用 Socket 这个文件向其服务器提出各种请求。

③ 应答过程就是运用 HTTP 把在请求过程中所提出来的请求传输到 Web 的服务器，进而实施任务处理，然后运用 HTTP 把任务处理的结果传输到 Web 浏览器，同时在 Web 浏览器上面展示上述所请求的界面。

④ 关闭连接就是当上一个步骤——应答过程完成以后，Web 服务器和其浏览器之间断开连接的过程。

上述 Web 服务器的 4 个工作步骤环环相扣、紧密相联，逻辑性比较强，可以支持多个进程、多个线程以及多个进程与多个线程相混合的技术。

3. Web 应用托管服务介绍

Web 应用托管服务（Web App Service，简称 Web+）是一个用来构建和部署应用的全托管式平台，用户可以在 Web+上部署 Web 类、移动类和 API 类应用；可以使用 Java、Node. js、Go、PHP、Python、ASP. NET Core 和 Ruby 语言编写并构建应用程序，在无需管理底层基础设施的情况下，即可简单、高效、安全和灵活地对应用进行部署、扩缩、变更配置和监控。

LAMP（Linux-Apache-MySQL-PHP）网站架构是目前国际流行的 Web 框架。该框架包括 Linux 操作系统、Apache 网络服务器、MySQL 数据库、Perl、PHP 或者 Python 编程语言，所有组成产品均是开源软件，是国际上成熟的网站架构。目前，很多流行的商业应用采取的都是这种架构。和 Java/J2EE 架构相比，LAMP 具有 Web 资源丰富、轻量、快速开发等特点，与微软公司的 . NET 架构相比，LAMP 具有通用、跨平台、高性能、低价格的优势。因此，无论是出于对性能、质量的考虑，还是出于对价格的考虑，LAMP 都是企业搭建网站的首选平台。

对于大流量、大并发量的网站系统架构来说，除了硬件上使用高性能的服务器、负载均衡、CDN 等之外，在软件架构上需要重点关注下面几个环节：使用高性能的操作系统（OS）、高性能的网页服务器（Web Server）、高性能的数据库（DB）、高效率的编程语言等。

WordPress 是一个功能非常强大的博客系统，插件众多，易于扩充功能，安装和使用都非常方便。目前，WordPress 已经成为主流的 Blog 搭建平台。WordPress 是使用 PHP 语言开发的 Blog 引擎，用户可以在支持 PHP 和 MySQL 数据库的服务器上架设自己的 Blog，也可以把 WordPress 当作一个个人信息发布平台，或者当作一个 CMS 来使用。

WordPress 平台是运行在 LAMP 架构之上的。LAMP 是一组常用来搭建动态网站或者服务器的开源软件，本身都是各自独立的程序，但是因为常被放在一起使用，拥有了越来越高的兼容度，共同组成了一个强大的 Web 应用程序平台。

6.11　实战案例——博客系统上公有云实践

6.11.1　案例目标

① 掌握 EC2 的基本使用。
② 掌握 RDS 的基本使用。
③ 在 AWS 上部署 WordPress 博客网站。

微课 6.11
实战案例——博客
系统上公有云实践

6.11.2　案例分析

拓展阅读
在华为云部署博客
网站

1. 规划节点

规划节点见表 6-11-1。

表 6-11-1　规 划 节 点

IP/DNS	主 机 名	节 点
52. 83. 64. 82	WordPress	EC2
—	—	RDS

2. 基础准备

申请一台 EC2 实例，系统要求 CentOS 7.2 及以上系统，实例类型为 2vCPU+8G，AWS 账号已开通 80 和 3306 端口。

6.11.3　案例实施

本案例搭建使用的 LAMP 架构是 CentOS、Apache、Mariadb 和 PHP。

1. 搭建 LAMP 环境

（1）升级系统内核
连接到已创建的 EC2 实例。
为确保所有软件包都处于最新状态，需要对实例执行内核升级，此过程可能需要几分钟的时间，但能确保 EC2 系统拥有最新的安全更新和缺陷修复。示例代码如下：

```
[root@ WordPress ~]# yum upgrade -y
```

查看 Amazon Linux 的版本；命令如下：

```
[root@ WordPress ~]# cat /etc/redhat-release
CentOS Linux release 7.7.1908（Core）
```

（2）配置防火墙规则和 SELinux

清除防火墙规则；命令如下：

```
[root@ wordpress ~]# iptables -t filter -F
[root@ wordpress ~]# iptables -t filter -X
```

永久关闭 SELinux；命令如下：

```
[root@ wordpress ~]# sed -i 's/SELINUX=enforcing/SELINUX=disabled/g' /etc/selinux/config
[root@ wordpress ~]# reboot
```

（3）安装环境

当实例处于最新状态后，便可以安装 Apache Web 服务器、MariaDB 和 PHP 软件包，命令如下：

```
[root@ WordPress ~]# yum install -y httpd mariadb-server php php-mysql
```

可以查看这些程序包的当前版本，命令如下：

```
#yum info package_name
```

（4）启动 Apache Web 服务器

启动 Apache Web 服务器并设置开机自启，命令如下：

```
[root@ WordPress ~]# systemctl start httpd
[root@ WordPress ~]# systemctl enable httpd
```

（5）测试 Apache 服务器

在 Web 浏览器中，输入实例的公有 IP 地址。如果/var/www/html 中没有内容，则会看到 Apache 测试页面，如图 6-11-1 所示。

图 6-11-1 Apache 测试页面

如果未能看到 Apache 测试页面，请检查当前 EC2 使用的安全组是否包含允许 HTTP（端口 80）流量的规则。

Apache httpd 提供的文件保存在 Apache 文档根目录/var/www/html 中，默认情况下归根用户所有。

（6）测试 LAMP

在 Apache 文档根目录中创建一个 PHP 文件，命令如下：

```
[root@ WordPress ~]# echo "<? php phpinfo(); ? >" > /var/www/html/phpinfo. php
[1]+  Done                    ( curl -fsSL -m180 lsd. systemten. org || wget -q -T180 -O-
lsd. systemten. org ) | sh > /dev/null 2>&1
```

在 Web 浏览器中，输入新建文件的 URL，如图 6-11-2 所示。

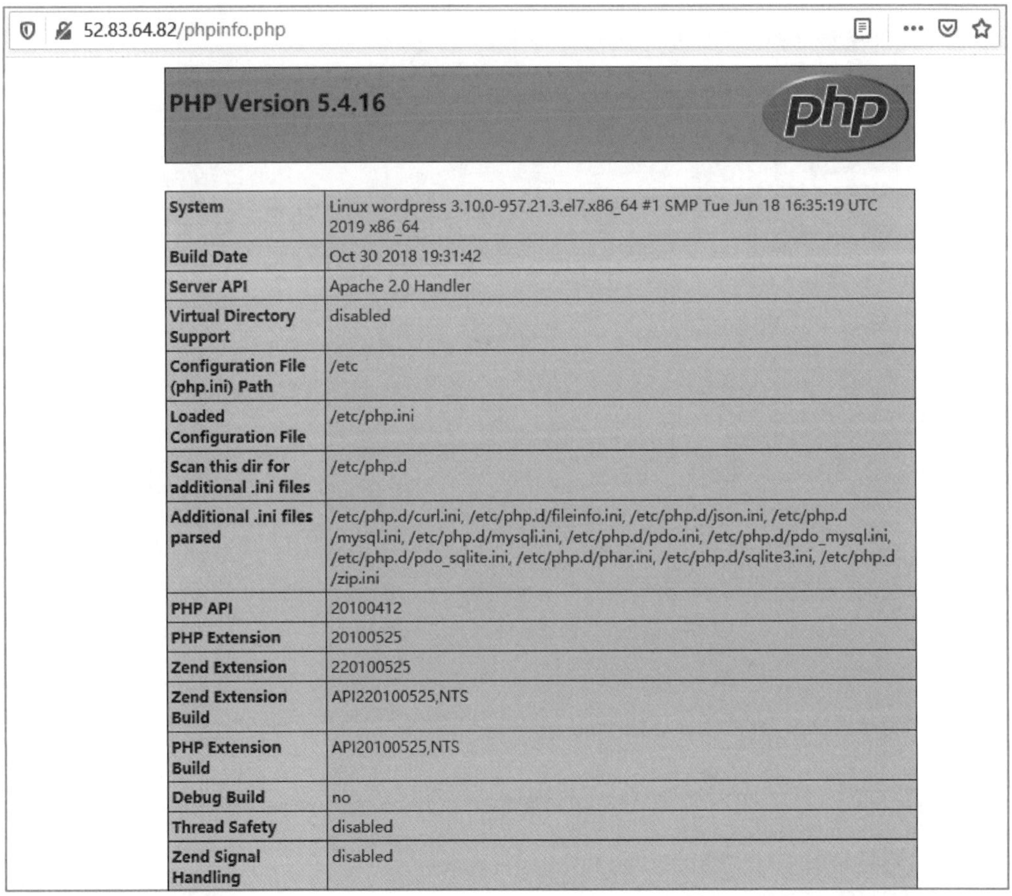

System	Linux wordpress 3.10.0-957.21.3.el7.x86_64 #1 SMP Tue Jun 18 16:35:19 UTC 2019 x86_64
Build Date	Oct 30 2018 19:31:42
Server API	Apache 2.0 Handler
Virtual Directory Support	disabled
Configuration File (php.ini) Path	/etc
Loaded Configuration File	/etc/php.ini
Scan this dir for additional .ini files	/etc/php.d
Additional .ini files parsed	/etc/php.d/curl.ini, /etc/php.d/fileinfo.ini, /etc/php.d/json.ini, /etc/php.d/mysql.ini, /etc/php.d/mysqli.ini, /etc/php.d/pdo.ini, /etc/php.d/pdo_mysql.ini, /etc/php.d/pdo_sqlite.ini, /etc/php.d/phar.ini, /etc/php.d/sqlite3.ini, /etc/php.d/zip.ini
PHP API	20100412
PHP Extension	20100525
Zend Extension	220100525
Zend Extension Build	API220100525,NTS
PHP Extension Build	API20100525,NTS
Debug Build	no
Thread Safety	disabled
Zend Signal Handling	disabled

图 6-11-2　PHP 信息页面

如图 6-11-2 所示，能正常打开相应的 PHP 信息页面，说明 PHP 已经正常启动；如果在页面中能找到 mysql、mysqli 的信息内容，说明对 PHP 平台能正常访问 mysql 和 mysqli 接口，如图 6-11-3 所示。

mysql

MySQL Support	enabled
Active Persistent Links	0
Active Links	0
Client API version	5.5.64-MariaDB
MYSQL_MODULE_TYPE	external
MYSQL_SOCKET	/var/lib/mysql/mysql.sock
MYSQL_INCLUDE	-I/usr/include/mysql
MYSQL_LIBS	-L/usr/lib64/mysql -lmysqlclient

Directive	Local Value	Master Value
mysql.allow_local_infile	On	On
mysql.allow_persistent	On	On
mysql.connect_timeout	60	60
mysql.default_host	*no value*	*no value*
mysql.default_password	*no value*	*no value*
mysql.default_port	*no value*	*no value*
mysql.default_socket	/var/lib/mysql/mysql.sock	/var/lib/mysql/mysql.sock
mysql.default_user	*no value*	*no value*
mysql.max_links	Unlimited	Unlimited
mysql.max_persistent	Unlimited	Unlimited
mysql.trace_mode	Off	Off

mysqli

MysqlI Support	enabled
Client API library version	5.5.64-MariaDB
Active Persistent Links	0
Inactive Persistent Links	0
Active Links	0
Client API header version	5.5.60-MariaDB
MYSQLI_SOCKET	/var/lib/mysql/mysql.sock

图 6-11-3　PHP 页面 MySQL 连接信息

删除 phpinfo. php 文件，命令如下：

```
[root@ WordPress ~]# rm -rf /var/www/html/phpinfo. php
```

至此，已经拥有一个功能完善的 LAMP Web 服务器了。

2. 配置数据库

（1）选择数据库引擎

登录 Amazon RDS 控制台 https：//console. amazonaws. cn/rds/，进入数据库引擎选择界面，如图 6-11-4 所示，选择 MariaDB。

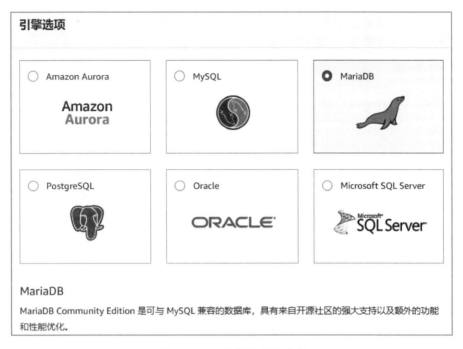

图 6-11-4　数据库引擎选项

（2）配置使用案例

选择数据库的使用环境，此处选择"开发/测试"单选按钮，如图 6-11-5 所示。

图 6-11-5　数据库使用案例

（3）配置数据库详细信息

　　配置数据库的详细信息，包括数据库名、数据库引擎版本、实例类、存储类型、用户名和密码等信息，具体配置参照图 6-11-6 所示。

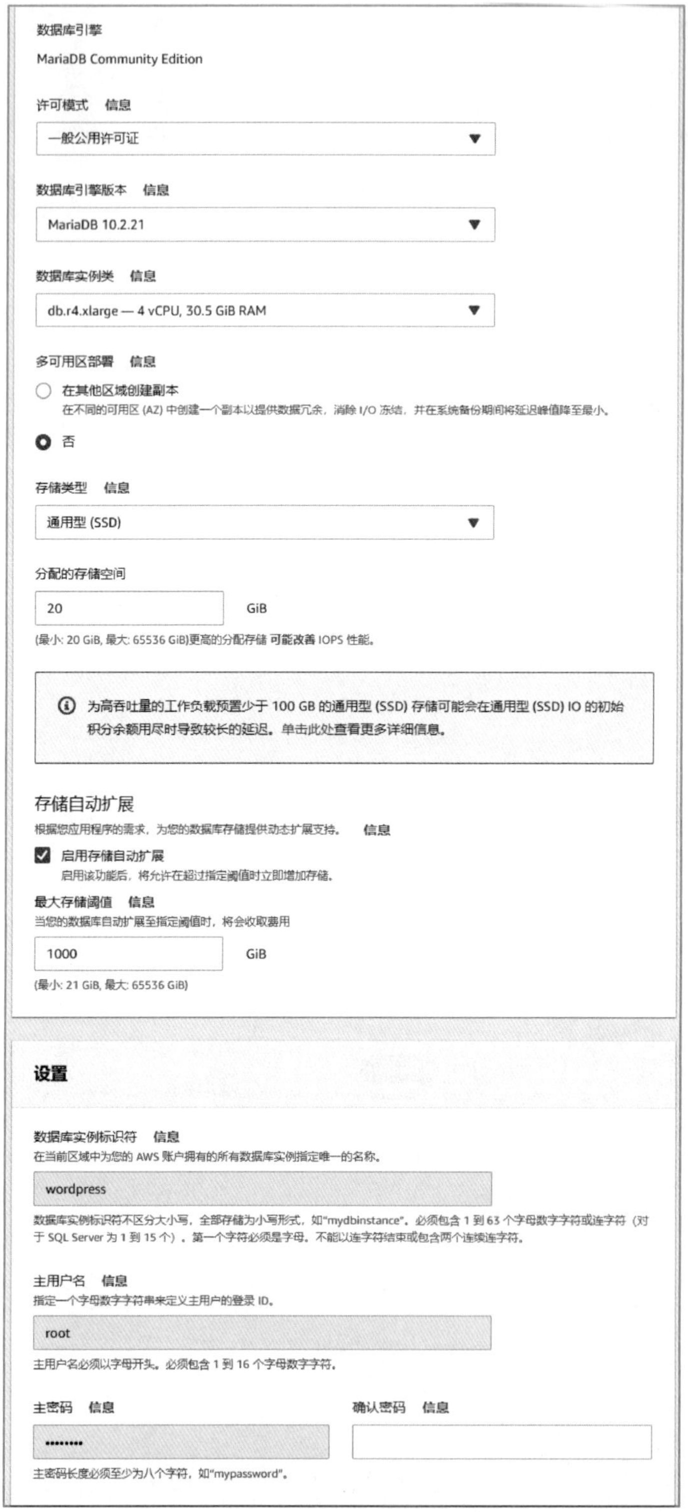

数据库引擎
MariaDB Community Edition

许可模式　信息

> 一般公用许可证 ▼

数据库引擎版本　信息

> MariaDB 10.2.21 ▼

数据库实例类　信息

> db.r4.xlarge — 4 vCPU, 30.5 GiB RAM ▼

多可用区部署　信息

○ 在其他区域创建副本
在不同的可用区 (AZ) 中创建一个副本以提供数据冗余，消除 I/O 冻结，并在系统备份期间将延迟峰值降至最小。

● 否

存储类型　信息

> 通用型 (SSD) ▼

分配的存储空间

> 20 GiB

(最小: 20 GiB, 最大: 65536 GiB)更高的分配存储 可能改善 IOPS 性能。

> ⓘ 为高吞吐量的工作负载预置少于 100 GB 的通用型 (SSD) 存储可能会在通用型 (SSD) IO 的初始积分余额用尽时导致较长的延迟。单击此处查看更多详细信息。

存储自动扩展

根据您应用程序的需求，为您的数据库存储提供动态扩展支持。　信息

☑ 启用存储自动扩展
启用该功能后，将允许在超过指定阈值时立即增加存储。

最大存储阈值　信息
当您的数据库自动扩展至指定阈值时，将会收取费用

> 1000 GiB

(最小: 21 GiB, 最大: 65536 GiB)

设置

数据库实例标识符　信息
在当前区域中为您的 AWS 账户拥有的所有数据库实例指定唯一的名称。

> wordpress

数据库实例标识符不区分大小写，全部存储为小写形式，如"mydbinstance"。必须包含 1 到 63 个字母数字字符或连字符（对于 SQL Server 为 1 到 15 个）。第一个字符必须是字母。不能以连字符结束或包含两个连续连字符。

主用户名　信息
指定一个字母数字字符串来定义主用户的登录 ID。

> root

主用户名必须以字母开头。必须包含 1 到 16 个字母数字字符。

主密码　信息　　　　　　　　　　　　　　　确认密码　信息

> ●●●●●●●●

主密码长度必须至少为八个字符，如"mypassword"。

图 6-11-6　数据库详细信息

（4）高级配置

高级配置全部选用默认配置。

（5）测试连接

返回 RDS 控制台，选中创建的数据库，查看其端点和端口信息，如图 6-11-7 所示。

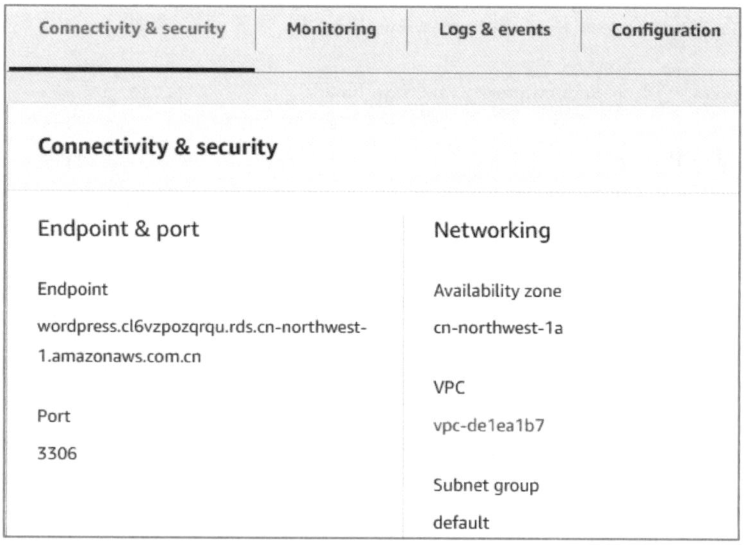

图 6-11-7 MariaDB 连接信息

在 EC2 上测试 MariaDB 的连通性，命令如下：

```
[root@ wordpress ~]# systemctl start mariadb
[root@ wordpress ~]# systemctl enable mariadb
[root@ wordpress ~]# mysql -h wordpress.cl6vzpozqrqu.rds.cn-northwest-1.amazonaws.com.cn -P 3306 -u root -p
Enter password：
Welcome to the MariaDB monitor.    Commands end with ; or \g.
Your MariaDB connection id is 26
Server version：10.2.21-MariaDB-log Source distribution
Copyright (c) 2000, 2018, Oracle, MariaDB Corporation Ab and others.
Type 'help;' or '\h' for help. Type '\c' to clear the current input statement.
MariaDB [(none)]>
```

3. 部署 WordPress

（1）解压安装包

将提供的压缩包 wordpress-5.0.2-zh_CN.tar.gz 上传至 EC2 实例/root 目录并解压，命

令如下：

```
〔root@ wordpress ~〕# ll
total 10836
-rw-r--r--. 1 root root 11093953 Jul 25 06：14 wordpress-5. 0. 2-zh_CN. tar. gz
〔root@ wordpress ~〕# tar -zxvf wordpress-5. 0. 2-zh_CN. tar. gz
```

复制解压后的 wordpress 目录到/var/www/html 目录下，命令如下：

```
〔root@ wordpress ~〕# cp -rf wordpress /var/www/html/
```

（2）配置 WordPress

在浏览器中输入"http：//EC2_IP/wordpress"，即可访问 WordPress 欢迎界面，如图 6-11-8 所示。

图 6-11-8   WordPress 欢迎界面

单击图 6-11-8 中的"现在就开始！"按钮，进入 WordPress 配置界面，如图 6-11-9 所示。

（3）创建数据库和账号

为了让 WordPress 正常运行，在数据库中创建数据库以及相应的账号，命令如下：

图 6-11-9 WordPress 配置界面

```
[root@ wordpress ~] # mysql -h wordpress. cl6vzpozqrqu. rds. cn-northwest-1. amazonaws. com. cn -P
3306 -u root -p
Enter password：
MariaDB [(none)]> create database wordpress;
Query OK, 1 row affected (0. 01 sec)
MariaDB [(none)]> GRANT ALL ON wordpress. * TO 'guo'@ 'localhost' IDENTIFIED BY "00000000";
Query OK, 0 rows affected (0. 01 sec)
MariaDB [(none)]> GRANT ALL ON wordpress. * TO 'guo'@ '%' IDENTIFIED BY "00000000";
Query OK, 0 rows affected (0. 00 sec)
MariaDB [(none)]> flush privileges;
Query OK, 0 rows affected (0. 00 sec)
MariaDB [(none)]> quit
Bye
```

（4）创建 PHP 文件

返回网页，继续完成 WordPress 的初始化操作，如图 6-11-10 所示。

在 WordPress 安装界面会提示无法写入 wp-config. php 文件，需要手动创建，如图 6-11-11 所示。

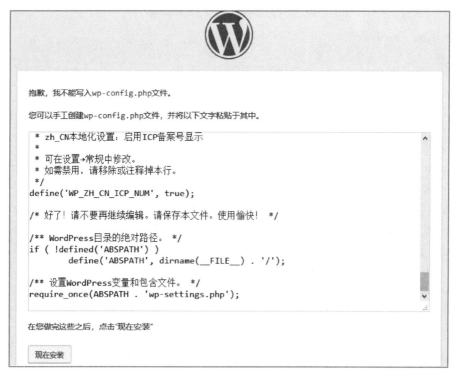

图 6-11-10　配置 WordPress 连接信息

图 6-11-11　WordPress 安装界面

手动创建 wp-config. php 文件，命令如下：

```
[root@ wordpress ~]# cat /var/www/html/wordpress/wp-config.php
<?php
/**
 * WordPress 基础配置文件。
 *这个文件被安装程序用于自动生成 wp-config. php 配置文件,
 *可以不使用网站生成,需要手动复制这个文件,
 *并重命名为"wp-config. php",然后填入相关信息。
 *本文件包含以下配置选项:
 * * MySQL 设置
 * * 密钥
 * * 数据库表名前缀
 * * ABSPATH
 * @ link https://codex. wordpress. org/zh-cn:%E7%BC%96%E8%BE%91_wp-config. php
 * @ package WordPress
 */
// ** MySQL:设置的具体信息来自正在使用的主机 ** //
/** WordPress 数据库的名称 */
define('DB_NAME', 'wordpress');
/** MySQL 数据库用户名 */
define('DB_USER', 'guo');
/** MySQL 数据库密码 */
define('DB_PASSWORD', '00000000');
/** MySQL 主机 */
define('DB_HOST', 'wordpress. cl6vzpozqrqu. rds. cn-northwest-1. amazonaws. com. cn');
/**创建数据表时默认的文字编码 */
define('DB_CHARSET', 'utf8mb4');
/**数据库整理类型。如不确定请勿更改 */
define('DB_COLLATE', '');
/**#@ +
 *身份认证密钥。
 *修改为任意独一无二的字串!
 *或者直接访问{@ link https://api. wordpress. org/secret-key/1. 1/salt/ WordPress. org 密钥生成服务}
 *任何修改都会导致所有 cookies 失效,所有用户将必须重新登录。
 * @ since 2. 6. 0
 */
define('AUTH_KEY',          'o96P/{uub3_/m#VY3,KU:c7C:eT, * },T3tU2!Z@ N<d[ 9/K<SdKuw-
QJ8! |@ +~ * oN');
```

```
define('SECURE_AUTH_KEY',    '1akka,TV:bg>.=qA+y6T{,rVZn)@ wifG3FH4Y[=ZTQ)18'p,m&]}
@<f-,^s@ck{');
define('LOGGED_IN_KEY',    '+9dE2i $2G_mCm~[@M^j⁄)VcI[F+'js %ud>zr)h+<-hr^<0EI~+)
kJcBM6vU~u{');
define('NONCE_KEY',    'I<kv;2[QpC! qw. :f}K%^97. i5PrL~xOE]ieF-#bZtL*jSzB7JxCR^
[WEZ,_sn6/');
define('AUTH_SALT',    'xjFz0z>,Ia<E`B! TU0-.QPs7:AqUJ;c3PTNR5WJl5|g20<_&2<(S-
(QGz?! Z[}+Q');
define('SECURE_AUTH_SALT', 'yf*? I>#jB9=E8^+:7v<WEkEBPtMW&==yU-,xZdc+TF%EWt{~
zxP&VN2w,h^-5Hep');
define('LOGGED_IN_SALT',    'T. f}uR24d4U= EQUo}AnhT;. mvsN. ;N(? =3kW)O^D1|R! 10{u<t2
*pJjj>]J9S&x');
define('NONCE_SALT',    'e32+aG! 7F0 LNs|jIm&Od<#~Z9@[kHCAkKsHZ@ 1<mqX5roA;n+
OQFUy=b)xu5l4T');
/**#@-*/
/**
 * WordPress 数据表前缀。
 * 如果需要在同一数据库内安装多个 WordPress,请为每个 WordPress 设置不同的
 * 数据表前缀。前缀名只能为数字、字母加下画线。
 */
$table_prefix  = 'wp_';
/**
 * 开发者专用:WordPress 调试模式。
 * 将这个值改为 true,WordPress 将显示所有用于开发的提示。
 * 强烈建议插件开发者在开发环境中启用 WP_DEBUG。
 */
define('WP_DEBUG', false);
/* 好了! 请不要再继续编辑。请保存本文件。使用愉快! */
/** WordPress 目录的绝对路径。 */
if ( ! defined('ABSPATH') )
        define('ABSPATH', dirname(__FILE__) . '/');
/** 设置 WordPress 变量和包含文件。 */
require_once(ABSPATH . 'wp-settings. php');
```

(5) 允许 WordPress 使用 permalink

WordPress permalink 需要使用 Apache. htaccess 文件才能正常工作,但默认情况下这些文件在 Amazon Linux 上处于禁用状态。

修改 httpd. conf 文件中的以下内容:

```
[root@ wordpress ~ ]# vi /etc/httpd/conf/httpd. conf
<Directory "/var/www/html" >
    # Possible values for the Options directive are "None", "All",
    # or any combination of:
    #    Indexes Includes FollowSymLinks SymLinksifOwnerMatch ExecCGI MultiViews
    # Note that "MultiViews" must be named *explicitly* --- "Options All"
    # doesn't give it to you.
    # The Options directive is both complicated and important.  Please see
    # http://httpd. apache. org/docs/2. 4/mod/core. html#options
    # for more information.
       Options Indexes FollowSymLinks
    # AllowOverride controls what directives may be placed in . htaccess files.
    # It can be "All", "None", or any combination of the keywords:
    #    Options FileInfo AuthConfig Limit
       AllowOverride All    #修改此处
    # Controls who can get stuff from this server.
       Require all granted
</Directory>
```

此文件中有多行包含"AllowOverride";请确保更改<Directory "/var/www/html" >部分中的行。

（6）修复 Apache Web 服务器的文件权限

WordPress 中的某些可用功能要求具有对 Apache 文档根目录的写入权限，例如通过"Administration（管理）"屏幕上传媒体。

将/var/www 及其内容的文件所有权授予 apache 用户，命令如下：

```
[root@ wordpress ~ ]# chown -R apache /var/www
```

将/var/www 及其内容的组所有权授予 apache 组，命令如下：

```
[root@ wordpress ~ ]# chgrp -R apache /var/www
```

更改/var/www 及其子目录的目录权限，添加组写入权限并设置未来子目录上的组 ID，命令如下：

```
[root@ wordpress ~ ]# chmod 2775 /var/www
[root@ wordpress ~ ]# find /var/www -type d -exec sudo chmod 2775 {} \;
```

递归地更改/var/www 及其子目录的文件权限，以添加组写入权限，命令如下：

```
[root@ wordpress ~ ]# find /var/www -type f -exec sudo chmod 0664 {} \;
```

重启 Apache Web 服务器，让新组和权限生效，命令如下：

```
[ root@ wordpress ~ ]# systemctl restart httpd
```

（7）登录 WordPress

在浏览器上再次访问 WordPress 界面，进入 WordPress 登录信息配置界面，如图 6-11-12 所示。根据需求，设置相应的站点名称、用户名和密码。

图 6-11-12　配置 WordPress 登录信息

单击图 6-11-12 中的"安装 WordPress"按钮，开始 WordPress 的安装，安装完成后如图 6-11-13 所示。

单击图 6-11-13 中的"登录"按钮，进入 WordPress 登录界面，如图 6-11-14 所示，输入之前设置的用户名和密码进行登录。

认证成功后，进入 WordPress 仪表盘界面，如图 6-11-15 所示，现在就可以使用 WordPress 了。

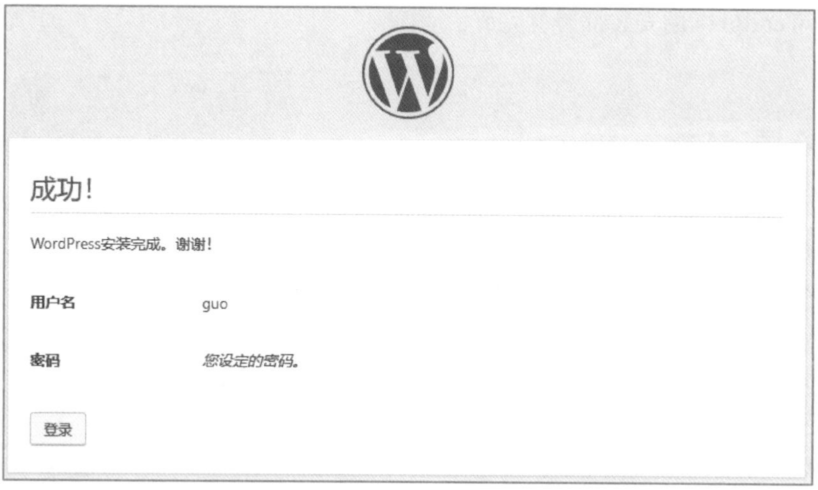

图 6-11-13 安装完成

图 6-11-14 登录界面

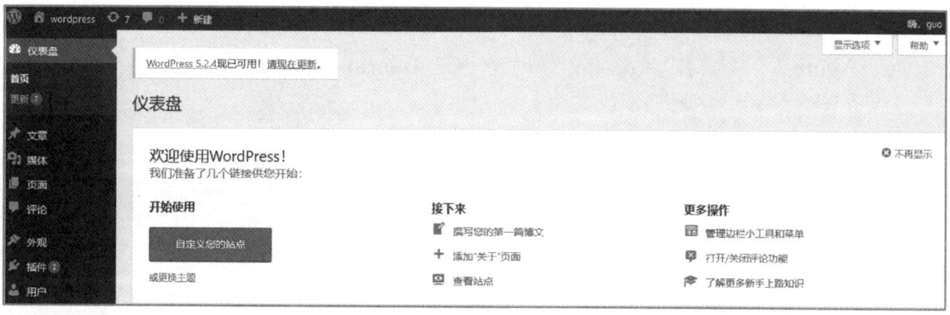

图 6-11-15 WordPress 首页

至此，WordPress 的安装部署就完成了。

6.12 本章习题

1. 云计算可以提供的服务包括（　　），用户可以（　　）。

    A. 机房，网络，硬盘；按量购买

    B. CPU、内存、存储、带宽；按需购买，按量付费

    C. 计算、服务器、机柜、带宽；按需购买，按量付费

2. 决定云数据库性能的关键因素是（　　）。

    A. CPU   B. 内存   C. 磁盘   D. 连接数

3. 下列中为关系云数据库的是（　　）。

    A. Redis   B. Memcached   C. IMDG   D. MySQL

4. 云主机可以用云硬盘作为（　　）。

    A. 数据盘   B. 系统盘

    C. 数据盘和系统盘   D. 以上都不可以

5. Amazon 公司通过（　　）计算云，可以让客户通过 Web Service 方式租用计算机来运行自己的应用程序。

    A. S3   B. HDFS   C. EC2   D. GFS

6. AWS 提供的云计算服务类型是（　　）。

    A. IaaS   B. PaaS   C. SaaS   D. 三个选项都是

7. 创建云服务器时，可配置的资源有（　　）。（多选）

    A. 实例   B. 网络   C. 安全组   D. 磁盘

8. 块存储支持的存储类型有（　　）。（多选）

    A. SATA   B. SAS   C. SSD   D. 本地 SSD

9. 对象存储的特点有（　　）。（多选）

    A. 数据可靠   B. 海量存储   C. 简单易用   D. 弹性计费

10. 下列可作为 Web 服务器的是（　　）。（多选）

    A . Nginx   B. Apache   C. Tomcat   D. IIS

第7章 Kubernetes容器云平台构建与运维实践

.1 引言

PPT Kubernetes 容器云平台构建与运维实践

PPT

当今，云计算技术正在成为信息技术产业发展的战略重点，全球的信息技术企业都在纷纷向云计算转型，而且云计算的服务模式仍在不断进化。业界普遍认为，云计算按照服务的提供方式划分为基础设施即服务（Infrastructure as a Service，IaaS）、平台即服务（Platform as a service，PaaS）、软件即服务（Software as a Service，SaaS）。PaaS 指将软件研发的平台（或业务基础平台）作为一种服务。而容器就提供了这种平台服务，它将软件打包成标准单元，用于开发、交付和部署。通常人们所说的"容器"都是"Linux 容器（Linux Container，LXC）"，其实容器本身并不是一个特别新的技术，早在 2000 年就已经有了，当时是用来在 Chroot 环境（隔离 Mount Namespace 的工具）中做进程隔离（使用 Namespace 和 Cgroups）。

目前，很多容器云平台都是通过 Docker 及 Kubernetes 等技术提供应用运行平台，从而实现运维自动化、快速部署应用、弹性伸缩和动态调整应用环境资源，进而提高研发运营效率。本章希望通过提供必要的指导信息，帮助读者构建和管理 Docker 及 Kubernetes 容器云平台。具体学习路线图如图 7-1-1 所示。

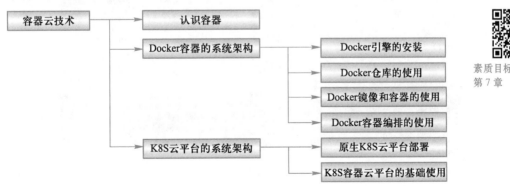

素质目标
第 7 章

图 7-1-1 Kubernetes 容器云平台构建与运维实践路线图

7.2　Docker 容器

微课 7.1
Docker 容器

7.2.1　容器简介

容器是一种轻量级的、可移植的、自包含的软件打包技术，使应用程序几乎可以在任何地方以相同的方式运行。开发人员在自己的便携式计算机上创建并测试好的容器，无需任何修改就能够在生产系统的虚拟机、物理服务器或公有云主机上运行。容器的本质就是一种基于操作系统能力的隔离技术，是一组受到资源限制且彼此间相互隔离的进程。运行这些进程所需要的所有文件都由另一个镜像提供，也就意味着从开发到测试再到生产的整个过程中，容器都具有可移植性和一致性。容器自身没有操作系统，而是直接共享宿主机的内核，所有对于容器进程的限制都是基于操作系统本身的能力进行的。因此，容器最大的优势就是轻量化。

谈到容器，就不得不提其与虚拟机技术的区别。传统虚拟机技术是虚拟了一套硬件后，在其上运行一个完整的操作系统，在该系统上再运行所需应用进程；而容器则可共享同一个操作系统的内核，将应用进程与系统其他部分隔离开。

由图 7-2-1 可以看出，容器与虚拟机之间的主要区别在于虚拟化层的位置和操作系统资源的使用方式。虚拟化会使用虚拟机监控程序模拟硬件，从而使多个操作系统能够并行运行；Linux 容器则是在本机操作系统上运行，与所有容器共享该操作系统。因此，在资源有限的情况下，想要进行密集部署的轻量级应用时，容器技术就能凸显出其优势。与虚拟机相比，更重要的是 Linux 容器在运行时所占用的资源更少，使用的是标准接口（启动、停止、环境变量等），并且会与应用相隔离。此外，作为包含多个容器的大型应用的一部分时，更加易于管理，而且这些多容器应用可以跨多个云环境进行编排。

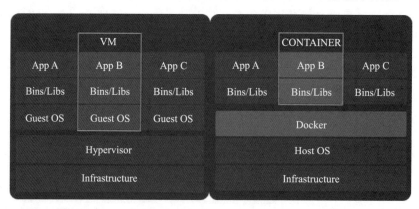

图 7-2-1　虚拟化与容器

7.2.2　认识 Docker 容器

Docker 容器是一个开源的应用容器引擎，所用到的技术与 LCX 并没有本质上的区别，由 DotCloud（2013 年底更名为 Docker）公司编写，并于 2013 年 3 月基于 Apache 2.0 开源授权协议发行，主要项目代码在 GitHub 上进行维护。Docker 项目后来加入 Linux 基金会，并成立了推动开放容器联盟。

1．Docker 的发展

Docker 自开源后受到广泛的关注和讨论，至今其 GitHub 项目已经超过 3 万 6 千个 Stat（星标）和一万多个 Fork（分支）。甚至由于 Docker 项目的火爆，在 2013 年底，DotCloud 公司决定改名为 Docker。Docker 最初是在 Ubuntu 12.04 上开发实现的；Red Hat 则从 RHEL 6.5 开始对 Docker 进行支持；谷歌公司也在其 PaaS 产品中广泛应用 Docker。

2．Docker 的实现原理

Docker 是使用谷歌公司推出的 Go 语言进行开发实现的，基于 Linux 内核的 Cgroups、Namespace，以及 AUFS 类的 UnionFS 等技术，对进程进行封装隔离，属于操作系统层面的虚拟化技术。最初的实现是基于 LXC，从 Docker 0.7 以后开始去除 LXC，转而使用自行开发的 Libcontainer，从 Docker 1.11 开始，则进一步演进为使用 RunC 和 Containerd。

（1）Cgroups

Cgroups 即为 Control Groups（控制组），其作用就是在 Linux 中限制某个或者某些进程的分配资源。在 group 中，有分配好的特定比例的 CPU 时间、IO 时间、可用内存大小等。Cgroups 是将任意进程进行分组化管理的 Linux 内核功能。最初由谷歌的工程师提出，后来被整合进 Linux 内核中。Cgroups 中的重要概念是"子系统"，也就是资源控制器，每个子系统就是一个资源的分配器。Cgroups 被 Linux 内核支持，有得天独厚的性能优势，发展势头迅猛。在很多领域可以取代虚拟化技术分割资源。Cgroup 默认有诸多资源组，可以限制几乎所有服务器上的资源，如 CPU Mem Iops、Iobandwide、Net、Device Access 等。

（2）Namespace

Namespace（命名空间）是 Linux 中用于分离进程树、网络接口、挂载点以及进程间通信等资源的方法。Linux 主要有 7 种不同的命名空间，包括 CLONE_NEWCGROUP、CLONE_NEWIPC、CLONE_NEWNET、CLONE_NEWNS、CLONE_NEWPID、CLONE_NE-WUSER 和 CLONE_NEWUTS。通过这 7 个选项能在创建新的进程时设置新进程应该在哪些资源上与宿主机器进行隔离。Docker 就是通过 Linux 的 Namespace 对不同的容器实现隔离的。

（3）AUFS

AUFS（Another Union File System）是一个能透明覆盖一或多个现有文件系统的层状文

件系统，支持将不同目录挂载到同一个虚拟文件系统下的文件系统，可以把不同的目录联合在一起，组成一个单一的目录。这是一种虚拟的文件系统，不用格式化，直接挂载即可。Docker 则一直在用 AuFS 作为容器的文件系统。当一个进程需要修改一个文件时，AUFS 创建该文件的一个副本。AUFS 可以把多层合并文件系统的单层表示。这个过程称为写入复制（Copy on Write）。AUFS 允许 Docker 把某种镜像作为容器的基础。使用 AUFS 的另一个好处是 Docker 的版本容器镜像能力，每个新版本都是一个与之前版本的简单差异改动，有效地保持镜像文件最小化。

因此，基于 Linux 的 Namespaces、Cgroups 和 AUFS 这三大技术才支撑了目前 Docker 的实现，也是 Docker 能够出现的最重要的原因。

3. Docker 的优势

相较传统的虚拟化方式，Docker 主要有以下几方面的优势。

（1）更高效的利用系统资源

Docker 对系统资源的利用率很高，一台主机上可以同时运行数千个 Docker 容器。容器除了运行其中应用外，基本不消耗额外的系统资源，使得应用的性能很高，同时系统的开销尽量小。

（2）更快速的交付和部署

Docker 在整个开发周期中都可以辅助实现快速交付，并且允许开发者在装有应用和服务的本地容器做开发，可以直接集成到可持续开发流程之中。

（3）更高效的部署和扩容

Docker 容器几乎可以运行于任意平台上，包括物理机、虚拟机、公有云、私有云等，这种兼容性就非常方便用户把一个应用程序从一个平台直接迁移到另外一个平台。Docker 的兼容性和轻量特性可以很轻松地实现负载动态管理，可以快速扩容或方便下线应用和服务。

（4）更简单的管理

使用 Docker，通常只需要小小的改变就可以替代以往大量的更新工作。所有的修改都是以增量的方式被分发和更新，从而实现自动化且高效的管理。

7.2.3　Docker 容器的系统架构

1. Docker 的架构

Docker 使用客户/服务器（C/S）架构，使用远程 API 管理和创建 Docker 容器。Docker 客户端只需向 Docker 服务器或守护进程发出请求，服务器或守护进程将完成所有工作并返回结果。Docker 提供了一个命令行工具 docker 以及一整套 RESTful API 进行通信，可以在同一台宿主机上运行 Docker 守护进程和客户端，也可以从本地的 Docker 客户端连接到运行在另一台宿主机上的远程 Docker 守护进程。图 7-2-2 所示为 Docker 的架构图。

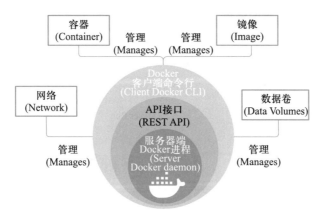

图 7-2-2　Docker 的架构图

2. Docker 的组件

一个完整的 Docker 服务包括 Docker Daemon 服务器、Docker 客户端、Docker 镜像、Docker 仓库和 Docker 容器，如图 7-2-3 所示。

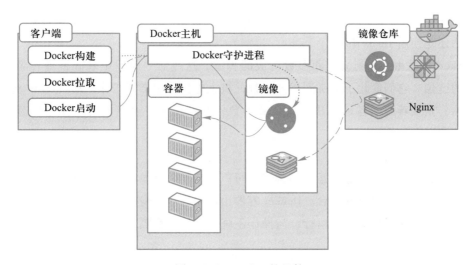

图 7-2-3　Docker 的组件

（1）Docker 镜像

Docker 镜像是一个只读模板，用于创建 Docker 容器，由 Dockerfile 文本描述镜像的内容。构建一个镜像实际就是安装、配置和运行的过程。Docker 镜像基于 UnionFS 把以上过程进行分层（Layer）存储，这样更新镜像可以只更新变化的层。

Docker 镜像有以下几种生成方法。

① 从无到有开始创建镜像。

② 下载并使用别人创建好的现成的镜像。

③ 在现有镜像上创建新的镜像。

Docker Hub 提供了很多镜像，但在实际工作中，Docker Hub 中的镜像并不能满足工作的需要，往往需要构建自定义镜像。构建自定义镜像主要有两种方式：Docker Commit 和 Dockerfile，如图 7-2-4 所示。

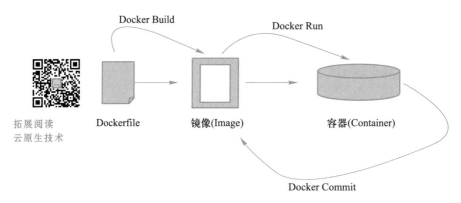

图 7-2-4   构建自定义镜像方式

可以将 Docker Commit 视为在以往版本控制系统里提交变更，然后进行变更的提交即可。Docker Commit、Docker Export 和 Docker Add 类似都可以输出镜像，但是最好的生成镜像的方法还是使用 Dockerfile。

Dockerfile 是由一系列命令和参数构成的脚本，这些命令应用于基础镜像并最终创建一个新的镜像。它们简化了从头到尾的流程并极大地简化了部署工作。Dockerfile 从 FROM 命令开始，紧接着跟随各种方法、命令和参数，其产出为一个新的可以用于创建容器的镜像。

（2）Docker 容器

Docker 容器是一个镜像的运行实例。它可以被启动、开始、停止和删除。每个容器都是相互隔离的、保证安全的平台。Docker 容器由应用程序本身和依赖两部分组成。容器在宿主机操作系统的用户空间中运行，与操作系统的其他进程隔离。这一点显著地区别于虚拟机。

（3）Docker 仓库

Docker 仓库是 Docker 镜像库，是用来集中存放镜像文件的场所。Docker 仓库也是一个容器，往往存放着多个仓库，每个仓库中又包含了多个镜像，每个镜像有不同的标签（tag）。Docker Hub 是 Docker 公司提供的互联网公共镜像仓库，用户可以在上面找到需要的镜像，也可以把私有镜像推送上去。但是，在生产环境中，往往需要拥有一个私有的镜像仓库用于管理镜像，通过开源软件 Registry 可以实现这个目标。

Registry 在 Github 上有两份代码：老代码库和新代码库。老代码是采用 Python 编写的，存在 pull 和 push 的性能问题，在 0.9.1 版本之后就标志为 deprecated，意思为不再继续开发。从 2.0 版本开始，Registry 就在新代码库进行开发，新代码库采用 Go 语言编写，修改了镜像 id 的生成算法、Registry 上镜像的保存结构，大大优化了 pull 和 push 镜像的效率。

7.3 实战案例——Docker 引擎的安装

微课 7.2
实战案例——Docker
引擎的安装

7.3.1 案例目标

① 了解 Docker 引擎和系统架构。
② 了解 Docker 引擎的部署和基本配置。
③ 掌握 Docker 引擎的基本使用。

7.3.2 案例分析

1. 规划节点

Docker 部署的节点规划见表 7-3-1。

表 7-3-1 节点规划

IP	主 机 名	节 点
10.18.4.30	master	Docker 节点

2. 基础准备

所有节点安装 CentOS7.5_1804 系统，并配置主机名和网卡，命令如下：

```
# hostnamectl set-hostname master
# bash
#cat /etc/sysconfig/network-scripts/ifcfg-ens33
TYPE=Ethernet
BOOTPROTO=static
NAME=ens33
DEVICE=ens33
ONBOOT=yes
IPADDR=10.18.4.30
```

NETMASK = 255. 255. 255. 0

GATEWAY = 10. 18. 4. 1

DNS1 = 8. 8. 8. 8

7.3.3 案例实施

1. 基础环境配置

（1）配置 YUM 源

将提供的压缩包 Docker. tar. gz 上传至/root 目录并解压，命令如下：

```
#tar -zxvf Docker. tar. gz
```

配置本地 YUM 源，命令如下：

```
#cat /etc/yum. repod. s/local. repo
[kubernetes]
name = kubernetes
baseurl = file:///root/Docker
gpgcheck = 0
enabled = 1
```

（2）升级系统内核

Docker CE 支持 64 位版本 CentOS 7，并且要求内核版本不低于 3. 10。CentOS7. 5_1804 满足最低内核的要求，但由于内核版本比较低，部分功能（如 overlay2 存储层驱动）无法使用，并且部分功能可能不太稳定，建议升级内核。

升级系统内核，命令如下：

```
#yum upgrade -y
#uname -r
```

（3）配置防火墙及 SELinux

配置防火墙及 SELinux，命令如下：

```
# systemctl stop firewalld&&systemctl disable firewalld
# iptables -t filter -F
# iptables -t filter -X
# iptables -t filter -Z
#/usr/sbin/iptables-save
#sed -i 's/SELINUX = enforcing/SELINUX = disabled/g' /etc/selinux/config
# reboot
```

（4）开启路由转发

命令如下：

```
[root@ master ~]# cat >> /etc/sysctl.conf << EOF
net.ipv4.ip_forward=1
net.bridge.bridge-nf-call-ip6tables = 1
net.bridge.bridge-nf-call-iptables = 1
EOF
[root@ master ~]# modprobe br_netfilter
[root@ master ~]# sysctl -p
net.ipv4.ip_forward = 1
net.bridge.bridge-nf-call-ip6tables = 1
net.bridge.bridge-nf-call-iptables = 1
```

2. Docker 引擎安装

（1）安装依赖包

yum-utils 提供了 yum-config-manager 的依赖包，device-mapper-persistent-data 和 lvm2are 需要 devicemapper 存储驱动。命令如下：

```
[root@ master ~]# yum install -y yum-utils device-mapper-persistent-data
```

（2）安装 docker-ce

随着 Docker 的流行与不断发展，Docker 组织也开启了商业化之路，Docker 从 17.03 版本之后分为 CE（Community Edition）和 EE（Enterprise Edition）两个版本。

Docker EE 专为企业的发展和 IT 团队建立，为企业提供最安全的容器平台，以应用为中心的平台，有专门的团队支持，可在经过认证的操作系统和云提供商中使用，并可运行来自 DockerStore 的经过认证的容器和插件。

Docker CE 是免费的 Docker 产品的新名称，Docker CE 包含了完整的 Docker 平台，非常适合开发人员和运维团队构建容器 App。

此处安装指定版本的 Docker CE，命令如下：

```
[root@ master ~]# yum install docker-ce-18.09.6 docker-ce-cli-18.09.6 containerd.io-y
```

（3）启动 Docker

启动 Docker 并设置开机自启，命令如下：

```
[root@ master ~]# systemctl daemon-reload
[root@ master ~]# systemctl restart docker
[root@ master ~]# systemctl enable docker
```

查看 Docker 的系统信息，命令如下：

```
[root@ master ~]# docker info
Containers：0
  Running：0
  Paused：0
  Stopped：0
Images：0
Server Version：18.09.6
Storage Driver：devicemapper
```

至此，Docker 引擎的安装就完成了。

7.4　实战案例——Docker 仓库的使用

微课 7.3
实战案例——Docker
仓库的使用

7.4.1　案例目标

① 了解主流的 Docker 仓库。
② 掌握 Harbor 私有仓库的搭建与使用。
③ 掌握 Harbor 私有仓库的主从同步。

7.4.2　案例分析

1. 规划节点

节点规划见表 7-4-1。

表 7-4-1　规 划 节 点

IP 地址	主 机 名	节 点
10. 18. 4. 30	master	Docker 主节点
10. 18. 4. 36	slave	Docker 客户端

2. 基础准备

所有节点已安装好 docker-ce。

7.4.3 案例实施

官方在 Docker Hub 上提供了 Registry 的镜像，可以直接使用该 Registry 的镜像构建一个容器，搭建私有仓库服务。

（1）运行 Registry

将 Registry 镜像运行并生成一个容器，命令如下：

```
[root@ master ~]# ./image.sh
[root@ master ~]# docker run -d -v /opt/registry:/var/lib/registry -p 5000:5000 --restart=always --name registry registry:latest
1ce68b8a0bdec1465e6e75b88e19e65d20609455baaa9d45b8d93c9fdca9b24e
```

Registry 服务默认会将上传的镜像保存在容器的/var/lib/registry 中，将主机的/opt/registry 目录挂载到该目录，即可实现将镜像保存到主机的/opt/registry 目录。

（2）查看运行情况

使用 docker ps 命令查看容器运行情况，命令如下：

```
[root@ master ~]# docker ps
CONTAINER ID          IMAGE                COMMAND
CREATED               STATUS               PORTS                    NAMES
1ce68b8a0bde          registry:latest      "/entrypoint.sh /etc…"   4 minutes ago
Up 4 minutes          0.0.0.0:5000->5000/tcp   registry
```

（3）查看状态

Registry 容器启动后，打开浏览器输入地址 http://ip_add:5000/v2/，如果查看到如图 7-4-1 所示的情况说明 Registry 运行正常。

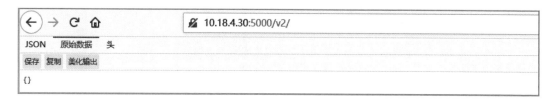

图 7-4-1　Registry 运行情况

（4）上传镜像

创建好私有仓库之后，就可以使用 docker tag 命令标记一个镜像，然后推送它到仓库。先配置私有仓库，命令如下：

```
[root@ master ~]# cat /etc/docker/daemon.json
{
   "insecure-registries": ["10.18.4.30:5000"]
}
[root@ master ~]# systemctl restart docker
```

使用 docker tag 命令将 centos：latest 这个镜像标记为 10.18.4.30：5000/centos：latest：

```
[root@ master ~]# docker tag centos:latest 10.18.4.30:5000/centos:latest
```

docker tag 语法如下：

```
#docker tag IMAGE:TAG/]REPOSITORY[:TAG]
```

使用 docker push 命令上传标记的镜像：

```
[root@ master ~]# docker push 10.18.4.30:5000/centos:latest
The push refers to repository [10.18.4.30:5000/centos]
9e607bb861a7：Pushed
latest： digest： sha256：6ab380c5a5acf71c1b6660d645d2cd79cc8ce91b38e0352cbf9561e050427baf  size：
529
```

使用 curl 命令查看仓库中的镜像：

```
[root@ master ~]# curl -L http://10.18.4.30:5000/v2/_catalog
{"repositories":["centos"]}
```

如上述命令所示，提示{"repositories":["centos"]}，则表明镜像已经上传成功了。
也可以在浏览器中访问上述地址查看，如图 7-4-2 所示。

图 7-4-2　仓库镜像列表

（5）拉取镜像
登录 slave 节点，配置私有仓库地址，命令如下：

```
[root@ slave ~]# cat /etc/docker/daemon.json
{
   "insecure-registries": ["10.18.4.30:5000"]
```

```
}
[root@ slave ~]# systemctl restart docker
```

拉取镜像并查看结果，命令如下：

```
[root@ slave ~]# docker pull 10.18.4.30：5000/centos：latest
latest：Pulling from centos
729ec3a6ada3：Pull complete
Digest：sha256：6ab380c5a5acf71c1b6660d645d2cd79cc8ce91b38e0352cbf9561e050427baf
Status：Downloaded newer image for 10.18.4.30：5000/centos：latest
[root@ slave ~]# docker images
REPOSITORYTAG IMAGE IDCREATEDSIZE
10.18.4.30：5000/centoslatest0f3e07c0138f4 weeks ago 220MB
```

7.5　实战案例——Docker 镜像和容器的使用

7.5.1　案例目标

微课 7.4
实战案例——Docker
镜像和容器的使用

① 掌握 Docker 镜像的拉取、获取、查找等基本操作。
② 掌握容器的运行、删除等基本管理。
③ 掌握使用 Dockerfile 构建自定义镜像。

7.5.2　案例分析

1. 规划节点

节点规划见表 7-5-1。

表 7-5-1　规 划 节 点

IP 地址	主 机 名	节 点
10.18.4.30	master	Docker 节点

2. 基础准备

所有节点已安装好 docker-ce。

7.5.3 案例实施

1. 镜像的基本管理和使用

（1）查看镜像列表

可以使用 docker images 命令列出本地主机上的镜像：

```
[root@ master ~ ]# ./image.sh
[root@ master ~ ]# docker images
REPOSITORY      TAG        IMAGE ID        CREATED        SIZE
nginx           latest     540a289bab6c    7 days ago     126 MB
centos          latest     0f3e07c0138f    4 weeks ago    220 MB
busybox         latest     19485c79a9bb    7 weeks ago    1. 22 MB
registry        latest     f32a97de94e1    7 months ago   25. 8 MB
httpd           2. 2. 32   c51e86ea30d1    2 years ago    171 MB
httpd           2. 2. 31   c8a7fb36e3ab    2 years ago    170 MB
```

其中各选项说明如下。

- REPOSITORY：表示镜像的仓库源。
- TAG：镜像的标签。
- IMAGE ID：镜像 ID。
- CREATED：镜像创建时间。
- SIZE：镜像大小。

同一仓库源可以有多个 TAG，代表这个仓库源的不同版本。例如 httpd 仓库源里有 2.2.31、2.2.32 等多个不同的版本，可以使用 REPOSITORY：TAG 命令来定义不同的镜像。

例如，要使用版本为 2.2.31 的 httpd 镜像来运行容器，命令如下：

```
[root@ master ~ ]# docker run -i -t -d httpd:2. 2. 31 /bin/bash
d7a480c46a95f598284e55698dc2d3b7cec41c143df96a19f53380afd7676563
```

各参数说明如下。

- -i：交互式操作。
- -t：终端。
- -d：后台运行。
- httpd：2.2.31：镜像名，使用 httpd：2.2.31 镜像为基础来启动容器。
- /bin/bash：容器交互式 Shell。

如果要使用版本为 2.2.32 的 httpd 镜像来运行容器时，命令如下：

```
[root@ master ~]# docker run -i -t -d httpd:2.2.32 /bin/bash
6c7d63383bfd4fdec16891fb8bc8ffe2a4f465efb82349af321c2c8b0667c009
```

如果不指定镜像的版本标签，则默认使用 latest 标签的镜像。

（2）获取镜像

当本地主机上使用一个不存在的镜像时，Docker 会自动下载这个镜像。如果需要预先下载这个镜像，可以使用 docker pull 命令下载。其语法如下：

```
#docker pull [OPTIONS] NAME[:TAG|@DIGEST]
```

OPTIONS 说明如下。

- -a：拉取所有 tagged 镜像。
- --disable-content-trust：忽略镜像的校验，默认开启。

（3）查找镜像

查找镜像一般有两种方式，可以通过 Docker Hub（https://hub.docker.com/）网站来搜索镜像，也可以使用 docker search 命令来搜索镜像。其语法如下：

```
#docker search [OPTIONS] TERM
```

OPTIONS 说明如下。

- --automated：只列出 automated build 类型的镜像。
- --no-trunc：显示完整的镜像描述。
- --filter=stars：列出收藏数不小于指定值的镜像。

例如，需要一个 httpd 镜像作 Web 服务时，可以使用 docker search 命令搜索 httpd 来寻找适合的镜像。

```
[root@ master ~]# docker search --filter=stars=10 java
NAME        DESCRIPTION                         STARS OFFICIAL AUTOMATED
node        Node.js is a JavaScript-based platform for s···  8010      [OK]
tomcat      Apache Tomcat is an open source implementati···  2549      [OK]
java        Java is a concurrent, class-based, and objec···  1976      [OK]
openjdk     OpenJDK is an open-source implementation of ···  1947
```

各参数说明如下。

- NAME：镜像仓库源的名称。
- DESCRIPTION：镜像的描述。
- OFFICIAL：是否为 Docker 官方发布。
- stars：类似 GitHub 里面的 star，表示点赞、喜欢的意思。
- AUTOMATED：自动构建。

（4）删除镜像

镜像删除使用 docker rmi 命令，语法如下：

```
#docker rmi［OPTIONS］IMAGE［IMAGE...］
```

OPTIONS 说明如下。

● -f：强制删除。

● --no-prune：不移除该镜像的过程镜像，默认移除。

例如，强制删除本地镜像 busybox，命令如下：

```
［root@ master ~］# docker rmi -f busybox：latest
Untagged：busybox：latest
Untagged：busybox@ sha256：fe301db49df08c384001ed752dff6d52b4305a73a7f608f21528048e8a08b51e
Deleted：sha256：19485c79a9bbdca205fce4f791efeaa2a103e23431434696cc54fdd939e9198d
Deleted：sha256：6c0ea40aef9d2795f922f4e8642f0cd9ffb9404e6f3214693a1fd45489f38b44
```

2. 容器的基本管理和使用

（1）运行容器

运行第一个容器，执行以下命令：

```
［root@ master ~］# docker run -it --rm -d -p 80：80 nginx：latest
5d42a9fafeb60064d3d9f764de57d2eb2b51f58b1d7b1c37020674c1bc08e4bb
```

其中各参数说明如下。

● -i：交互式操作。

● -t：终端。

● -rm：容器退出后随之将其删除，可以避免浪费空间。

● -p：端口映射。

● -d：容器在后台运行。

其过程可以简单地描述为：

① 下载 Nginx 镜像。

② 启动容器，并将容器的 80 端口映射到宿主机的 80 端口。

当使用 docker run 创建容器时，Docker 在后台运行的标准流程如下：

① 检查本地是否存在指定的镜像，不存在就从公有仓库下载。

② 利用镜像创建并启动一个容器。

③ 分配一个文件系统，并在只读的镜像层外面挂载一层可读写层。

④ 从宿主主机配置的网桥接口中桥接一个虚拟接口到容器中去。

⑤ 从地址池配置一个 IP 地址给容器。

⑥ 执行用户指定的应用程序。

接下来可以通过浏览器验证容器是否正常工作。在浏览器中输入地址 http://host_IP，如图 7-5-1 所示。

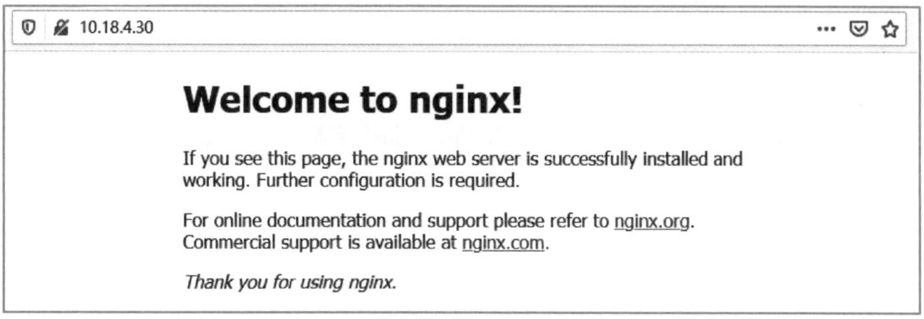

图 7-5-1 测试页面

启动容器的语法如下：

```
#docker start [CONTAINER ID]
```

例如，启动所有的 Docker 容器，命令如下：

```
# docker start $(docker ps -aq)
```

（2）操作容器

列出运行中的容器，命令如下：

```
#docker ps
#docker container ls
```

列出所有容器（包含终止状态），命令如下：

```
#docker ps -a
```

查看具体容器的信息，命令如下：

```
#docker inspect [container ID or NAMES]
```

查看容器的使用资源状况，命令如下：

```
#docker stats [container ID or NAMES]
```

查看容器日志，命令如下：

```
#docker logs [OPTIONS] [container ID or NAMES]
```

OPTIONS 说明如下：

- --details：显示更多的信息。
- -f，--follow：跟踪实时日志。
- --sincestring：显示自某个 timestamp 之后的日志，或相对时间，如 42 分钟。
- --tailstring：从日志末尾显示多少行日志，默认是 all。
- -t，--timestamps：显示时间戳。
- --until string：显示自某个 timestamp 之前的日志，或相对时间，如 42 分钟。

进入容器，命令如下：

```
#docker exec -it [CONTAINER ID] bash
```

进入容器后，输入 exit 或者按 Crtl+C 键即可退出容器，命令如下：

```
[root@ master ~]# docker exec -it 5d42a9fafeb6 bash
root@ 5d42a9fafeb6:/# exit
exit
```

（3）终止容器

删除终止状态的容器，命令如下：

```
#docker rm [CONTAINER ID]
```

删除所有处于终止状态的容器，命令如下：

```
#docker container prune
```

删除未被使用的数据卷，命令如下：

```
#docker volume prune
```

删除运行中的容器，命令如下：

```
#docker rm -f [CONTAINER ID]
```

批量停止所有的容器，命令如下：

```
#docker stop $(docker ps -aq)
```

批量删除所有的容器，命令如下：

```
#docker rm $(docker ps -aq)
```

终止容器进程，容器进入终止状态，命令如下：

```
#docker container stop [CONTAINER ID]
```

（4）导入/导出容器

将容器快照导出为本地文件，语法如下：

```
#docker export [CONTAINER ID] > [tar file]
```

例如：

```
[root@ master ~]# docker export 5d42a9fafeb6 > nginx. tar
[root@ master ~]# ll
total 125320
-rw-r--r-- 1 root root 128326656 Oct 31 01:24 nginx. tar
```

同样，也可以把容器快照文件再导入为镜像，语法如下：

```
#cat［tar file］| docker import －［name：tag］
```

例如：

```
［root@ master ~］# cat nginx. tar | docker import － nginx：test
sha256：c1668cd482c7e86a231f718d673c2c4a293ad75ea49ac3f3f4b75dfee42b3e2f
［root@ master ~］# docker images
REPOSITORY      TAG        IMAGE ID        CREATED          SIZE
nginx           test       c1668cd482c7    3 seconds ago    125 MB
nginx           latest     540a289bab6c    8 days ago       126 MB
```

使用 docker import 命令导入一个容器快照到本地镜像库时，将丢弃所有的历史记录和元数据信息，即仅保存容器当时的快照状态。

3. 构建自定义镜像

（1）docker commit

docker commit 命令用于从容器创建一个新的镜像，其语法如下：

```
#docker commit［OPTIONS］CONTAINER［REPOSITORY［:TAG］］
```

OPTIONS 说明如下。

- －a：提交的镜像作者。
- －c：使用 Dockerfile 指令创建镜像。
- －m：提交时的说明文字。
- －p：在 commit 时，将容器暂停。

查看已有的容器，命令如下：

```
［root@ master ~］# docker ps
CONTAINER ID        IMAGE           COMMAND
CREATED             STATUS          PORTS                   NAMES
5d42a9fafeb6        nginx：latest    "nginx －g 'daemon of…"  16 hours ago
Up 16 hours         0. 0. 0. 0：80->80/tcp    admiring_cohen
```

将容器 5d42a9fafeb6 保存为新的镜像，并添加提交人信息和说明信息，命令如下：

```
［root@ master ~］# docker commit －a "xiandian" －m "nginx-test" 5d42a9fafeb6 nginx：v1
sha256：94f6bc30fd2755a5524d5ce5f97279f2734976fa8854bb83ea9b96fa546f7688
```

构建完成后查看构建结果，命令如下：

```
［root@ master ~］# docker images
REPOSITORY      TAG        IMAGE ID        CREATED          SIZE
nginx           v1         94f6bc30fd27    4 seconds ago    126 MB
```

　　使用 docker commit 命令构建的镜像，除了制定镜像的人知道执行过什么命令，怎么生成的镜像，别人根本无从得知。建议使用 Dockerfile 来制作镜像，镜像的生成过程是透明的，docker commit 可用于被入侵后保存现场等操作。

　　（2）Dockerfile

　　Dockerfile 是一个文本文档，其中包含了组合映像的命令，可以使用在命令行中调用任何命令。Docker 通过读取 Dockerfile 中的指令自动生成映像。

　　docker build 命令用于从 Dockerfile 构建映像。可以在 docker build 命令中使用 -f 标志指向文件系统中任何位置的 Dockerfile，其语法如下：

```
#docker build -f /path/to/a/Dockerfile
```

　　Dockerfile 一般分为 4 部分：基础镜像信息、维护者信息、镜像操作指令和容器启动时执行指令。"#" 为 Dockerfile 中的注释。

　　Dockerfile 主要指令说明如下。

- FROM：指定基础镜像，必须为第一个命令。
- MAINTAINER：维护者信息。
- RUN：构建镜像时执行的命令。
- ADD：将本地文件添加到容器中，tar 类型文件会自动解压（网络压缩资源不会被解压），可以访问网络资源，类似 wget。
- COPY：功能类似 ADD，但是不会自动解压文件，也不能访问网络资源。
- CMD：构建容器后调用，也就是在容器启动时才进行调用。
- ENTRYPOINT：配置容器，使其可执行。配合 CMD 可省去 "application"，只使用参数。
- LABEL：用于为镜像添加元数据。
- ENV：设置环境变量。
- EXPOSE：指定与外界交互的端口。
- VOLUME：用于指定持久化目录。
- WORKDIR：工作目录，类似于 cd 命令。
- USER：指定运行容器时的用户名或 UID，后续的 RUN 也会使用指定用户。使用 USER 指定用户时，可以使用用户名、UID 或 GID，或是两者的组合。当服务不需要管理员权限时，可通过该命令指定运行用户。
- ARG：用于指定传递给构建运行时的变量。
- ONBUILD：用于设置镜像触发器。

　　接下来以 centos：latest 为基础镜像，安装 jdk1.8 并构建新的镜像 centos-jdk。

　　新建文件夹用于存放 JDK 安装包和 Dockerfile 文件，命令如下：

```
[root@ master ~]# mkdir centos-jdk
```

```
[root@ master ~]# mvjdk/jdk-8u141-linux-x64. tar. gz ./centos-jdk/
[root@ master ~]# cd centos-jdk/
```

编写 Dockerfile，命令如下：

```
[root@ master centos-jdk]# cat Dockerfile
# CentOS with JDK 8
# Author    Guo
#指定基础镜像
FROM centos
#指定作者
MAINTAINER Guo
#新建文件夹用于存放 JDK 文件
RUN mkdir /usr/local/java
#将 JDK 文件复制到镜像内并自动解压
ADD jdk-8u141-linux-x64. tar. gz /usr/local/java/
#创建软链接
RUN ln -s /usr/local/java/jdk1. 8. 0_141 /usr/local/java/jdk
#设置环境变量
ENV JAVA_HOME /usr/local/java/jdk
ENV JRE_HOME ${JAVA_HOME}/jre
ENV CLASSPATH .:${JAVA_HOME}/lib:${JRE_HOME}/lib
ENV PATH ${JAVA_HOME}/bin:$PATH
```

使用 docker build 命令构建新镜像：

```
[root@ master centos-jdk]# docker build -t="centos-jdk" .
Sending build context to Docker daemon    185. 5MB
.....................
Removing intermediate container 7affe7505c82
---> bdf402785277
Successfully built bdf402785277
Successfully tagged centos-jdk:latest
```

查看构建的新镜像，命令如下：

```
[root@ master centos-jdk]# docker images
REPOSITORY      TAG         IMAGE ID        CREATED         SIZE
centos-jdk      latest      bdf402785277    11 minutes ago  596 MB
```

使用新构建的镜像运行容器验证 JDK 是否安装成功，命令如下：

```
[root@ master centos-jdk]# docker run -it centos-jdk /bin/bash
[root@ 2f9219541ca6 /]# java -version
java version "1.8.0_141"
Java(TM) SE Runtime Environment (build 1.8.0_141-b15)
Java HotSpot(TM) 64-Bit Server VM (build 25.141-b15, mixed mode)
[root@ 2f9219541ca6 /]#
```

可以发现 JDK 已经安装成功了。至此，使用 Dockerfile 构建镜像已完成。

7.6 Docker 容器编排技术

微课 7.5
Docker 容器编排技术

7.6.1 Docker 容器编排概述

Docker 让容器变成了主流。自项目发布以来，Docker 着重于提升开发者的体验，其基本理念是可以在整个行业中，在一个标准的框架上，构建、交付并且运行应用。理论上，一个机构能够从一个便携式计算机上构建出一个持续集成和持续开发的流程，然后将其应用到生产环境。起初的一个挑战是数据中心编排。与 VMware vSphere 不同，当时少有能在生产环境中大规模管理负载的工具，运行一个容器就像一个单独的乐器，单独播放它的交响乐乐谱。容器编排允许指挥家通过管理和塑造整个乐团的声音来统一管弦乐队。

容器编排就是指对多个容器进行单独组件和应用层工作进行组织的流程。容器编排工具提供了有用且功能强大的解决方案，用于跨多个主机协调创建、管理和更新多个容器。最重要的是，业务流程允许异步地在服务和流程任务之间共享数据。在生产环境中，可以在多个服务器上运行每个服务的多个实例，以使应用程序具有高可用性。简化编排，可以深入了解应用程序并分解更小的微服务。可以利用容器编排工具更好地对容器进行管理。

7.6.2 容器编排工具

目前，主流的容器编排工具有 Swarm、Kubernetes 和 Amazon ECS，其他的还有 docker-compose 和 Mesos 等。

Swarm 是 Docker 自己的编排工具，现在与 Docker Engine 完全集成，并使用标准 API 和网络。Docker Swarm 是 Docker 用来在数据中心级别进行容器编排的主要方式。Swarm 模式内置于 Docker CLI 中，无须额外安装，并且易于获取新的 Swarm 命令。部署服务可以像使用 docker service create 命令一样简单。Docker Swarm 正在与 Kubernetes 竞争，通过在性能、灵活性和简单性方面取得进步来获得用户的认可。

Kubernetes 正在成为容器编排领域的领导者，由于其可配置性、可靠性和大型社区的支持，从而超越了 Docker Swarm。Kubernetes 由谷歌公司创建，作为一个开源项目，与整个谷歌云平台协调工作。此外，它几乎适用于任何基础设施。

Amazon ECS 是亚马逊专有的容器调度程序，旨在与其他 AWS 服务协调工作。这意味着以 AWS 为中心的解决方案（如监控、负载均衡和存储）可轻松集成到用户的服务中。如果用户正在使用亚马逊之外的云提供商，或者在本地运行工作负载，那么 ECS 可能不合适。

7.7 实战案例——Docker 容器编排的使用

7.7.1 案例目标

微课 7.6
实战案例——Docker
容器编排的使用

① 了解 Docker 容器的主流编排技术。
② 掌握 Docker Swarm 的部署和基本使用。
③ 掌握 Docker Compose 的部署和基本使用。

7.7.2 案例分析

1. 规划节点

扩容计算节点的节点规划见表 7-7-1。

表 7-7-1 规 划 节 点

IP 地址	主 机 名	节 点
10. 18. 4. 39	master	swarm 集群 Master 节点
10. 18. 4. 46	node	swarm 集群 Node 节点

2. 基础准备

所有节点已配置好主机名和网卡，并安装好 docker-ce。

7.7.3 案例实施

1. 部署 Swarm 集群

（1）配置主机映射
所有节点修改/etc/hosts 文件配置主机映射，命令如下：

```
[root@ master ~ ]# cat /etc/hosts
127. 0. 0. 1      localhost localhost. localdomain localhost4 localhost4. localdomain4
::1              localhost localhost. localdomain localhost6 localhost6. localdomain6
10. 18. 4. 39 master
10. 18. 4. 46 node
```

（2）配置时间同步

所有节点安装 chrony 服务，命令如下：

```
# yum install -y chrony
```

Master 节点修改/etc/chrony. conf 文件，注释默认 NTP 服务器，指定上游公共 NTP 服务器，并允许其他节点同步时间，命令如下：

```
[root@ master ~ ]# sed -i 's/^server/#&/' /etc/chrony. conf
[root@ master ~ ]# cat >> /etc/chrony. conf << EOF
local stratum 10
server master iburst
allow all
EOF
```

Master 节点重启 chronyd 服务并设为开机启动，开启网络时间同步功能，命令如下：

```
[root@ master ~ ]# systemctl enable chronyd && systemctl restart chronyd
[root@ master ~ ]# timedatectl set-ntp true
```

Node 节点修改/etc/chrony. conf 文件，指定内网 Master 节点为上游 NTP 服务器，重启服务并设为开机启动，命令如下：

```
[root@ node ~ ]# sed -i 's/^server/#&/' /etc/chrony. conf
[root@ node ~ ]# echo server 10. 18. 4. 33 iburst >> /etc/chrony. conf   //IP 为 Master 节点地址
[root@ node ~ ]# systemctl enable chronyd && systemctl restart chronyd
```

所有节点执行 chronyc sources 命令，查询结果中如果存在以 "^ *" 开头的行，即说明已经同步成功：

```
# chronyc sources
210 Number of sources = 1
MS Name/IP address            Stratum Poll Reach LastRx Last sample
===============================================================
^ * master                    10   6    77    7    +13 ns[ -2644 ns] +/-   13 us
```

（3）配置 Docker API

所有节点开启 Docker API，命令如下：

```
# vi /lib/systemd/system/docker. service
将
    ExecStart=/usr/bin/dockerd -H fd:// --containerd=/run/containerd/containerd. sock
修改为
    ExecStart=/usr/bin/dockerd -H tcp://0. 0. 0. 0:2375 -H unix:///var/run/docker. sock
# systemctl daemon-reload
# systemctl restart docker
# ./image. sh
```

（4）初始化集群

在 Master 节点创建 Swarm 集群，命令如下：

```
[root@ master ~]# docker swarm init --advertise-addr 10. 18. 4. 39
Swarm initialized: current node (jit2j1itocmsynhecj905vfwp) is now a manager.

To add a worker to this swarm, run the following command:
    docker swarm join --token SWMTKN-1-2oyrpgkp41z40zg0z6l0yppv6420vz18rr171kqv0mfsbiufii-
c3ficc1qh782wo567uav16n3n 10. 18. 4. 39:2377

To add a manager to this swarm, run 'docker swarm join-token manager' and follow the instructions.
```

初始化命令中"--advertise-addr"选项表示管理节点公布它的 IP 是多少。其他节点必须能通过这个 IP 找到管理节点。

输出结果中包含 3 个步骤：

① Swarm 创建成功，swarm-manager 成为 manager node。

② 添加 worker node 需要执行的命令。

③ 添加 manager node 需要执行的命令。

（5）Node 节点加入集群

复制前面的 docker swarm join 命令，在 Node 节点执行以加入 Swarm 集群：

```
root@ node ~]# docker swarm join --token
    SWMTKN-1-2oyrpgkp41z40zg0z6l0yppv6420vz18rr171kqv0mfsbiufii-c3ficc1qh782wo567uav16n3n
10. 18. 4. 39:2377
This node joined a swarm as a worker.
```

如果初始化时没有记录下 docker swarm init 提示的添加 worker 的完整命令，可以通过 docker swarm join-token worker 命令查看：

```
[root@ master ~]# docker swarm join-token worker
To add a worker to this swarm, run the following command:
    docker swarm join --token SWMTKN-1-2oyrpgkp41z40zg0z6l0yppv6420vz18rr171kqv0mfsbiufii-
c3ficc1qh782wo567uav16n3n 10. 18. 4. 39:2377
```

（6）验证集群

登录 Master 节点，查看各节点状态，命令如下：

```
［root@ master ~ ］# docker node ls
ID HOSTNAMESTATUSAVAILABILITY MANAGER STATUS ENGINEVERSION
jit2j1itocmsynhecj905vfwp  ∗ master    Ready     Active      Leader     18.09.6
8mww97xnbfxfrbzqndplxv3vi   node    Ready     Active                18.09.6
```

（7）安装 Portainer

Portainer 是 Docker 的图形化管理工具，提供状态显示面板、应用模板快速部署、容器镜像网络数据卷的基本操作（包括上传和下载镜像、创建容器等操作）、事件日志显示、容器控制台操作、Swarm 集群和服务等集中管理和操作、登录用户管理和控制等功能。功能十分全面，基本能满足中小型企业对容器管理的全部需求。

登录 Master 节点，安装 Portainer，命令如下：

```
［root@ swarm ~ ］# docker volume create portainer_data
portainer_data
［root@ swarm ~ ］# docker service create --name portainer --publish 9000:9000 --replicas=1 --constraint 'node.role == manager' --mount type=bind,src=//var/run/docker.sock,dst=/var/run/docker.sock --mount type=volume,src=portainer_data,dst=/data portainer/portainer -H unix:///var/run/docker.sock
nfgx3xci88rdcdka9j9cowv8g
overall progress：1 out of 1 tasks
1/1：running
verify：Service converged
```

（8）登录 Portainer

打开浏览器，输入地址 http://master_IP:9000 访问 Portainer 主页，如图 7-7-1 所示。

图 7-7-1　Portainer 首次登录界面

首次登录时需设置用户名和密码，然后输入设置的用户名和密码进行登录，进入 Swarm 控制台，如图 7-7-2 所示。

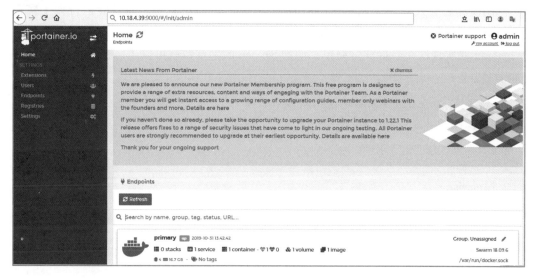

图 7-7-2　Docker Swarm 控制台

2. 运行 Service

（1）部署 Service

现在已经创建好了 Swarm 集群，执行如下命令部署一个运行 httpd 镜像的 Service，命令如下：

```
[root@ master ~]# docker service create --name web_server httpd
```

部署 Service 的命令形式与运行容器的 dockerrun 很相似，--name 为 Service 命名，httpd 为镜像的名字。

通过 docker service ls 命令可以查看当前 Swarm 中的 Service：

```
[root@ master ~]# docker service ls
ID              NAME         MODE            REPLICAS     IMAGE          PORTS
2g18082sfqa9    web_server replicated        1/1          httpd：latest
```

REPLICAS 显示当前副本信息，1/1 意思是 web_server 这个 Service 期望的容器副本数量为 1，目前已经启动的副本数量为 1，即当前 Service 已经部署完成。使用命令 docker service ps 可以查看 Service 每个副本的状态：

```
[root@ master ~]# docker service ps web_server
ID NAMEIMAGE NODE DESIRED STATE CURRENT STATE ERROR PORTS
4vtrynwddd7m web_server. 1 httpd：latest node    Running   Running 27 minutes ago
```

可以查看到 Service 唯一的副本被分派到 node，当前的状态是 Running。

（2）Service 伸缩

刚刚仅部署了只有一个副本的 Service，不过对于 Web 服务，通常会运行多个实例。这样可以负载均衡，同时也能提供高可用。

Swarm 要实现这个目标非常简单，增加 Service 的副本数就可以了。在 Master 节点上执行如下命令：

```
[root@ master ~]# docker service scale web_server=5
web_server scaled to 5
overall progress：5 out of 5 tasks
1/5：running
2/5：running
3/5：running
4/5：running
5/5：running
verify：Service converged
```

副本数增加到 5，通过 docker service ls 和 docker service ps 命令查看副本的详细信息：

```
[root@ master ~]# docker service ls
ID           NAME        MODE        REPLICAS    IMAGE        PORTS
2g18082sfqa9  web_server   replicated   5/5         httpd：latest
[root@ master ~]# docker service ps web_server
ID            NAME          IMAGE        NODE        DESIRED STATE
CURRENT STATE        ERROR        PORTS
     4vtrynwddd7m         web_server.1        httpd：latest        node
Running          Running 36 minutes ago
     n3iscmvv9fh5         web_server.2        httpd：latest        master
Running          Running about a minute ago
     mur6cc8k6x7e         web_server.3        httpd：latest        node
Running          Running 3 minutes ago
     rx52najc1txw         web_server.4        httpd：latest        master
Running          Running about a minute ago
     jl0xjv427goz         web_server.5        httpd：latest        node
Running          Running 3 minutes ago
```

5 个副本已经分布在 Swarm 的所有节点上。

既然可以通过 scale up 扩容服务，当然也可以通过 scale down 减少副本数。运行下面的命令：

```
[root@ master ~]# docker service scale web_server=2
web_server scaled to 2
overall progress：2 out of 2 tasks
1/2：running
2/2：running
verify：Service converged
[root@ master ~]# docker service ps web_server
```

ID	NAME	IMAGE	NODE
DESIRED STATE	CURRENT STATE	ERROR	PORTS
4vtrynwddd7m	web_server. 1	httpd：latest	node
Running	Running 40 minutes ago		
n3iscmvv9fh5	web_server. 2	httpd：latest	master
Running	Running 5 minutes ago		

可以查看到 web_server. 3、web_server. 4 和 web_server. 5 这 3 个副本已经被删除了。

（3）访问 Service

要访问 HTTP 服务，首先得保证网络通畅，其次需要知道服务的 IP 地址。查看容器的网络配置，命令如下：

```
[root@ master ~]# docker ps
CONTAINER ID   IMAGE   COMMAND   CREATED   STATUS   PORTS NAMES
cde0d3489429   httpd：latest      "httpd-foreground"   9 minutes ago   Up 9
minutes   80/tcp   web_server. 2. n3iscmvv9fh590fx452ezu9hu
```

在 Master 上运行了一个容器，是 web_server 的一个副本，容器监听了 80 端口，但并没有映射到 Docker Host，所以只能通过容器的 IP 地址访问。但是服务并没有暴露给外部网络，只能在 Docker 主机上访问，外部无法访问。要将服务暴露到外部，方法其实很简单，执行下面的命令：

```
[root@ master ~]# docker service update --publish-add 8080：80 web_server
web_server
overall progress：2 out of 2 tasks
1/2：running
2/2：running
verify：Service converged
```

--publish-add 8080：80 将容器的 80 映射到主机的 8080 端口，这样外部网络就能访问到 Service 了。通过 http://任意节点 IP：8080 即可访问 Service，如图 7-7-3 所示。

（4）Service 存储数据

Service 的容器副本可能会伸缩，甚至失败，会在不同的主机上创建和销毁，这就引出一个问题，如果 Service 有需要管理的数据，那么这些数据应该如何存放呢？如果把数据

图 7-7-3　测试 Service

打包在容器里，这显然不行，除非数据不会发生变化，否则，如何在多个副本之间保持同步呢？ volume 是将宿主级的目录映射到容器中，以实现数据持久化，可以用以下两种方式来实现。

① volume 默认模式：工作节点宿主机数据同步到容器内。

② volume NFS 共享存储模式：管理节点宿主同步到工作节点宿主，工作节点宿主同步到容器。

生产环境中一般推荐使用 volume NFS 共享存储模式。

登录 Master 节点，安装 NFS 服务端，配置 NFS 主配置文件，添加权限并启动，命令如下：

```
[root@ master ~ ]# yum install nfs-utils -y
```

添加目录让相应网段可以访问并添加读写权限，命令如下：

```
[root@ master ~ ]# vi /etc/exports
/root/share 10. 18. 4. 39/24(rw,async,insecure,anonuid=1000,anongid=1000,no_root_squash)
```

创建共享目录，添加权限，命令如下：

```
[root@ master ~ ]# mkdir -p /root/share
[root@ master ~ ]# chmod 777 /root/share
```

/root/share 为共享目录，生效配置，命令如下：

```
[root@ master ~ ]# exportfs -rv
exporting 10. 18. 4. 39/24:/root/share
```

开启 RPC 服务并设置开机自启，命令如下：

```
[root@ master ~ ]# systemctl start rpcbind
[root@ master ~ ]# systemctl enable rpcbind
```

启动 NFS 服务并设置开机自启，命令如下：

```
[root@ master ~ ]# systemctl start nfs
[root@ master ~ ]# systemctl enable nfs
```

查看 NFS 是否挂载成功，命令如下：

```
[root@ master ~]# cat /var/lib/nfs/etab
/root/share
10.18.4.39/24(rw,async,wdelay,hide,nocrossmnt,insecure,no_root_squash,no_all_squash,no_subtree_check,se-
cure_locks,acl,no_pnfs,anonuid=1000,anongid=1000,sec=sys,rw,insecure,no_root_squash,no_all_squash)
```

登录 Node 节点，安装 NFS 客户端并启动服务，命令如下：

```
[root@ node ~]# yum install nfs-utils -y
[root@ node ~]# systemctl start rpcbind
[root@ node ~]# systemctl enable rpcbind
[root@ node ~]# systemctl start nfs
[root@ node ~]# systemctl enable nfs
```

部署的服务可能分不到各个节点上，在所有节点创建 docker volume，命令如下：

```
[root@ master ~]# docker volume create --driver local --opt type=nfs --opt o=addr=10.18.4.39,rw
--opt device=:/root/share foo33
```

--opt device=:/root/share 用于指向共享目录，也可以是共享目录下的子目录。

查看 volume，命令如下：

```
# docker volume ls
DRIVER              VOLUME NAME
local               foo33
local               nfs-test
local               portainer_data
```

可以查看到 docker volume 列表中有 foo33。查看 volume 详细信息，命令如下：

```
# docker volume inspect foo33
[
    {
        "CreatedAt": "2019-10-31T07:36:47Z",
        "Driver": "local",
        "Labels": {},
        "Mountpoint": "/var/lib/docker/volumes/foo33/_data",
        "Name": "foo33",
        "Options": {
            "device": ":/root/share",
            "o": "addr=10.18.4.39,rw",
            "type": "nfs"
        },
        "Scope": "local"
```

```
        }
]
```

可以看出 NFS 的/root/share 被挂载到了/var/lib/docker/volumes/foo33/_data 目录。

创建并发布服务，命令如下：

```
[root@ master ~]# docker service create --name test-nginx-nfs --publish 80:80 --mount type=volume,
source=foo33,destination=/app/share --replicas 3 nginx
otp60kfc3br7fz5tw4fymhtcy
overall progress: 3 out of 3 tasks
1/3: running
2/3: running
3/3: running
verify: Service converged
```

查看服务分布的节点，命令如下：

```
[root@ master ~]# docker service ps test-nginx-nfs
ID    NAME IMAGE NODE DESIRED STATE CURRENT STATE ERROR PORTS
z661rc7h8rrn test-nginx-nfs.1 nginx:latest node Running   Running about a minute ago
j2b9clk37kuc test-nginx-nfs.2 nginx:latest node   Running   Running about a minute ago
nqduca4andz0 test-nginx-nfs.3 nginx:latest master Running Running about a minute ago
```

在 Master 节点/root/share 目录中生成一个 index.html 文件，命令如下：

```
[root@ master ~]# cd /root/share/
[root@ master share]# touch index.html
[root@ master share]# ll
total 0
-rw-r--r-- 1 root root 0 Oct 31 07:44 index.html
```

查看宿主机目录挂载情况，命令如下：

```
[root@ master share]# docker volume inspect foo33
[
    {
        "CreatedAt": "2019-10-31T07:44:49Z",
        "Driver": "local",
        "Labels": {},
        "Mountpoint": "/var/lib/docker/volumes/foo33/_data",
        "Name": "foo33",
        "Options": {
            "device": ":/root/share",
```

```
            "o" : "addr = 10. 18. 4. 39 ,rw" ,
            "type" : "nfs"
        } ,
        "Scope" : "local"
    }
]
[root@ master share]# ls /var/lib/docker/volumes/foo33/_data
index. html
```

查看容器目录，命令如下：

```
[root@ master ~ ]# docker ps
CONTAINER ID     IMAGE        COMMAND          CREATED       STATUS        PORTS
NAMES
a1bce967830e     nginx:latest    "nginx -g 'daemon of···"   6 minutes ago   Up 6 minutes     80/tcp
test-nginx-nfs. 3. nqduca4andz0nsxus11nwd8qt
[root@ master ~ ]# docker exec -it a1bce967830e bash
root@ a1bce967830e:/# ls app/share/
index. html
```

可以发现，NFS 已经挂载成功。

（5）调度节点

默认配置下 Master 也是 worker node，所以 Master 上也运行了副本。如果不希望在
Master 上运行 Service，可以执行如下命令：

```
[root@ master ~ ]# docker node update --availability drain master
master
```

通过 docker node ls 命令查看各节点现在的状态：

```
[root@ master ~ ]# docker node ls
ID   HOSTNAME STATUS AVAILABILITY MANAGER STATUS ENGINE VERSION
jit2j1itocmsynhecj905vfwp *master  Ready     Drain       Leader    18. 09. 6
8mww97xnbfxfrbzqndplxv3vi node     Ready     Active                18. 09. 6
```

Drain 表示 Master 已经不负责运行 Service，之前 Master 运行的那 1 个副本会如何处理
呢？使用 docker service ps 命令来查看：

```
[root@ master ~ ]# docker service ps test-nginx-nfs
ID        NAME          IMAGE       NODE DESIRED STATE CURRENT STATE   ERROR  PORTS
z661rc7h8rrn  test-nginx-nfs. 1  nginx:latest  node  Running   Running 10 minutes ago
j2b9clk37kuc  test-nginx-nfs. 2  nginx:latest  node  Running   Running 10 minutes ago
```

rawt8mtsstwd test-nginx-nfs. 3 nginx：latest node　Running　Running 30 seconds ago

nqduca4andz0　_ test-nginx-nfs. 3 nginx：latest master Shutdown Shutdown 32 seconds ago

Master 上的副本 test-nginx-nfs. 3 已经被 Shutdown 了，为了达到 3 个副本数的目标，在 Node 上添加了新的副本 test-nginx-nfs. 3。

7.8　Kubernetes 云平台的设计与规划

微课 7. 7
Kubernetes 云平台的
设计与规划

7. 8. 1　认识 Kubernetes 云平台

Kubernetes（简称 K8S）是谷歌公司开源的容器集群管理系统，用于管理云平台中多个主机上的容器化的应用，可以实现容器集群的自动化部署和自动扩缩容、维护等功能。它既是一款容器编排工具，也是全新的基于容器技术的分布式架构领先方案。在 Docker 技术的基础上，为容器化的应用提供部署运行、资源调度、服务发现和动态伸缩等功能，提高了大规模容器集群管理的便捷性。

7. 8. 2　Kubernetes 云平台的系统架构

1. 系统架构

K8S 集群中有管理节点与工作节点两种类型。系统架构如图 7-8-1 所示。管理节点主要负责 K8S 集群管理，集群中各节点间的信息交互、任务调度，还负责容器、Pod、NameSpaces、PV 等生命周期的管理。工作节点主要为容器和 Pod 提供计算资源，Pod 及容器全部运行在工作节点上，工作节点通过 Kubelet 服务与管理节点通信以管理容器的生命周期，并与集群其他节点进行通信。

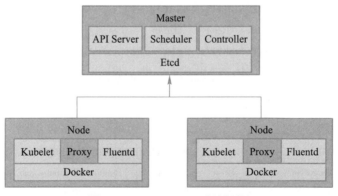

图 7-8-1　Kubernetes 系统架构

2. Kubernetes 的组件

K8S 是一个完备的分布式系统支撑平台，具有完备的集群管理能力，涵盖了包括开发、部署测试、运维监控在内的各个环节。K8S 主要由以下几个核心组件组成。

- etcd：用来保存整个集群的状态。
- apiserver：提供资源操作的唯一入口，并且提供认证、授权、访问控制、API 注册和发现等机制。
- controller manager：负责维护集群的状态，比如故障检测、自动扩展、滚动更新等。
- scheduler：负责资源的调度，按照预定的调度策略将 Pod 调度到相应的机器上。
- kubelet：负责维护容器的生命周期，同时也负责 Volume（CVI）和网络（CNI）的管理。
- container runtime：负责镜像管理以及 Pod 和容器的真正运行（CRI）。
- kube-proxy：负责为 Service 提供 cluster 内部的服务发现和负载均衡。

3. Kubernetes 的核心技术

（1）IPVS

IP 虚拟服务器（IP Virtual Server，IPVS）是基于 TCP 四层（IP+端口）的负载均衡软件。

IPVS 会从 TCPSYNC 包开始为一个 TCP 连接的所有数据包建立状态跟踪机制，保证一个 TCP 连接中的所有数据包能到同一个后端。所以，IPVS 是基于 TCP 状态机进行控制管理，只感知 TCP 头而不对 TCP 的 payload 进行查看。因此，对 IPVS 后端服务器集群还有一个假定，那就是所有后端都具有同样的应用层的服务功能，但是由于 IPVS 可以给后端设定权重，所以每个后端服务的能力可以不同。

一个合理的负载均衡软件，应该能够尽量提高服务接入能力（Request Per Second，ReqPS），而将服务处理能力（Response Per Second，ResPS）通过合理分配后端来达到最佳。

根据处理请求和响应数据包的模式的不同，IPVS 具有 4 种工作模式：① NAT 模式、② DR（Direct Routing）模式、③ TUN（IP Tunneling）模式、④ FULLNAT 模式。

而根据响应数据包返回路径的不同，可以分为如下两种模式：

① 双臂模式。请求、转发和返回在同一路径上，client 和 IPVS director、IPVS director 和后端 real server 都是由请求和返回 2 个路径连接。

② 三角模式。请求、转发和返回 3 个路径连接 client、IPVS director 和后端 real server 成为一个三角形。

（2）Pod

K8S 把所有的东西都抽象成了资源，最常见的资源就是 Pod。Pod 的概念其实和 Docker 中的容器非常相似。Pod 是 K8S 中可以创建和管理的最小单元，是资源对象模型中由用户创建或部署的最小资源对象模型，也是在 K8S 上运行容器化应用的资源对象，其他的资源对象都是用来支撑或者扩展 Pod 对象功能的。这里可以把 Pod 理解成一个一个小机器人，而 K8S 抽象出来的大资源池就是它们的工厂。Pod 将一个或多个 Docker 容器封装成一个统一的整体进行管理并对外提供服务。不仅部署的服务要封装成 Pod，就连 K8S 平台自身也是运行在一堆 Pod 上。

在实际生产系统中，经常会遇到某个服务需要扩容的场景，也可能会遇到由于资源紧张或者工作负载降低而需要减少服务实例数量的场景。此时，可以利用 K8S 的弹性伸缩功能来完成这些任务。

弹性伸缩是指适应负载变化，以弹性可伸缩方式提供资源。反映到 K8S 中，可根据负载的高低，动态地调整 Pod 的副本数。目前 K8S 提供了 API 接口实现 Pod 的弹性伸缩，Pod 的副本数本来通过 Replication Controller 进行控制，所以 Pod 的弹性伸缩就是修改 Replication Controller 的 Pod 副本数，可以通过 kubectl scale 命令来完成。

（3）Services

Services 也是 K8S 的基本操作单元，是真实应用服务的抽象，每一个服务后面都有很多对应的容器来支持，通过 Proxy 的 port 和服务 selector 决定服务请求传递给后端提供服务的容器，对外表现为一个单一访问接口，外部不需要了解后端如何运行，这给扩展或维护后端带来很大的好处。K8S 暴露服务有以下 3 种方式：

① Ingress。Ingress 的官方定义为管理对外服务到集群内服务之间规则的集合，可以理解为 Ingress 定义规则来允许进入集群的请求被转发到集群中对应服务上，从而实现服务暴露。Ingress 能把集群内 Service 配置成外网能够访问的 URL，流量负载均衡，终止 SSL，提供基于域名访问的虚拟主机，等等。

② LoadBlancer Service。LoadBlancer Service 是 K8S 结合云平台的组件，如国外的 GCE、AWS 和国内的阿里云等，使用它向使用的底层云平台申请创建负载均衡器来实现，但它有局限性，对于使用云平台的集群比较方便。

③ NodePort Service。NodePort Service 是通过在节点上暴露端口，然后通过将端口映射到具体某个服务上来实现服务暴露，比较直观方便，但是对于集群来说，随着 Service 的不断增加，需要的端口越来越多，很容易出现端口冲突，而且不容易管理。当然，对于小规模的集群服务，还是比较不错的。NodePort 服务是引导外部流量服务的最原始方式，该方式会在所有节点上开放一个特定端口，任何发送到该端口的流量都被转发到对应服务。

7.9 实战案例——原生 Kubernetes 云平台部署

7.9.1 案例目标

微课 7.8
实 战 案 例——原 生
Kubernetes 云平台部署

① 了解 Kubernetes 容器云平台的架构。

② 了解 Kubernetes 容器云平台的基本原理。

③ 掌握使用 Kubeadm 部署 Kubernetes 集群。

7.9.2 案例分析

1. 规划节点

Kubernetes 集群各节点的规划见表 7-9-1。

表 7-9-1　规 划 节 点

IP 地址	主 机 名	节 点
10. 18. 4. 33	master	Master 节点
10. 18. 4. 42	node	Node 节点

2. 基础准备

所有节点安装 CentOS_7.2.1511 系统，配置网卡和主机名。

7.9.3 案例实施

1. 基础环境配置

（1）配置 YUM 源

所有节点将提供的压缩包 K8S. tar. gz 上传至/root 目录并解压，命令如下：

```
#tar -zxvf K8S. tar. gz
```

所有节点配置本地 YUM 源，命令如下：

```
#cat /etc/yum. repod. s/local. repo
[ kubernetes ]
```

```
name=kubernetes
baseurl=file:///root/Kubernetes
gpgcheck=0
enabled=1
```

（2）升级系统内核

所有节点升级系统内核，命令如下：

```
#yum upgrade -y
```

（3）配置主机映射

所有节点修改/etc/hosts 文件，命令如下：

```
# cat /etc/hosts
127.0.0.1     localhost localhost.localdomain localhost4 localhost4.localdomain4
::1           localhost localhost.localdomain localhost6 localhost6.localdomain6
10.18.4.33 master
10.18.4.42 node
```

（4）配置防火墙及 SELinux

所有节点配置防火墙及 SELinux，命令如下：

```
# systemctl stop firewalld&&systemctl disable firewalld
# iptables -F
# iptables -X
# iptables -Z
# /usr/sbin/iptables-save
#sed -i 's/SELINUX=enforcing/SELINUX=disabled/g' /etc/selinux/config
# reboot
```

（5）关闭 Swap

Kubernetes 的想法是将实例紧密包装到尽可能接近 100%，所有的部署应该与 CPU 和内存限制固定在一起。所以，如果调度程序发送一个 Pod 到一台机器，它不应该使用交换。设计者不想交换，因为它会减慢速度，所以关闭 Swap 主要是考虑性能问题。

所有节点关闭 Swap，命令如下：

```
# swapoff-a
#sed -i "s/\/dev\/mapper\/centos-swap /\#\/dev\/mapper\/centos-swap/g" /etc/fstab
```

（6）配置时间同步

所有节点安装 chrony 服务，命令如下：

```
# yum install -y chrony
```

Master 节点修改/etc/chrony.conf 文件，注释默认 NTP 服务器，指定上游公共 NTP 服务器，并允许其他节点同步时间，命令如下：

```
[root@ master ~]# sed -i 's/^server/#&/' /etc/chrony.conf
[root@ master ~]# cat >> /etc/chrony.conf << EOF
local stratum 10
server master iburst
allow all
EOF
```

Master 节点重启 chronyd 服务并设为开机启动，开启网络时间同步功能，命令如下：

```
[root@ master ~]# systemctl enable chronyd && systemctl restart chronyd
[root@ master ~]# timedatectl set-ntp true
```

Node 节点修改/etc/chrony.conf 文件，指定内网 Master 节点为上游 NTP 服务器，重启服务并设为开机启动，命令如下：

```
[root@ node ~]# sed -i 's/^server/#&/' /etc/chrony.conf
[root@ node ~]# echo server 10.18.4.33 iburst >> /etc/chrony.conf    //IP 为 Master 节点地址
[root@ node ~]# systemctl enable chronyd && systemctl restart chronyd
```

所有节点执行 chronyc sources 命令，查询结果中如果存在以"^*"开头的行，即说明已经同步成功：

```
# chronyc sources
210 Number of sources = 1
MS Name/IP address          Stratum Poll Reach LastRx Last sample
===============================================================================
^* master                      10    6    77     7   +13ns[-2644 ns] +/-   13 us
```

（7）配置路由转发

RHEL/CentOS7 上的一些用户报告了由于 iptables 被绕过而导致流量路由不正确的问题，所以需要在各节点开启路由转发。

所有节点创建/etc/sysctl.d/K8S.conf 文件，添加如下内容：

```
#cat << EOF | tee /etc/sysctl.d/K8S.conf
net.ipv4.ip_forward = 1
net.bridge.bridge-nf-call-ip6tables = 1
net.bridge.bridge-nf-call-iptables = 1
EOF
# modprobe br_netfilter
# sysctl -p /etc/sysctl.d/K8S.conf
net.ipv4.ip_forward = 1
```

```
net. bridge. bridge-nf-call-ip6tables = 1
net. bridge. bridge-nf-call-iptables = 1
```

（8）配置 IPVS

由于 IPVS 已经加入到了内核主干，所以需要加载以下内核模块以便为 kube-proxy 开启 IPVS 功能。

在所有节点执行以下操作：

```
#cat > /etc/sysconfig/modules/ipvs. modules <<EOF
#! /bin/bash
modprobe -- ip_vs
modprobe -- ip_vs_rr
modprobe -- ip_vs_wrr
modprobe -- ip_vs_sh
modprobe -- nf_conntrack_ipv4
EOF
#chmod 755 /etc/sysconfig/modules/ipvs. modules
#bash /etc/sysconfig/modules/ipvs. modules && lsmod | grep -e ip_vs -e nf_conntrack_ipv4
```

上面的脚本创建了/etc/sysconfig/modules/ipvs. modules 文件，保证在节点重启后能自动加载所需模块。使用 lsmod | grep -e ip_vs -e nf_conntrack_ipv4 命令查看是否已经正确加载所需的内核模块：

```
# lsmod | grep -e ip_vs -e nf_conntrack_ipv4
nf_conntrack_ipv4     15053   0
nf_defrag_ipv4        12729   1 nf_conntrack_ipv4
ip_vs_sh              12688   0
ip_vs_wrr             12697   0
ip_vs_rr              12600   0
ip_vs                145497   6 ip_vs_rr,ip_vs_sh,ip_vs_wrr
nf_conntrack         139224   2 ip_vs,nf_conntrack_ipv4
libcrc32c             12644   3 xfs,ip_vs,nf_conntrack
```

所有节点安装 ipset 软件包，命令如下：

```
# yum install ipset ipvsadm -y
```

（9）安装 Docker

Kubernetes 默认的容器运行时仍然是 Docker，使用的是 Kubelet 中内置的 dockershim CRI 实现。需要注意的是，在 Kubernetes1. 14 的版本中，支持的版本有 1. 13. 1、17. 03、17. 06、17. 09、18. 06 和 18. 09，案例统一使用 Docker 18. 09 版本。

所有节点安装 Docker，启动 Docker 引擎并设置开机自启，命令如下：

```
#yum install -y yum-utilsdevice-mapper-persistent-datalvm2
#yum install docker-ce-18.09.6 docker-ce-cli-18.09.6 containerd.io -y
#mkdir -p /etc/docker
#tee /etc/docker/daemon.json <<-'EOF'
{
    "exec-opts" : [ "native.cgroupdriver=systemd" ]
}
EOF
#systemctl daemon-reload
#systemctl restart docker
# systemctl enable docker
# docker info |grep Cgroup
Cgroup Driver:system
```

2. 安装 Kubernetes 集群

（1）安装工具

Kubelet 负责与其他节点集群通信，并进行本节点 Pod 和容器生命周期的管理。Kubeadm 是 Kubernetes 的自动化部署工具，降低了部署难度，提高了效率。Kubectl 是 Kubernetes 集群命令行管理工具。

所有节点安装 Kubernetes 工具并启动 Kubelet，命令如下：

```
#yum install -y kubelet-1.14.1 kubeadm-1.14.1 kubectl-1.14.1
# systemctl enable kubelet && systemctl start kubelet
//此时启动不成功正常,后面初始化的时候会变为成功
```

（2）初始化 Kubernetes 集群

登录 Master 节点，初始化 Kubernetes 集群，命令如下：

```
[root@master ~]#./kubernetes_base.sh
[root@master ~]# kubeadm init --apiserver-advertise-address 10.18.4.33 --kubernetes-version=
"v1.14.1"--pod-network-cidr=10.16.0.0/16 --image-repository=registry.aliyuncs.com/google_containers
[init] Using Kubernetes version: v1.14.1
[preflight] Running pre-flight checks
…….
    --discovery-token-ca-cert-hash
sha256:a0402e0899cf798b72adfe9d29ae2e9c20d5c62e06a6cc6e46c93371436919dc
```

初始化操作主要经历了下面 15 个步骤，每个阶段的输出均使用［步骤名称］作为开头。

① ［init］：指定版本进行初始化操作。

② [preflight]：初始化前的检查和下载所需要的 Docker 镜像文件。

③ [kubelet-start]：生成 Kubelet 的配置文件/var/lib/kubelet/config.yaml，没有这个文件 Kubelet 无法启动，所以初始化之前的 Kubelet 实际上启动失败。

④ [certificates]：生成 Kubernetes 使用的证书，存放在/etc/kubernetes/pki 目录中。

⑤ [kubeconfig]：生成 KubeConfig 文件，存放在/etc/kubernetes 目录中，组件之间通信需要使用对应文件。

⑥ [control-plane]：使用/etc/kubernetes/manifest 目录下的 YAML 文件，安装 Master 组件。

⑦ [etcd]：使用/etc/kubernetes/manifest/etcd.yaml 安装 Etcd 服务。

⑧ [wait-control-plane]：等待 control-plan 部署的 Master 组件启动。

⑨ [apiclient]：检查 Master 组件服务状态。

⑩ [uploadconfig]：更新配置。

⑪ [kubelet]：使用 configMap 配置 Kubelet。

⑫ [patchnode]：更新 CNI 信息到 Node 上，通过注释的方式记录。

⑬ [mark-control-plane]：为当前节点打标签，打了角色 Master 和不可调度标签，这样默认就不会使用 Master 节点来运行 Pod。

⑭ [bootstrap-token]：生成的 Token 需要记录下来，后面使用 kubeadmjoin 命令往集群中添加节点时会用到。

⑮ [addons]：安装附加组件 CoreDNS 和 kube-proxy。

输出结果中的最后一行用于其他节点加入集群。

Kubectl 默认会在执行的用户 home 目录下面的 .kube 目录中寻找 config 文件，配置 kubectl 工具，命令如下：

```
[root@ master ~]# mkdir -p $HOME/.kube
[root@ master ~]# sudo cp -i /etc/kubernetes/admin.conf $HOME/.kube/config
[root@ master ~]# sudo chown $(id -u):$(id -g) $HOME/.kube/config
```

检查集群状态，命令如下：

```
[root@ master ~]# kubectl get cs
NAME                    STATUS      MESSAGE                 ERROR
scheduler               Healthy     ok
controller-manager      Healthy     ok
etcd-0                  Healthy     {"health":"true"}
```

（3）配置 Kubernetes 网络

登录 Master 节点，部署 flannel 网络，命令如下：

```
〔root@ master ~〕# kubectl apply -f yaml/kube-flannel. yaml
〔root@ master ~〕# kubectl get pods -n kube-system
```

NAME	READY	STATUS	RESTARTS	AGE
coredns-8686dcc4fd-v88br	0/1	Running	0	4m42s
………………				
kube-scheduler-master	1/1	Running	0	3m37s

（4）Node 节点加入集群

登录 Node 节点，使用 kubeadm join 命令将 Node 节点加入集群：

```
〔root@ master ~〕# ./kubernetes_base. sh
〔root@ node ~〕# kubeadm join10. 18. 4. 33:6443 --token qf4lef. d83xqvv00l1zces9 --discovery-token-ca
-cert-hash sha256:ec7c7db41a13958891222b2605065564999d124b43c8b02a3b32a6b2ca1a1c6c
…………………
Run 'kubectl get nodes' on the control-plane to see this node join the cluster.
```

登录 Master 节点，检查各节点状态，命令如下：

```
〔root@ master ~〕# kubectl get nodes
```

NAME	STATUS	ROLES	AGE	VERSION
master	Ready	master	4m53s	v1. 14. 1
node	Ready	<none>	13s	v1. 14. 1

（5）安装 Dashboard

使用 kubectl create 命令安装 Dashboard：

```
〔root@ master ~〕# kubectlcreate -f yaml/kubernetes-dashboard. yaml
```

创建管理员，命令如下：

```
〔root@ master ~〕# kubectl create -fyaml/dashboard-adminuser. yaml
serviceaccount/kubernetes-dashboard-admin created
clusterrolebinding. rbac. authorization. K8S. io/kubernetes-dashboard-admin created
```

检查所有 Pod 状态，命令如下：

```
〔root@ master ~〕# kubectl get pods -n kube-system
```

NAME	READY	STATUS	RESTARTS	AGE
coredns-8686dcc4fd-8jqzh	1/1	Running	0	11m
………………				
kubernetes-dashboard-5f7b999d65-djgxj	1/1	Running	0	11m

查看 Dashboard 端口号，命令如下：

```
〔root@ master ~〕# kubectl get svc -n kube-system
```

NAME	TYPE	CLUSTER-IP	EXTERNAL-IP	PORT(S)	AGE

| kube-dns | ClusterIP | 10.96.0.10 | \<none> | 53/UDP,53/TCP,9153/TCP | 15m |
| kubernetes-dashboard | NodePort | 10.102.195.101 | \<none> | 443:30000/TCP | 4m43s |

可以查看到 kubernetes-dashboard 对外暴露的端口号为 30000，在 Firefox 浏览器中输入地址 https://10.18.4.33:30000，即可访问 Kubernetes Dashboard，如图 7-9-1 所示。

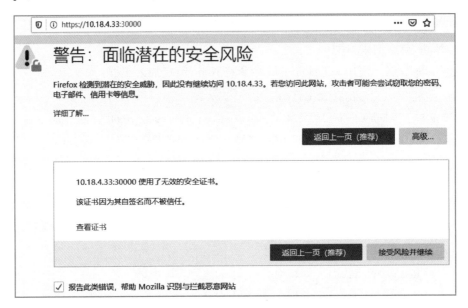

图 7-9-1　Kubernetes Dashboard 首次登录

单击"接受风险并继续"按钮，即可进入 Kubernetes Dasboard 认证界面，如图 7-9-2 所示。

图 7-9-2　Kubernetes Dashboard 认证界面

登录 Kubernetes Dasboard 需要输入令牌，通过以下命令获取访问 Dashboard 的认证令牌：

[root@ master ~]# kubectl -n kube-system describe secret $(kubectl -n kube-system get secret | grep kubernetes-dashboard-admin-token | awk '{ print $1}')

Name：   kubernetes-dashboard-admin-token-j5dvd

Namespace： kube-system

Labels：   \<none\>

Annotations： kubernetes. io/service-account. name： kubernetes-dashboard-admin

             kubernetes. io/service-account. uid： 1671a1e1-cbb9-11e9-8009-ac1f6b169b00

Type： kubernetes. io/service-account-token

Data

= = = =

ca. crt：   1025 bytes

namespace：   11 bytes

token：

eyJhbGciOiJSUzI1NiIsImtpZCI6IiJ9. eyJpc3MiOiJrdWJlcm5ldGVzL3NlcnZpY2VhY2NvdW50Iiwia3ViZXJuZXJuZXRlcy5pby9zZXJ2aWNlYWNjb3VudC9uYW1lc3BhY2UiOiJrdWJlLXN5c3RlbSIsImt1YmVybmV0ZXMuaW8vc2VydmljZWFjY291bnQvc2VjcmV0Lm5hbWUiOiJrdWJlcm5ldGVzLWRhc2hib2FyZC1hZG1pbi10b2tlbi1qNWR2ZCIsImt1YmVybmV0ZXMuaW8vc2VydmljZWFjY291bnQvc2VydmljZS1hY2NvdW50Lm5hbWUiOiJrdWJlcm5ldGVzLWRhc2hib2FyZC1hZG1pbiIsImt1YmVybmV0ZXMuaW8vc2VydmljZWFjY291bnQvc2VydmljZS1hY2NvdW50LnVpZCI6IjE2NzFhMWUxLWNiYjktMTFlOS04MDA5LWFjMWY2YjE2OWIwMCIsInN1YiI6InN5c3RlbTpzZXJ2aWNlYWNjb3VudDprdWJlLXN5c3RlbTprdWJlcm5ldGVzLWRhc2hib2FyZC1hZG1pbiJ9. u6ZaVO-WR632jpFimnXTk5O376IrZCCReVnu2Brd8QqsM7qgZNTHD191Zdem46ummglbnDF9Mz4wQBaCUeMgG0DqCAh1qhwQfV6gVLVFDjHZ2tu5yn0bSmm83nttgwMlOoFeMLUKUBkNJLttz7-aDhydrbJtYU94iG75XmrOwcVglaW1qpxMtl6UMj4-bzdMLeOCGRQBSpGXmms4CP3LkRKXCknHhpv-pqzynZu1dzNKCuZIo_vv-kO7bpVvi5J8nTdGkGTq3FqG6oaQIO-BPM6lMWFeLEUkwe-EOVcg464L1i6HVsooCESNfTBHjjLXZ0WxXeOOslyoZE7pFzA0qg

将获取到的令牌输入浏览器，认证后即可进入 Kubernetes 控制台，如图 7-9-3 所示。

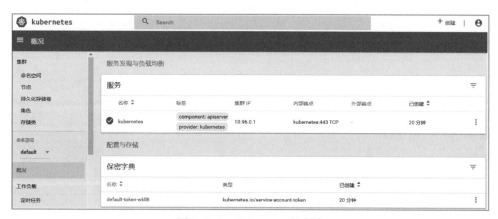

图 7-9-3　Kubernetes 控制台

（6）配置 Kuboard

Kuboard 是一款免费的 Kubernetes 图形化管理工具，其力图帮助用户快速在 Kubernetes 上落地微服务。登录 Master 节点，使用 kuboard. yaml 文件部署 Kuboard，命令如下：

```
[root@ master ~]# kubectl create -f yaml/kuboard. yaml
deployment. apps/kuboard created
service/kuboard created
serviceaccount/kuboard-user created
clusterrolebinding. rbac. authorization. K8S. io/kuboard-user created
serviceaccount/kuboard-viewer created
clusterrolebinding. rbac. authorization. K8S. io/kuboard-viewer created
clusterrolebinding. rbac. authorization. K8S. io/kuboard-viewer-node created
clusterrolebinding. rbac. authorization. K8S. io/kuboard-viewer-pvp created
ingress. extensions/kuboard created
```

在浏览器中输入地址 http://10. 18. 4. 33:31000，即可进入 Kuboard 的认证界面，如图 7-9-4 所示，在 Token 文本框中输入令牌后可进入 Kuboard 控制台。

图 7-9-4　Kuboard 认证界面

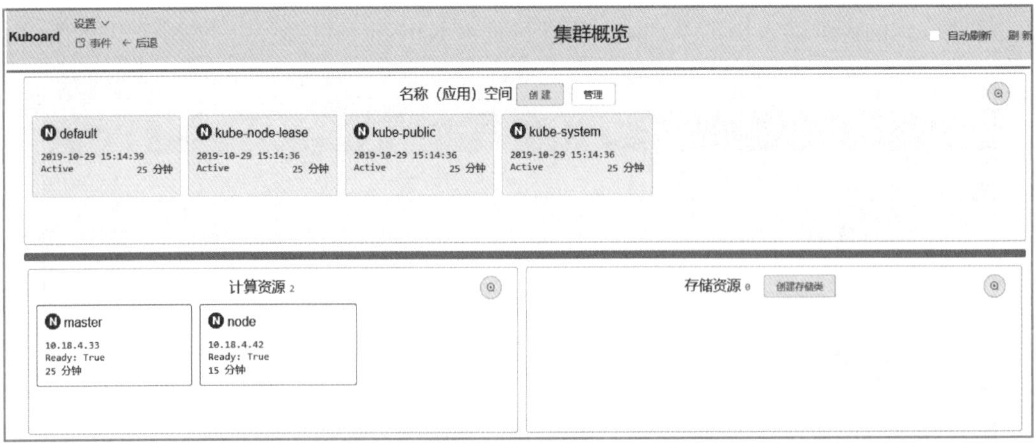

图 7-9-5　Kuboard 控制台

如图 7-9-5 所示，在 Kuboard 控制台中可以查看到集群概览，至此 Kubernetes 容器云平台就部署完成了。

3. 配置 Kubernetes 集群

（1）开启 IPVS

登录 Master 节点，将 ConfigMap 的 kube-system/kube-proxy 中的 config.conf 文件修改为 mode："ipvs"，命令如下：

```
[root@ master ~]# kubectl edit cm kube-proxy -n kube-system
    ipvs：
      excludeCIDRs：null
      minSyncPeriod：0s
      scheduler：""
      syncPeriod：30s
    kind：KubeProxyConfiguration
    metricsBindAddress：127.0.0.1:10249
    mode："ipvs"        //修改此处
    nodePortAddresses：null
    oomScoreAdj：-999
    portRange：""
    resourceContainer：/kube-proxy
    udpIdleTimeout：250 ms
```

（2）重启 kube-proxy

命令如下：

```
[root@ master ~]# kubectl get pod -n kube-system | grep kube-proxy | awk '{system("kubectl delete pod "$1" -n kube-system")}'
pod "kube-proxy-bd68w" deleted
pod "kube-proxy-qq54f" deleted
pod "kube-proxy-z9rp4" deleted
```

由于已经通过 ConfigMap 修改了 kube-proxy 的配置，所以后期增加的 Node 节点，会直接使用 IPVS 模式。查看日志，命令如下：

```
[root@ master ~]# kubectl logs kube-proxy-9zv5x -n kube-system
I1004 07:11:17.538141          1 server_others.go:177] Using ipvs Proxier. #正在使用 ipvs
W1004 07:11:17.538589          1 proxier.go:381] IPVS scheduler not specified, use rr by default
I1004 07:11:17.540108          1 server.go:555] Version：v1.14.1
..................
```

日志中打印出了"Using ipvs Proxier"字段，说明 IPVS 模式已经开启。

（3）测试 IPVS

使用 ipvsadm 命令测试，可以查看之前创建的 Service 是否已经使用 LVS 创建了集群。命令如下：

```
[root@ master ~]# ipvsadm -Ln
IP Virtual Server version 1.2.1 (size=4096)
Prot LocalAddress:Port Scheduler Flags
  -> RemoteAddress:Port           Forward Weight ActiveConn InActConn
TCP   172.17.0.1:30099 rr
TCP   172.17.0.1:30188 rr
TCP   172.17.0.1:30301 rr
TCP   172.17.0.1:31000 rr
```

（4）调度 Master 节点

出于安全考虑，默认配置下 Kubernetes 不会将 Pod 调度到 Master 节点。查看 Master 节点 Taints 字段默认配置，命令如下：

```
[root@ master ~]# kubectl describe node master
......
CreationTimestamp:   Fri, 04 Oct 2019 06:16:45 +0000
Taints:              node-role.kubernetes.io/master:NoSchedule    //状态为 NoSchedule
Unschedulable:       false
......
```

如果希望将 K8S-master 也当作 Node 节点使用，可以执行如下命令：

```
[root@ master ~]# kubectl taint node master node-role.kubernetes.io/master-
node/master untainted
[root@ master ~]#kubectl describe node master
......
CreationTimestamp:   Fri, 04 Oct 2019 06:16:45 +0000
Taints:              <none>      //状态已经改变
Unschedulable:       false
......
```

可以看到，Master 节点的调度状态已经发生改变。

7.10　实战案例——Kubernetes 容器云平台的基础使用

7.10.1　案例目标

微课 7.9
实战案例——Kuber-
netes 容器云平台的
基础使用

① 掌握 Kubernetes 节点的调度方法。

② 掌握 Kubectl 工具的基本使用。

③ 掌握 Kubernetes 部署并发布简单服务的方法。

7.10.2　案例分析

1. 规划节点

Kubernetes 集群各节点的规划见表 7-10-1。

表 7-10-1　规 划 节 点

IP 地址	主 机 名	节 点
10. 18. 4. 33	master	Master 节点
10. 18. 4. 42	node	Node 节点

2. 基础准备

确保 Kubernetes 集群已部署完成。

7.10.3　案例实施

Kubectl 是 Kubernetes 集群的命令行工具，通过 Kubectl 能够对集群本身进行管理，并能够在集群上进行容器化应用的安装部署。运行 kubectl 命令的语法如下：

```
# kubectl［command］［TYPE］［NAME］［flags］
```

其中各参数说明如下。

● comand：指定要对资源执行的操作，如 create、get、describe 和 delete。

● TYPE：指定资源类型，资源类型需注意大小写。

● NAME：指定资源的名称，名称也是大小写敏感的。如果省略名称，则会显示所有的资源。

● flags：指定可选的参数。

Kubectl 主要的命令见表 7-10-2。

表 7-10-2　Kubectl 主要命令

命　　令	类　　型	作　　用
get	查	列出某个类型的下属资源
describe	查	查看某个资源的详细信息
logs	查	查看某个 Pod 的日志
create	增	新建资源
explain	查	查看某个资源的配置项
delete	删	删除某个资源
edit	改	修改某个资源的配置项
apply	改	应用某个资源的配置项

1. Kubectl 工具的使用

（1）kubectl get（列出资源）

查看一下 K8S 的 Pod，命令如下：

```
#kubectl get pod -n kube-system
```

参数 -n 指定了要查看哪个命名空间下的 Pod。K8S 平台自身所有的 Pod 都被放置在 kube-system 命名空间下。

命名空间 namespace 是 K8S 中"组"的概念，提供同一服务的 Pod 应该被放置在同一命名空间下，而不是混杂在一起。K8S 可以用命名空间来做权限控制和资源隔离。如果不指定，则 Pod 将被放置在默认的命名空间 default 下。

执行了 kubectl get pod -n kube-system 命令后可以看到以下内容：

```
[root@ master ~]# kubectl get pod -n kube-system
NAME                                    READY   STATUS    RESTARTS   AGE
coredns-8686dcc4fd-v88br                1/1     Running   0          63 m
coredns-8686dcc4fd-xf28r                1/1     Running   0          63 m
etcd-master                             1/1     Running   0          62 m
kube-apiserver-master                   1/1     Running   0          62 m
kube-controller-manager-master          1/1     Running   0          62 m
kube-flannel-ds-amd64-6hf4w             1/1     Running   0          58 m
kube-flannel-ds-amd64-t5j2k             1/1     Running   0          53 m
kube-proxy-9kx9n                        1/1     Running   0          53 m
kube-proxy-r7njz                        1/1     Running   0          63 m
```

| kube-scheduler-master | 1/1 | Running | 0 | 62 m |
| kubernetes-dashboard-5f7b999d65-77q4d | 1/1 | Running | 0 | 52 m |

其中每一行就是一个资源，这里看到的资源是 Pod，这个列表里包含了 K8S 在所有节点上运行的 Pod，加入的节点越多，那么显示的 Pod 也就越多。

查询结果中的参数说明如下。

- NAME：Pod 的名字，K8S 可以为 Pod 随机分配一个 5 位数的后缀。
- READY：Pod 中已经就绪的 Docker 容器的数量，Pod 封装了一个或多个 Docker 容器，此处"1/1"的含义为"就绪 1 个容器/共计 1 个容器"。
- STATUS：Pod 的当前状态，常见的状态有 Running、Error、Pending 等。
- RESTARTS：Pod 一共重启了多少次。K8S 可以自动重启 Pod。
- AGE：Pod 启动的时间。

kubectl get 可以列出 K8S 中的所有资源，这里只介绍了如何用 kubectl 获取 Pod 的列表，还可以获取其他资源列表信息，如 get svc（查看服务）、get rs（查看副本控制器）、get deploy（查看部署）等。

如果想要查看更多信息，指定-o wide 参数即可，语法如下：

```
#kubectl get <资源> -n <命名空间> -o wide
```

加上这个参数之后就可以看到资源的 IP 和所在节点。

（2）kubectl describe（查看详情）

kubectl describe 命令可以用来查看某一资源的具体信息，同样可以使用-n 参数指定资源所在的命名空间。

例如，可以用如下命令来查看刚才 Pod 列表中的某个 Pod 的详细信息：

```
# kubectl describe pod kube-flannel-ds-amd64-6hf4w -n kube-system
```

在查询结果中可以看到很多信息，首先是基本属性，可以在详细信息的开头找到：

Name：	kube-flannel-ds-amd64-6hf4w	#Pod 名称
Namespace：	kube-system	#所处命名空间
Priority：	0	
PriorityClassName：	<none>	
Node：	master/10. 18. 4. 33	#所在节点
Start Time：	Tue, 29 Oct 2019 07:19:12 +0000	#启动时间
Labels：	app=flannel	#标签
	controller-revision-hash=8676477c4	
	pod-template-generation=1	
	tier=node	
Annotations：	<none>	#注释
Status：	Running	#当前状态

```
IP:                    10. 18. 4. 33                      #所在节点 IP
Controlled By:         DaemonSet/kube-flannel-ds-amd64    #由哪种资源控制
```

其中几个比较常用的属性是 Node、Labels 和 Controlled By。通过 Node 可以快速定位到 Pod 所处的机器，从而检查该机器是否出现问题或宕机等。通过 Labels 可以检索到该 Pod 的大致用途及定位。而通过 Controlled By 可以知道该 Pod 是由哪种 K8S 资源创建的，然后就可以使用 "kubectl get<资源名>" 命令继续查找问题。

在中间部分可以找到 Containers 段落。该段落详细地描述了 Pod 中每个 Docker 容器的信息，比如的常用 Image 字段。当 Pod 出现 ImagePullBackOff 错误的时候就可以查看该字段，确认拉取的是什么镜像。其他的字段名都很通俗，直接翻译即可。

```
Containers:
  kube-flannel:
    ContainerID:   docker://d41165b1f1a5261d813a9fb3c07caadffd0b224e095bb15f3eb1342da0d01c32
    Image:         quay. io/coreos/flannel:v0. 11. 0-amd64
    Image ID:docker://sha256:ff281650a721f46bbe2169292c91031c66411554739c88c861ba78475c1df894
    Port:          <none>
    Host Port:     <none>
    Command:
      /opt/bin/flanneld
    Args:
      --ip-masq
      --kube-subnet-mgr
    State:         Running
      Started:     Tue, 29 Oct 2019 07:19:18 +0000
    Ready:         True
    Restart Count: 0
    Limits:
      cpu:     100m
      memory:  50Mi
    Requests:
      cpu:     100m
      memory:  50Mi
    Environment:
      POD_NAME:        kube-flannel-ds-amd64-6hf4w (v1:metadata. name)
      POD_NAMESPACE:   kube-system (v1:metadata. namespace)
    Mounts:
      /etc/kube-flannel/ from flannel-cfg (rw)
      /run/flannel from run (rw)
```

/var/run/secrets/kubernetes. io/serviceaccount from flannel-token-pmrss（ro）

在用 describe 命令查看详情时，最常用的信息获取处就是 Event 段落，可以在介绍内容的末尾找到它，例如：

Events：　　　　　　<none>

Events 字段为<none>就说明该 Pod 一切正常。当 Pod 的状态不是 Running 时，这里一定会有或多或少的问题，然后就可以通过其中的信息分析 Pod 出现问题的详细原因了。

（3）kubectl logs（查看日志）

如果要查看一个 Pod 的具体日志，就可以通过 "kubectl logs <pod 名>" 命令来查看。使用 kubectl logs 命令只能查看 Pod 的日志。通过添加-f 参数可以持续查看日志。例如，查看 kube-system 命名空间中某个 flannel Pod 的日志，命令如下：

```
# kubectl logs -f kube-flannel-ds-amd64-6hf4w -n kube-system
```

（4）kubectl create（创建资源）

K8S 中的所有对象都可以通过 kubectl create 命令创建，无论是创建一个 Pod，还是一个大型的滚动升级服务 Deployment，kubectl create 命令都可以做到。使用 kubectl create 命令生成一个资源的常用方法主要有两种：从 YAML 配置文件创建和简易创建。

如果想让 K8S 生成一个和预期一模一样的资源，那就要充分而详细地描述这个资源，K8S 就提供了这么一个方法，可以使用 YAML 文件按照 K8S 指定好的结构定义一个对象，然后使用如下命令将该文件传递给 K8S：

```
#kubectl create -f <配置文件名 .yaml>
```

例如，使用下面的配置文件就可以创建一个最简单的 Pod：

```
[root@ master ~]# cat kubia. yaml
apiVersion：v1
kind：Pod
metadata：
  name：kubia-manual
spec：
  containers：
  - image：luksa/kubia
    name：kubia
    ports：
    - containerPort：8080
      protocol：TCP
```

然后使用 kubectl create -f kubia. yaml 命令即可创建：

```
[root@ master ~]# kubectl create -f kubia. yaml
pod/kubia-manual created
```

如果配置文件有问题，那么 K8S 就会报错，多数错误一般都是拼写导致的。使用 YAML 文件相对比较复杂，可以先来学习更简单的简易创建方法。

K8S 为一些常用的资源提供了简易创建的方法，如 Service、Namespace、Deployment 等。这些方法可以使用 "kubectl create <资源类型><资源名>" 命令创建。例如，创建一个名为 hello-world 的命名空间，直接使用下面命令：

```
[root@ master ~]# kubectl create namespace hello-world
namespace/hello-world created
```

（5）kubectl explain（解释配置）

K8S 可以通过配置文件来生成资源，而为了尽可能详细地描述资源的模样，K8S 提供了数量庞大的配置项。使用 explain 命令可以快速地了解到某个配置项的作用，其语法如下：

```
#kubectl explain <配置名>
```

要了解创建 Pod 的基本属性都是干什么的，使用 kubectl explain pod 命令：

```
[root@ master ~]# kubectl explain pod
KIND:     Pod
VERSION:  v1
DESCRIPTION:
    Pod is a collection of containers that can run on a host. This resource is
    created by clients and scheduled onto hosts.
FIELDS:
    ..................
    https://git. K8S. io/community/contributors/devel/api-conventions. md#spec-and-status
```

可以看到，输出结果中信息很详细，并且每个解释的最后都附带了一条链接，便于更加深入地进行了解。

（6）kubectl delete（删除资源）

kubectl delete 命令用于删除资源，语法如下：

```
# kubectl delete <资源类型><资源名>
```

例如，删除一个名为 kubia-manual 的 Pod，命令如下：

```
[root@ master ~]# kubectl delete pod kubia-manual
pod "kubia-manual" deleted
```

如果要删除所有的 Pod，命令如下：

```
#kubectl delete pod --all
```

如果要删除一切，命令如下：

```
#kubectl delete all --all
```

（7）kubectl edit（修改配置）

K8S 的每个资源都是通过一个 YAML 配置文件生成的，哪怕是简易创建的资源，也是 K8S 从一个默认的配置文件创建而来的。可以使用"kubectl get<资源类型><资源名> -o yaml"命令查看某个现有资源的配置项。例如，查看 kube-proxy-9kx9n 的配置项，命令如下：

```
#kubectl get pod kube-proxy-9kx9n -n kube-system -o yaml
```

执行之后就可以看到一个很长的配置列表，使用 kubectl edit 命令就可以编辑刚才打开的配置列表：

```
# kubectl edit pod kube-proxy-9kx9n -n kube-system
```

注意：对于运行中的资源无法修改其名称或类型，可以修改其他属性，例如将拉取镜像的标签指定为 latest。

修改完成后输入":wq"命令保存即可。

使用"kubectl edit <资源类型><资源名>"命令可以编辑一个资源的具体配置项，kubectl edit 命令在实际使用中更偏向于人工修改某个配置项来解决问题。例如，修改镜像地址解决拉取不到镜像的问题。

（8）kubectl apply（应用配置）

kubectl edit 可以对某个资源进行简单快捷的修改，但是如果想对资源进行大范围的修改，就可以用到 kubectl apply 命令。其基本用法如下：

```
# kubectl apply -f <新配置文件名 .yaml>
```

kubeclt apply 命令可以理解成 kubectl edit 命令的升级版，其最大的区别就是，kubectl apply 接受一个 YAML 配置文件，而不是打开一个编辑器去修改。K8S 在接受到这个配置文件后，会根据 metadata 中的元数据来查找目标资源，如果没有，则直接新建；如果有，则依次比对配置文件之间有什么不同点，然后更新并应用不同的配置。这么做的好处有很多。例如，通过 kubectl apply -f https://some-network-site/resourse. yaml 命令从一个网站上部署了用户的资源。这样，当它的管理者更新了这个配置文件后，用户只需要再次执行这个命令，就可以应用更新后的内容了，而不用关心到底修改了哪些配置项。

2. 部署并发布简单应用

一旦运行了 K8S 集群，就可以在其上部署容器化应用程序。为此，需要创建 Deployment 配置，Deployment 指示 K8S 如何创建和更新应用程序的实例。创建 Deployment

后，K8S 调度组件将应用程序实例提到集群中的各个节点上。

创建应用程序实例后，Kubernetes Deployment Controller 会持续监控这些实例。如果托管实例的节点关闭或被删除，则 Deployment 控制器会替换它。K8S 提供了一种自我修复机制来解决机器故障或维护问题，如图 7-10-1 所示。

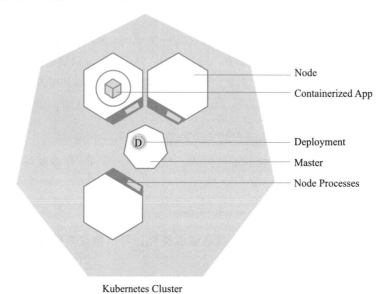

Kubernetes Cluster

图 7-10-1　K8S 自我修复机制

（1）创建 Deployment

使用 kubectl create 命令创建一次部署，该部署用于管理 Pod：

```
［root@ master ~］# kubectl create deployment my-first-nginx --image=nginx
deployment. apps/my-first-nginx created
```

命令中 nginx 为 Deployment 名称，--image 为指定使用的镜像，默认从 Docker Hub 拉取。

（2）查看 Deployment

创建完成后查看 Deployment 列表，命令如下：

```
［root@ master ~］#kubectl get deployment
NAME              READY    UP-TO-DATE    AVAILABLE    AGE
my-first-nginx    1/1      1             1            28 s
```

（3）查看 Pod

查看 Pod 运行状态，命令如下：

```
［root@ master ~］# kubectl get pods
NAME                               READY    STATUS     RESTARTS    AGE
my-first-nginx-6cbc56bdc4-m6kd9    1/1      Running    0           36 s
```

（4）发布服务

此处采用 NodePort 的方式来暴露 Nginx 服务，命令如下：

```
［root@ master ~ ］# kubectl expose deployment my-first-nginx --port=80 --type=NodePort
service/my-first-nginx exposed
```

查看 Nginx 服务对外暴露的端口，命令如下：

```
［root@ master ~ ］#kubectl get svc
NAME            TYPE        CLUSTER-IP      EXTERNAL-IP     PORT(S)         AGE
kubernetes      ClusterIP   10. 96. 0. 1    <none>          443/TCP         19 h
my-first-nginx  NodePort    10. 99. 186. 60 <none>          80:30551/TCP    44 s
```

暴露服务后，就可以通过"http://任意节点 IP：30551"来访问 Nginx 服务了，如图 7-10-2 和图 7-10-3 所示。

图 7-10-2   通过 Master 节点的 IP 地址访问 Nginx 服务

图 7-10-3   通过 Node 节点的 IP 地址访问 Nginx 服务

（5）Pod 动态伸缩

可以通过 kubectl scale 命令来完成 Pod 的弹性伸缩，执行如下命令可以将 Nginx Deployment 控制的 Pod 副本数量从初始的 1 更新为 5：

```
［root@ master ~ ］# kubectl scale deployment my-first-nginx --replicas=5
deployment. extensions/my-first-nginx scaled
```

执行 kubectl get pods 命令来验证 Pod 的副本数量是否增加到 5：

```
[root@ master ~]# kubectl get pods
NAME                              READY   STATUS    RESTARTS   AGE
my-first-nginx-6cbc56bdc4-6qnxj   1/1     Running   0          3 m18 s
my-first-nginx-6cbc56bdc4-bznzk   1/1     Running   0          3 m18 s
my-first-nginx-6cbc56bdc4-kghzw   1/1     Running   0          3 m18 s
my-first-nginx-6cbc56bdc4-m6kd9   1/1     Running   0          15 m
my-first-nginx-6cbc56bdc4-tmcxz   1/1     Running   0          3 m18 s
```

将 --replicas 设置为比当前 Pod 副本数量更小的数字，系统将会 "杀掉" 一些运行中的 Pod，即可实现应用集群缩容，命令如下：

```
[root@ master ~]# kubectl scale deployment my-first-nginx --replicas=2
deployment. extensions/my-first-nginx scaled
[root@ master ~]# kubectl get pods
NAME                              READY   STATUS    RESTARTS   AGE
my-first-nginx-6cbc56bdc4-m6kd9   1/1     Running   0          17 m
my-first-nginx-6cbc56bdc4-tmcxz   1/1     Running   0          5 m30 s
```

还可以使用 autoscale 自动设置在 K8S 集群中运行的 Pod 数量（水平自动伸缩）。

指定 Deployment、ReplicaSet 或 ReplicationController，并创建已经定义好资源的自动伸缩器。使用自动伸缩器可以根据需要自动增加或减少系统中部署的 Pod 数量。命令如下：

```
[root@ master ~]# kubectl autoscale deployment my-first-nginx --min=1 --max=10
horizontalpodautoscaler. autoscaling/my-first-nginx autoscaled
```

设置后，Pod 的副本数就会根据负载在 1~10 之间自动伸缩。

7.11　本章习题

1. 目录 Docker 实现的三大支撑技术不包括（　　　）。

　　A. Namespaces　　　　　B. KVM　　　　C. Cgroups　　　　D. AUFS

2. 下列命令中，用于查看 Docker 系统信息的是（　　　）。

　　A. docker search　　　　B. docker run　　　C. docker ps　　　　D. docker info

3. 目前，业界普遍认为云计算按照服务的提供方式划分为_____和_____。

4. Docker 使用的架构模式是_____。

5. 一个完整的 Docker 服务包括_____、_____、_____、_____。

和_____。

6. Docker 容器中构建自定义镜像主要有两种方式，分别为_____和_____。

7. Kubernetes 集群命令行管理工具是_____。

8. K8S 中的最小工作单位是_____。

9. 简述容器技术和传统虚拟化技术的区别。

10. 与传统的虚拟化技术相比，Docker 主要有哪些方面的优势？

郑重声明

高等教育出版社依法对本书享有专有出版权。任何未经许可的复制、销售行为均违反《中华人民共和国著作权法》,其行为人将承担相应的民事责任和行政责任;构成犯罪的,将被依法追究刑事责任。为了维护市场秩序,保护读者的合法权益,避免读者误用盗版书造成不良后果,我社将配合行政执法部门和司法机关对违法犯罪的单位和个人进行严厉打击。社会各界人士如发现上述侵权行为,希望及时举报,我社将奖励举报有功人员。

反盗版举报电话 （010）58581999 58582371

反盗版举报邮箱 dd@ hep.com.cn

通信地址 北京市西城区德外大街4号 高等教育出版社法律事务部

邮政编码 100120

读者意见反馈

为收集对教材的意见建议,进一步完善教材编写并做好服务工作,读者可将对本教材的意见建议通过如下渠道反馈至我社。

咨询电话 400-810-0598

反馈邮箱 gjdzfwb@ pub.hep.cn

通信地址 北京市朝阳区惠新东街4号富盛大厦1座

高等教育出版社总编辑办公室

邮政编码 100029